Mathematik des Begehrens

D1725021

Mathematik des Begehrens

Völlig durchgesehene, ergänzte und überarbeitete Ausgabe 2011

Titelmotiv:
Johann Heinrich Füssli,
Eine Dame beim Spaziergang

ISBN 978-3-941120-04-4

Jürgen Klein
Gunda Kuttler

Mathematik des Begehrens

2011
Shoebox
House
Verlag Hamburg

Bibliografische Information der Deutschen Nationalbibliothek:
Die Deutsche Nationalbibliothek verzeichnet diese Publikation in der Deutschen Nationalbibliografie. Detaillierte bibliografische Daten sind im Internet abrufbar über „http://dnb.dbb.de".

Titelbild: Johann Heinrich Füssli, Eine Dame beim Spaziergang.
Bleistift, Feder, braune Tinte und Aquarellfarben (32,8 x 21,1cm).
In: Drawings by Henry Fuseli,
R. H., (Auktionskatalog) Christie's London, 14. April 1992, S. 29.
Abdruck erfolgt mit freundlicher Genehmigung von Christie's London.

Rechteinhaber, die vom Verlag nicht erreicht werden konnten, werden gebeten, ihre Ansprüche schriftlich geltend zu machen.

Völlig durchgesehene, ergänzte und überarbeitete Ausgabe 2011.

ISBN 978-3-941120-04-4

© 2011 Shoebox House Verlag e. K. Jürgen Klein, Hamburg
Buchgestaltung: Shoebox House Verlag
Druck, Herstellung: Kaßner-Druck, 22145 Hamburg

Das Werk einschließlich aller seiner Teile ist urheberrechtlich geschützt. Jede Verwertung außerhalb der engen Grenzen des Urheberrechts ist ohne Zustimmung des Verlages unzulässig und strafbar. Das gilt insbesondere für Vervielfältigungen, Übersetzungen, Mikroverfilmungen und die Einspeicherung und Verarbeitung in elektronischen Systemen.

Printed in Germany

Inhaltsverzeichnis

Vorwort

Dieses Buch kann auf eine lange Geschichte zurückblicken, da die Beschäftigung des Verfassers mit den „dunkleren" kulturellen und ästhetischen Aspekten des 18. Jahrhunderts bis auf die Entstehungszeit seiner Dissertation in den Siebziger Jahren zurückgeht. In der hier neu vorgelegten Schrift wird der Versuch unternommen, die Entdeckung und Gestaltung des „Dunklen" in der Literatur und Kunst des 18. Jahrhunderts als ein Aufbruchsphänomen zu betrachten. Dieser Aufbruch richtet sich gegen die Unterdrückung der seelisch-körperlichen Konstitution des Menschen – und damit auch des Sexuellen. In den „dunkleren" Bewegungen von Literatur und Kunst des 18. Jahrhunderts handelt es sich um einen Widerstand gegen die „Mathematik des Begehrens", wodurch es zur Entdeckung eines Reichs psychologischer Tiefen und Untiefen kommt. Mit dieser Entdeckung treten die ästhetische Welten der *nicht mehr schönen Künste* zutage.

Der ursprüngliche Text erschien zuerst unter dem Titel *Mathematics of Desire* in dem von Peter Wagner herausgegebenen Band *Erotica and the Enlightenment*, der auf ein Symposion der *American Society of Eighteenth Century* Studies in Knoxville/Tennessee zurückgeht. Dr. Stefan Plasa hat den Text vor Jahren in einer ersten Version ins Deutsche übersetzt. Prof. Dr. Dr. Peter Wagner (Universität Koblenz-Landau) hat freundlicherweise die Genehmigung erteilt, seine Einleitung zu *Mathematics of Desire* hier abzudrucken. Im Anhang des Buches finden sich sowohl mit * und Zahl bezeichnete Erläuterungen als auch der Anmerkungsapparat

Für die Abdruckgenehmigungen der Abbildungen sei folgenden Institutionen ausdrücklich gedankt: Antikenmuseum Basel; Kunstsammlungen Basel; British Museum, London; Goethe Museum, Frankfurt am Main; Museo Horne, Florenz; Nottingham Castle Museum; Nationalmuseum Stockholm; Staatsgalerie Stuttgart; Victoria & Albert Museum, London sowie – last not least – Kunsthaus Zürich.

Gunda Kuttler hat die Neuausgabe dieses Buches nicht nur lektoriert, sondern auch als Co-Autorin erheblich zu seiner Präzisierung, Ergänzung und gedanklichen Vertiefung beigetragen. Der Shoebox House Verlag Hamburg kann nunmehr eine sachlich und sprachlich völlig revidierte, erheblich erweiterte Neuauflage von *Mathematik des Begehrens* vorlegen.

Jürgen Klein

Shoebox
House

Peter Wagner

Einleitung

Blickt man auf die Ästhetik von Literatur und Bildender Kunst in der Aufklärung, sowohl in den elitären als auch in den populären Formen, drängt sich der deutliche Eindruck auf, dass hier eine durchdringende Kraft am Werk ist, eine Art „Zeitgeist", die Maler und Autoren inspirierte. Sie mögen diese Kraft unbewusst gespürt haben und sie mögen sogar dagegen angegangen sein, aber sie konnten ihr sicherlich nicht entkommen. Mit der Fokussierung der Behandlung von Sexualität und Begehren in den besser bekannten Werken, erkennt Jürgen Klein einen Teil dieses flüchtigen „Zeitgeists" in den „dunkleren Bewegungen" der Epoche. Indem wir seinen überzeugenden Argumenten hinsichtlich des Verlusts der universalen Harmonie und der wachsenden Wichtigkeit der Verzerrung als Paradigma künstlerischer Repräsentation folgen, fangen wir an, die Bedeutung dessen für die Aufklärung einzusehen, was Jürgen Klein „geometrisches" und „arithmetisches" Begehren nennt. Worin Füssli, „Monk" Lewis, Piranesi und Horace Walpole, Beckford und de Sade übereinstimmen, ist die Schilderung oder Beschreibung des menschlichen Geistes als eines Labyrinths und umgekehrt die Beschreibung des Labyrinths als Bild des menschlichen Gehirns, mit all seinen mythologischen und psychologischen Konnotationen einschließlich Kontrolle und Repression. Das Labyrinth wird eine Metapher für eine komplizierte Welt, welche die Menschen mit Unterdrückung und Vernichtung bedroht. Künstler des 18. Jahrhunderts haben somit einer neuen Angst Ausdruck gegeben, welche eine der Grundursachen hinter den „dunkleren Bewegungen" der Aufklärung ist. Angewandt auf die Entdeckung des Unbewussten und auf das Erreichen persönlicher und politischer Freiheit durch die Revolution, tragen viele widersprüchliche Facetten dazu bei, ein neues Bild des Zeitalters zu formen. Die sozialen und politischen Ereignisse lassen sowohl künstlerischen Enthusiasmus und Angst entstehen, Sentimentalität und Schrecken, einen Wunsch nach Erneuerung und eine Sehnsucht nach der Erhaltung der Tradition.

Ein Beispiel, auf das sich auch der Autor dieses Buches bezieht, mag genügen, um die Interdependenz dieser Entwicklungen zu beweisen und zugleich die Notwendigkeit eines interdisziplinären Forschungsansatzes zu unterstreichen.

Indem er nahezu surrealistische Szenen in Gefängnissen und Labyrinthen bietet, veröffentlichte Giovanni Battista Piranesi seine *Carceri d'Invenzioni* etwa 1745, revidierte sie dann und legte sie erneut 1760 auf. Diese Blätter werden oft in Verbindung mit dem Beginn von „Gothic" in der Kunst und Literatur des 18. Jahrhunderts erwähnt. Ein solcher Zusammenhang legt natürlich spontan die Versuchung nahe, die phantastischen Kunstwerke als Ausdruck des früh-romantischen „Zeitgeists" zu betrachten. Diese These hat etwas für sich, denn Piranesis Kupferstiche in den Vierziger Jahren des 18. Jahrhunderts sind auch das Resultat seiner Unzufriedenheit mit der traditionellen klassischen Archi-tektur, wie sie von der Renaissance bevorzugt wurde und in den späten Fünf-ziger Jahren des 18. Jahrhunderts Zeichen seiner polemischen Reaktionen gegenüber der Architekturpraxis von Philbert Le Roy in Frankreich sowie zu den Theorien Johann Joachim Winckelmanns (*Gedanken über die Nachahmung der griechischen Werke in der Malerei und Bildhauerkunst*, 1755) in Italien waren. Indem die *Carceri* Piranesis künstlerische Ideen in zwei Stadien seiner Ent-wicklung ausdrücken und ebenso als ikonographisches Programm dienen, das sich gegen populäre Strömungen in der Kunst und Architektur seiner Zeit richtet, inspirierten sie sofort eine Anzahl von Architekten, Künstler und Autoren. Die Pläne für die Gefängnisfassaden von Jean-Charles Delafosse zum Beispiel oder die Pläne für Newgate Jail (begonnen 1769) von George Dance dem Älteren, wurden offensichtlich unter dem Einfluß von Piranesis *Carceri*[1] geschaffen. Im Jahre 1780 während einer Venedigreise kommentierte William Beckford seine Eindrücke als er den „ponte die sospiri" passierte:

I shuddered whilst passing below ... Horrors and dismal prospects haunted my fancy on my return ... snatching my pencil, I drew chasms and subterraneous hollows, the domain of fear and torture, with chains, racks, wheels and dreadful engines in the style of Piranesi.[2]

1821 verband Thomas de Quincey den Mechanismus seiner eigenen Fieber-visionen (teilweise durch Opiumgenuss hervorgerufen) mit Piranesis phan-tastischen Labyrinthen und Hallen. Er beschrieb die Tafeln der *Carceri*, welche „vast Gothic halls" zeigen mit ihren „engines and machinery, wheels, cables, pulleys, levers, catapults" und ihren „Abgrund" und die „Düsternis". De Quincey beschloss seine Bemerkung: „With the same power of end-less growth and self-reproduction did my architecture proceed in dreams."[3] Obwohl de Quincey offensichtlich Piranesis Intentionen falsch gelesen hat und somit den Ursprung der *Carceri* missversteht (das Ergebnis sehr bewusster

Bemühungen eher als der von "Visionen"), kann man hier sehen, wie technische Entwicklungen einen künstlerischen und literarischen Diskurs erzeugten und wie dieser Diskurs schließlich eine dynamische Kraft gewinnt.

Jürgen Kleins faszinierende Einsichten in diesen Kontext schlagen vor, dass dieser Ansatz durch weitere Studien verfolgt werden sollte, um uns ein vollständigeres Bild des „Zeitgeists" zu geben, der dem Diskurs über die Ästhetik der Kunst und Literatur in der Aufklärung innewohnt. Johann Heinrich Füsslis erotische Kunst demonstriert bildlich, was Jürgen Klein theoretisch diskutiert. Als Repräsentant der Vorromantik bleibt Füssli eine faszinierende Figur. Er gab dem „Zeitgeist" des späten 18. Jahrhunderts sowohl spielerischen wie machtvollen Ausdruck in seinem *Nachtmahr* – einem Gemälde, das auf Sexualität anspielt, auf Sünde und Tod, das aber vor allem die Arbeit des Unbewussten anzeigt, die „dunkleren Bewegungen", welche in diesem Buch untersucht werden.

1. Britische Transformationen

In der englischen Literatur sowie in der Kunst des 18. Jahrhunderts wird eine „Qualität" des Dunklen sichtbar, die sich aus den traditionellen christlichen Vorstellungsrastern zu lösen beginnt. Das Dunkle bezeichnet nicht mehr exklusiv die „Finsternis der Hölle", sondern immer mehr das Unerklärliche am Menschen und damit die Düsternis eigener Subjektivität oder gar anthropologischer Kollektivität. Gleichzeitig lässt sich die Entdeckung dieses Dunklen nicht aus der Entwicklung der okzidentalen Gesellschaften, Weltauffassungen und Normen herauslösen. Das Phänomen des Dunklen ist ein europäisches und doch hat es sich besonders stark in England ausgeprägt.

Die Modernisierung Englands seit dem elisabethanischen Zeitalter brachte solch substantielle Umwälzungen mit sich, dass sie Verluste individueller Selbstbehauptung nach sich zogen. In einem Wirtschaftsleben der korporativen Gruppierungen vermochten sich die Menschen relativ frei zu bewegen, obwohl sie an den Systemgrenzen ihre Handlungsfähigkeit verloren. In einer zunehmend rational durchgestalteten Wirtschaftsgesellschaft, die auf kapitalistischer Profitökonomie beruhte, änderten sich die Lebensbedingungen für die nichtbesitzende Bevölkerung durch eine massive Steigerung des organisierten Lebens. Industrielle Produktion und Landwirtschaft wurden durch technologische Neuerungen umstrukturiert, die in Produktionsweise und Zeitmanagement direkt in das Leben der arbeitenden Bevölkerung in Stadt und Land einwirkten. Es entwickelten sich in diesem Zusammenhang zunehmend vernetzte politische, soziale, wirtschaftliche und religiöse Strukturen, die den individuellen Ausdruck reduzierten.

Somit konnte sich der Impuls, öffentliche, d.h. soziale und geistige Strukturen auf der imaginativen oder metaphorischen Ebene zu überwinden, einzig und allein in finsteren Behausungen manifestieren, so in Schlössern, Kirchen, Labyrinthen, wo selbsternannte Helden – später Heldinnen – nach einer uneingeschränkten Macht strebten. Die Jagd auf unschuldige junge Frauen und Männer durch wilde Landschaften oder unterirdische Gänge fungierte als ästhetischer Ausdruck eines nach Entlastung drängenden Triebes. Dramatische Szenen dieser Art leben vom Kontrast des bösen oder negativen Helden zu den positiven Figuren. In Übersteigerung seiner Willenskraft weicht der „Bösewicht" von göttlichen (d.h. christlichen) Normen ab, wenn er nicht sogar als deren Zerstörer auftritt. Auf diese Weise erstrebt er eine Erhöhung seines Lust- und Machttriebs bis ins Extrem. Ein eigenartiges, wenn nicht gar idiosynkratisches, alle Sinne ansprechendes Reich der Selbst-Überhöhung wird gegen die wachsende gesellschaftliche Kontrolle der Lebensformen, Rituale, sanktionierten Vorstellungen und Muster des Verhaltens geschaffen. Die Eliten der englischen Gesellschaft sehen sich deshalb gezwungen, spezielle normative Codes zu verinnerlichen und zu propagieren, um ihre Positionen in Regierung, Aristokratie und in der Kirche, in der Wirtschaft und den Wissenschaften zu halten.

1.1 Insularer Gesellschaftswandel und kontinentale Revolution

Das 18. Jahrhundert ist gekennzeichnet durch eine Fülle von Entdeckungen, Erfindungen, das Entstehen neuer Wissenschaften, aber ebenso durch politische und gesellschaftliche Wandlungen. Die Französische Revolution und die parallelen gesellschaftlichen Prozesse in anderen Ländern sind als Hintergrund für die Analyse der Veränderungen in der Literatur und den Künsten unverzichtbar. Die europäischen Transformationen reichen mindestens zurück bis zum Beginn des Jahrhunderts, als sich soziale und wirtschaftliche Spannungen ausbreiteten.[4] Diese Wandlungen machten sich auch in England deutlich bemerkbar, selbst wenn die Insel mit einem auf Seemacht basierenden Weltreich keine Revolution erlebte.

Die sozialen Spannungen waren in England um 1760, dann aber vermehrt um 1780 so stark, dass es nicht verwundern kann, wenn die Ideen der Französischen Revolution rezipiert wurden. Deren politische und soziale Konzepte entstanden nicht auf einmal, sondern wurden mindestens schon seit der Jahrhundertmitte in den Kreisen der französischen *philosophes* vorbereitet. Dieses Gedankenmaterial bereicherte die zeitgenössischen englischen Protestbewegungen. Die durch die Modernisierung der Landwirtschaft in die Städte gewanderten englischen Bevölkerungsteile sowie die politisch bewusst gewordene Handwerkerschaft protestierten gegen das oligarchische und kapitalistische System, das den *Besitzindividualismus* (*1/S. 178) auf seine Fahnen geschrieben hatte. Die Besitzstruktur wurde auf dem Lande durch das Pächtersystem bestimmt. Die Arbeitsverhältnisse hingen aber auch vom Verlagssystem ab. Dazu kamen die erbärmlichen Lebensverhältnisse der frühen

Industriearbeiterschaft, zumal die Herrschenden auf die Konsequenzen der Massengesellschaft der Armen, d. h. auf die Teilung Englands in „zwei Nationen" (Disraeli[5]) mit „law and order"-Strategien antworteten: „Es war eine harte, harsche Welt für die Masse der Menschen in England und eine Welt auf einzigartige Weise bar jeden Mitleids. Krankheit, Gewalt, früher oder plötzlicher Tod waren alltäglich. Menschen wurden wegen Rebellion aufgehängt: Kinder wurden gehängt, weil sie Kleinigkeiten gestohlen hatten."[6] Nach 1790 setzte in England die Reaktion ein, weil die nicht privilegierten Schichten gegen die sozialen Missstände rebellierten.[7]

Forderungen nach Debattierfreiheit und politischer Mitbestimmung wurden laut, – später im 18. Jahrhundert – ebenfalls angeregt durch Ideen, die aus dem revolutionären Frankreich kamen. Es bildeten sich politische Debattierclubs wie die *Friendly Societies*, die von der herrschenden Schicht mit Argwohn beobachtet wurden.

Die Forderungen nach öffentlicher politischer Artikulation schlossen auch die Wahlrechtserweiterung sowie die Anerkennung der Dissenter ein. Die nicht hochkirchlichen evangelischen Sektenmitglieder waren seit Generationen in England diskriminiert: politische Mitwirkung im House of Commons war ihnen ebenso untersagt wie ein Studium an den Universitäten Oxford und Cambridge. Die protestierende Bevölkerung reagierte auf die Diskriminierung tausender Dissenter durch die anglikanische Staatskirche ebenso wie auf die Auswirkungen des Kapitalismus.

Die englischen wie auch die kontinentalen Führungsschichten regierten in den Gesellschaften nach oligarchischem Zuschnitt. Das bereits zu Beginn des 18. Jahrhunderts in England funktionierende Patronagesystem war in der Substanz eine oligarchische Entscheidungsstruktur. Das englische Parlament repräsentierte allerdings im Unterhaus auch die obere Mittelschicht, sodass von dort klassenspezifische Impulse zur Reform des Staats- und Gesellschaftssystems ausgingen. Der Adel hingegen lebte traditionell von den Renditen aus Landbesitz und von materiellen Vorteilen, die er aus Regierungsämtern zog. Sein Einfluss auf die Politik war bedeutend, weil vor allem die Magnaten sich eine mittelständische Klientel halten konnten, die über eine höhere Bildung verfügte (public school, university, Inns of Court [Juristenschulen in London]). Diese mittlere Schicht mit fließenden Grenzen zur Gentry verfügte über hinreichend Besitz um das *interest* der Magnaten im Unterhaus zu vertreten. Die Wählbarkeit zum Parlament war abhängig vom Einkommen und die Mindest-Einkommenshöhe für die Mitglieder des Unterhauses war festgelegt.

Im Zentrum [des britischen politischen Systems, J. K.] stand das Institut der Patro-
nage, die konsequente, systematische politische Nutzung der Ämterbesetzungen
und Pfründenvergabe, wie auch der allgemeinen Abhängigkeitsverhältnisse,
wozu vor allem die Beziehungen von Pächtern und Gutsherrn zählt. Wenn die
Vergabe von lukrativen Regierungsaufträgen, die Besetzung einträglicher oder
einflußreicher Stellen gleichzeitig mit der Verpflichtung zu politischer Gefolg-
schaft verbunden war, dann konnten in einer Situation wie zur Mitte des 18.
Jahrhunderts nahezu 40% aller Unterhausmitglieder direkt oder indirekt durch
die Regierung in ihrem parlamentarischen Verhalten kontrolliert werden. Dergleichen oft die Grenze zur Korruption überschreitende Manipulation erfüllte
zugleich wichtige Funktionen, denn nur so erhielt die jeweilige Regierung
wenigstens ansatzweise die Möglichkeit, sichere Mehrheiten zu kalkulieren. Ein
fein gesponnenes Netz persönlicher Abhängigkeiten entsprach der Fraktionsdis-
ziplin moderner Parteien und schuf damit wesentliche Voraussetzungen für jene
enge Verzahnung von Regierung und Volksvertretung,...[8]

Allerdings gab es in England anders als auf dem Kontinent eine größere Fluk-
tuation zwischen den Ständen. Ein reich gewordener Kaufmann oder Indus-
trieller konnte durch den Ankauf eines Landsitzes in den Adel aufsteigen und
der Adel scheute sich nicht, in die Geschäftswelt einzutreten und in Firmen,
Handelskompanien oder Aktiengesellschaften zu investieren. Die englischen
Überseemärkte expandierten nach 1760 und die modernisierte Landwirtschaft
profitierte von den neuen Verkehrssystemen und mechanischen Innovationen,
ob es sich nun um die Bergwerke, die Kanäle, die neuen wasser- und dampf-
maschinen-getriebenen *manufactories* (Fabriken) handelte.(*2/S.178) Die Ein-
hegungen des Landes verknappten die Lebensmöglichkeiten der ländlichen
arbeitenden Schichten, die zur Arbeitssuche in die neuen Industriestädte
getrieben wurden. Der Mehrbedarf an Nahrungsmitteln durch den Bevölke-
rungsanstieg wurde zum großen Teil durch die verbesserten Anbaumethoden
ausgeglichen.
Ab 1780 nahmen die radikalen Tendenzen in England zu. Dies hing auch
damit zusammen, dass sich die sozialen Verhältnisse auf Grund eines rasanten
Bevölkerungsanstiegs verschärften, der seinerseits zu einem Überangebot
an Arbeitskräften führte. Die Folge waren Niedriglöhne, welche die Sub-
sistenz der Arbeiter gefährdeten. Das traf vor allem für den Preis von Brot
zu. Angesichts der offensichtlichen sozialen Ungleichheit und Ungerechtigkeit demonstrierten die Arbeiter gegen die erbärmlichen Lebensbedingungen
ihrer Klasse.

Andere Protestbewegungen thematisierten ideologische Fragen sowie Mängel des politischen Systems. Als Beispiel können die *Gordon Riots* gelten. Neben
den tiefgreifenden sozialen Problemen wurde England in dieser Zeit von ideologischen und weltanschaulichen Kämpfen erschüttert, etwa durch die von
Lord Gordon 1780 angeregten Massenproteste gegen die überfällige Emanzipation der Katholiken. Die Volksstimmung richtete sich gegen die katholischen
Landsleute und so kam es nicht nur zu Protesten, sondern auch zur Zerstörung
katholischer Gotteshäuser.[9] Die *Gordon Riots* ereigneten sich in politischen
Krisenzeiten für England: im gefährlichsten Augenblick des amerikanischen
Krieges, als sich England nach vielen Niederlagen und Gegenbündnissen
politisch isoliert fand.[10] Sie hinterließen Spuren der Zerstörung:

Mit dem Ende des sechsten Tages des Aufstandes hatten 210 Menschen in den
Straßen Londons den Tod gefunden; weitere 75 sollten ihren Verletzungen
erliegen. Alle Toten waren der brutalen Unterdrückung der tobenden Massen
zuzuschreiben; es gibt keinen Nachweis dafür, dass nur ein einziges Todesopfer
auf das Konto der Aufständischen ging. Von 450 Verhafteten wurden 62 zum
Tod verurteilt; 25 (darunter vier Frauen) wurden schließlich gehängt. Die Zahl
der Todesopfer belief sich somit auf insgesamt mindestens 310. Dies war die
Bilanz eines Aufstandes, der nur wenige Tage gedauert und der Metropole zehn-
mal mehr Schaden zugefügt hatte als ihn ein Jahrzehnt später die Französische
Revolution in Paris anrichten sollte.

Der Aufstand vom Juni 1780 – benannt nach dem Anführer der antikatho-
lischen Bewegung Lord George Gordon – war ein zentrales Ereignis im London
des ausgehenden 18. Jahrhunderts und Ausdruck unterdrückter und offenbar
außer Kontrolle geratener psychischer und politischer Kräfte, deren Ausprägung in der Kunst als „Gothic" bezeichnet werden. Dieser Ausbruch absto-
ßender sektiererischer Gewalt machte die tiefsitzenden Ängste dieser Epoche
für einen Augenblick unverblümt sichtbar, Ängste, welche auch in der Literatur
und Malerei dieser Zeit ihren Niederschlag fanden. Oft kreisen die Themen dieser Kunst um das nahe Beieinander von Ordnung und Unordnung, von bürgerlicher Macht und unzivilisierter Rebellion, Einengung und physischer Gewalt,
Ausschweifung und Unterdrückung, Verrücktheit, Revolution, Erleuchtung und
Apokalypse.[11]

Vor den *Gordon Riots* hatte es in London öffentliche Proteste im Zusammenhang mit den Demonstrationen zur Unterstützung Wilkes und der freien Presse
gegeben. Bereits in der Mitte des 18. Jahrhunderts brachte Wilkes Kampf um

die parlamentarische Berichterstattung langfristig eine systemverändernde Tendenz in England hervor.

Bis dahin waren die englischen Parlamentssitzungen zwar nicht geheim, es war jedoch verboten, Nachrichten über den Inhalt der Sitzungen in Wort und Schrift zu verbreiten. Wilkes war der Vertreter des Volksprotests. Im Jahre 1769 wurde er mehrere Male mit einer deutlichen Stimmenmehrheit ins Unterhaus gewählt, doch das Haus erklärte seine Wahl jedesmal für null und nichtig. Zudem machte man ihm den Prozess wegen Volksaufhetzung, der mit der Verhängung von Gefängnisstrafen endete. Die Handwerker und Lehrlinge identifizierten sich mit Wilkes als ihrem Sprecher, der für demokratische Freiheiten eintrat. Die Verfahrensweise der Regierung, der Gerichte und des Parlaments mit Blick auf Wilkes führte zur Steigerung der rebellischen Stimmung in London gegen die reaktionären Politiker, deren aristokratische Stadtsitze angegriffen und teilweise demoliert wurden.[12]

Die politischen Spannungen wuchsen unter der Regierung von Lord North (1770–1782) wegen der Niederlage der Regierung im Krieg gegen die nordamerikanischen Kolonien. Nach Norths Rücktritt versuchte die Whig-Regierung das fatale Einfluss-und Patronage-System erheblich einzuschränken, um damit die sozialen und politischen Spannungen zu verringern. Die Whigs waren die Vertreter der liberalen Richtung, welche von der Richtigkeit der *Glorious Revolution* von 1688 und dem damit einhergehenden System der konstitutionellen Monarchie überzeugt waren. Ihre Gegner, die Tories, hielten an althergebrachten feudalistischen Auffassungen fest. Der liberale Politiker Fox war von der Französischen Revolution begeistert, Edmund Burke trat als deren schärfster Gegner auf, obwohl er sich für die Freiheit der amerikanischen Kolonien eingesetzt hatte.

„Wie John Lockes beide Traktate (First and Second Treatise of Government, J.K.) ist [...] die Schrift von Edmund Burke (Reflections on the Revolution in France, 1790, J.K.) eine Parteischrift geworden. Locke rechtfertigt die vollzogene revolutionäre Umwälzung von 1688, Burke hingegen lehnte die Französische Revolution und ihre englischen Anhänger mit aller Leidenschaftlichkeit ab. Locke inaugurierte die Doktrin der Whigs, wohingegen Burke – ohne es zu wollen – die Doktrin der Konservativen begründete. Locke hatte die vollzogene Revolution gerechtfertigt, Burke lieferte die Begründung für die Unterdrückung der drohenden Revolution in England. Erschreckt von dem Echo, das die französischen Ereignisse gerade auch bei englischen Arbeitern gefunden hatte, hob das Parlament im Oktober 1790 und abermals 1794 die Habeas-Corpus-Akte auf, erließ 1795 und 1799 Aufstands-Gesetze und unterdrückte die ‚Korrespondenz-Gesellschaften'."[13]

Die Londoner Großstadtatmosphäre nährte die Verschärfung der politischen Auseinandersetzungen. Politiker mussten sich mehr und mehr in der neuen Öffentlichkeit behaupten, in der verschiedene parteipolitisch gebundene Tages- und Wochenzeitungen einen offenen Debattenraum bereitstellten. Die Konkurrenzgesellschaft bezog sich nicht mehr nur auf Eigentum und Profit durch Industrie, Handel und Finanzgeschäfte, sondern auch auf die Durchsetzung der Pressefreiheit. So war in England wie in Europa das Ende des 18. Jahrhunderts stürmisch.

Schon 1782–1783 berief der König verschiedene Kabinette, die sich aber nicht halten konnten. 1784 wurde William Pitt der Jüngere im Alter von 24 Jahren Premierminister und war damit der jüngste Premier der englischen Geschichte. Seine Partei gewann alle folgenden Wahlen, so dass er bis zum Jahre 1801 auf seinem Posten blieb. Das 5. Parlament Georgs III. (1784–1795) ist das längste des 18. Jahrhunderts. Pitt kam im Jahre 1784 durch einen überwältigenden Wahlsieg der Tories zur Macht und er war es, der im letzten Jahrzehnt des Jahrhunderts der britischen Politik einen reaktionären Stempel aufdrückte. Die antirevolutionären Gesetze der Ära Pitt richteten sich gegen die politische Emanzipation der Massen. Die politischen Gesellschaften wurden ebenso verboten wie der freie Zugang zur politischen Presse. Zeitungen konnte nur derjenige erwerben, der eine Stempelsteuer *(Stamp Act)* bezahlte. Damit waren die ärmeren Bevölkerungsschichten vom Erwerb der Zeitungen weitgehend ausgeschlossen. Um Protestaktionen zu unterbinden, erwiesen sich Pitts Aussetzungen der Habeas-Corpus-Akte (1794, 1795, 1798–1801)[14] als wirkungsvolles Instrument. Pitt wurde durch die ideologischen Aktivitäten von Edmund Burke gestützt *(Reflections on the Revolution in France,* 1790), der für eine organizistische Staatsform, d.h. für eine Evolution der Gesellschaft eintrat, damit aber auch für die traditionelle Machtstruktur. Die Einschränkung der Versammlungsfreiheit, bzw. ein allgemeines Demonstrationsverbot ist ein rigides antidemokratisches Unterdrückungsmittel. Schon im Jahre 1792 hatte die Regierung Zusammenkünfte der *Friendly Societies* (Debattierclubs zur demokratischen Reform) ebenso verboten wie das Drucken von Revolutionsschriften. Am Jahrhundertende wurden sogar alle gewerkschaftlichen und politischen Assoziationen verboten. Alle Kabinette Pitts hatten auf jeden Fall das Ziel, den Einfluss der Ideen aus der Französischen Revolution zu unterdrücken.

Zwar gab es weite radikale Kreise in England, die von so bedeutenden Persönlichkeiten wie von Thomas Paine *(Rights of Man,* 1791), Horne Tooke, William Godwin *(Enquiry Concerning Political Justice,* 1793) geführt wurden, doch vermochten die anarchistischen und radikaldemokratischen Gruppen sich mit ihren berechtigten Forderungen nach gleichem Wahlrecht nicht durchzusetzen und damit kam es nicht zur politischen Beteiligung der Arbeiter und zur Beendigung der Ausbeutung. Die kleinen Handwerker und Handeltreibenden, Schneider, Schuster, Drucker und Weber[15] gingen zu Tausenden auf die Straße, um für ihre politischen Rechte und ihre Lohnforderungen zu kämpfen. Die Radikalen wurden in London tätig, aber auch in den neuen Industriestädten Sheffield, Leeds und Manchester. Das Jahrhundert endete mit Unfreiheit, sodass die Errungenschaften des „englischen Zeitalters" erst im folgenden Jahrhundert Schritt für Schritt wiederentdeckt und durchgesetzt werden mussten.[16] Am Ende des Jahrhunderts war von der „englischen Freiheit", die von kontinentalen Reisenden in der Mitte des 18. Jahrhunderts[17] so enthusiastisch gelobt wurde, nichts mehr übrig geblieben.

Das gesellschaftskritische Bewusstsein wurde so stark, dass im Jahre 1795 200.000 Exemplare von Thomas Paines *Rights of Man* verkauft wurden und dass sich zwei Jahre später 150.000 Menschen auf dem Treffen der *London Corresponding Society* in *Copenhagen Fields* versammelten. Damit ist offensichtlich, dass die konservative Tendenz in den englischen Mittel- und Oberschichten am Ende des 18. Jahrhunderts auf massiven politischen Widerstand stieß. Die englische Gesellschaft muss sich daher im Folgejahrhundert mit den protestierenden unterprivilegierten Schichten und ihren Forderungen in politischer und sozialer Hinsicht auseinandersetzen und Voraussetzungen für verbesserte soziale Verhältnisse schaffen.

Englands Krisenjahre Ende des 18. Jahrhunderts zeichnen sich paradoxerweise zugleich durch eine immense Lebendigkeit im Geistesleben aus. Davon zeugt der Aufschwung des Verlags- und Pressewesens, die Zunahme der Zeitschriften und die Entwicklung der Romanproduktion zur Versorgung des Lesepublikums mit einem „Massen-Verbrauchsgut". Im Gegenzug zur Mechanisierung der Welt erhält die Natur einen hohen Stellenwert in der Literatur. Das Interesse der Autoren bezieht sich hier nicht allein auf die äußere Natur der Landschaft, sondern ebenso auf die menschliche Natur in ihren verschiedenen Facetten, wie Traum, Phantasie und die düsteren Bereiche der Seele. Nicht nur allein das Klassische findet Anklang bei den Lesern und Kunstbeflissenen, sondern auch das Altertümliche, Archaische, das „Andere des Fortschritts" der Metropolen und der kalten Rationalität in all ihrer Differenzierung. Walpole war es, der „seine Handlung in eine mythische Vergangenheit überträgt und den dokumentarischen Realismus des gewöhnlichen Romans durch eine poetische Vereinfachung ersetzt, um an das Wesen der menschlichen Erfahrung heranzukommen, den gefühlsmäßigen Kern im Herzen aller Beziehungen – Liebe und Schrecken."[19]

1.2 Warum dunklere Bewegungen in Literatur und Kunst?

Warum gab es in der englischen Kultur des späten 18. Jahrhunderts *dunklere Bewegungen*? Selbst wenn die englische Gesellschaft viele irrationale Züge trägt, so weisen doch grundlegende Strukturen des Zeitalters mental wie materiell einen rationalen Zuschnitt auf.[20] Die Verfahrensweisen, Reichtum durch finanzielle und industrielle Aktivitäten zu erwerben, hatten – wie schon dargelegt – in England bereits eine lange Tradition, die mindestens bis zu den Tagen der elisabethanischen Kaufleute und Entdecker zurückreicht. Die *Eigentumsmarktgesellschaft* basiert auf der Klammer von Wirtschaftsexpansion und Profitsteigerung. Diese Modellvorstellung prägt bereits die ökonomischen Handlungsweisen in Daniel Defoes *Robinson Crusoe*. Robinsons Programm hat sowohl einen wissenschaftlichen als auch einen theologischen und somit sozio-psychologischen Hintergrund. Er ist der einzelgängerische Abenteurer oder Entrepreneur, der all seine Kraft konzentrieren muss, um die Schwierigkeiten seiner Existenz in der Wildnis zu meistern. Er zwingt der Umwelt seinen Willen auf und wird auf diese Weise Herr der Situation. Defoes Imagination vermittelt dem Leser das Muster eines englischen Kolonisators, eines Mannes, der genügend Fähigkeiten erworben hat, um eine neue Organisation aufzubauen, der aber zugleich über eine psychische Zähigkeit verfügt, eine Macht zur Selbstbehauptung. Robinson nutzt alle Werkzeuge und Materialien aus dem Wrack, um sich auf der Insel sein kleines England aufzubauen. Zwei Bedingungen sind für die „Englandisierung" der Insel erforderlich: zum einen die technischen Materialien wie Werkzeug, Pulver, Waffen und Geld aus dem Wrack, zum andern Robinsons technisches Geschick sowie sein ökonomisches und organisatorisches Talent.

Menschliche Beziehungen sind nur wichtig für Robinson, wenn sie ökonomisch relevant sind. So wird Freitag als Zuwachs an Arbeitskraft betrachtet, nicht als Individuum, das mit Robinson auf gleicher Stufe steht. Robinson herrscht im Paradies wie Adam, wenn er Freitag seinen Namen gibt. Zugleich betrachtet Robinson die Insel als Privateigentum. Seine Welt ist eine Faktenwelt, eine Welt voller nützlicher Objekte, eine Welt des Handels und des Besitzes, aber keine Welt der Gefühle und intimer menschlicher Beziehungen.

Als Voraussetzung von Robinsons Handlungsweise und „Systembildung" darf sein entschiedener Puritanismus nicht übersehen werden. Der Gedanke der Prädestination ist für den Puritaner unverzichtbar. Dies gilt ebenso wie die Verpflichtung zur Arbeitsamkeit, zum Sparen, zum Verzicht auf Vergnügungen einschließlich der Triebkontrolle und zur seelischen Selbsterforschung. Anders als Calvin, der dem Christen das Wissen um die eigene Auserwähltheit grundsätzlich absprach, haben die Puritaner aus Wohlstand und Reichtum auf ihre Auserwähltheit geschlossen.[21] Reichtum, Arbeit und Verzicht auf Vergnügen vermochten sich bei Puritanern mühelos mit der Ausbeutung der Nicht-Besitzenden – der Arbeiter – zu verbinden. Es verwundert nicht, wenn Mitglieder dieser reichen Puritanerschicht nach all dem trachteten, was ihnen in der Alltagspraxis und damit in der Lebensführung versagt wurde.

Die Anhäufung von Reichtum als Ergebnis methodischer Ausbeutung setzt bei den Kapitalisten die Unterdrückung der Triebe und bei den von ihnen ausgebeuteten Arbeitern und Sklaven das Erleiden großen Elends voraus. Bei Schriftstellern wie Matthew Gregory Lewis und William Beckford rufen ihre immensen Vermögen eine umgekehrte Beziehung zur psychischen Balance und zum Glück hervor. Gestaltet Marquis de Sade in seiner Form der *Mathematik des Begehrens* die Verarmung menschlicher Existenz in der Isolation, so liefert der gotische Exotismus ebenfalls in der Vision von Reichtümern als Äquivalent erfüllten und humanen Begehrens eine fatale Reduktionsform der Subjektivität. Reichtum, Macht, sexuelle Unersättlichkeit bieten letztlich nur einen kargen Ersatz für Lebensfülle, driften daher ab zu einer Leere, die an das *Nichts* grenzt. Der Verlust der Mutter in *Vathek* wird kompensiert durch die Anstrengungen, enorme Reichtümer und Luxus zu gewinnen, doch kann auf diese Weise die archaische Situation des Mangels nicht behoben werden.

Die vom „Mängelwesen" konstruierten „Maschinen zur Wunscherfüllung" zeigen nichts anderes als die deutliche Tendenz zum entschiedenen Antihumanismus.[22] Herder hat in seiner *Abhandlung über den Ursprung der Sprache* (1772) die Vorstellung des Menschen als eines *Mängelwesens* eingeführt. Es geht ihm darum, zu fragen, was der Mensch, dem die exakten „Kunsttriebe und Kunstfähigkeiten" der Tiere ebenso fehlen wie deren Instinkt und Kraft, zur Kompensation dieser Mängel aufzubieten hat. Herders Antwort bezieht sich zunächst auf des Menschen „allgemeine Sinne der Welt" und sodann auf die Sprache. Was ist mit diesem *allgemeinen Sinne der Welt* ins Auge gefasst?

[...] wenn der Mensch Sinne hat, die für einen kleinen Fleck der Erde, für die Arbeit und den Genuß einer Weltspanne den Sinnen des Tiers, das in dieser Spanne lebet, nachstehen an Schärfe, so bekommen sie eben dadurch Vorzug der Freiheit. Eben weil sie nicht für einen Punkt sind, so sind sie allgemeinere Sinne der Welt.

Wenn der Mensch Vorstellungskräfte hat, die nicht auf den Bau einer Honigzelle und eines Spinngewebes bezirkt sind und also auch den Kunstfähigkeiten der Tiere in diesem Kreise nachstehen, so bekommen sie eben damit weitere Aussicht. Es hat kein einziges Werk, bei dem er also auch unverbesserlich handle, aber er hat freien Raum, sich an vielem zu üben, mithin sich immer zu verbessern. Jeder Gedanke ist nicht ein unmittelbares Werk der Natur, aber eben damit kanns sein eigen Werk werden.

Wenn also hiermit der Instinkt wegfallen muß, der bloß aus der Organisation der Sinne und dem Bezirk der Vorstellungen folgte und keine blinde Determination war, so bekommt eben hiemit der Mensch mehrere Helle. Da er auf keinen Punkt blind fällt und blind liegen bleibt, so wird er freistehend, kann sich eine Sphäre der Bespiegelung suchen, kann sich in sich bespiegeln. Nicht mehr eine unfehlbare Maschine in den Händen der Natur, wird er sich selbst Zweck und Ziel der Bearbeitung.[23]

Für Herder besteht der Charakter des Menschen in der Kombination seiner Fähigkeiten, in seinem beständigen Überschreiten einer determinierten Handlungsweise. Dieses „reich ausgestattete" Mängelwesen ist in der Lage, den Verlust der eigenen Kraft durch die Extrapolation von Körperfunktionen in Maschinen zu kompensieren. Damit ist aber – auch angesichts des Herder-Textes – das Problem des freien Raums für den Menschen thematisiert. Kann doch die Maschine und deren sichtbar gewordener Funktionalismus zur Ideologiebildung führen, welche die begrenzten Spielräume der Maschinen den Menschen als vorgeblich anthropologischen Rahmen oktroyiert. *Organersatz, Organentlastung* und *Organüberbietung* (Arnold Gehlen)[24] enthalten als Hilfe für den Menschen gleichzeitig ein hohes Potential der Gefährdung. Die „Liebe" zur Maschine enthüllt sich als Machtstreben, d.h. die „Maschine" wird wegen der stetigen Erweiterung der Macht zum Einsatz gebracht. Erweiterung tritt ein durch die unaufhörliche Konstruktion, Rekonstruktion, Bastelei von und an Maschinen. Diese technische „Leidenschaft" bietet zugleich eine Lust zur Zerstörung, die zutiefst problematisch ist, da hier der Umgang mit Materie die Beziehung zum Menschen ersetzt, wobei die Gefahr besteht, dass das Programm des *homo faber* auf menschliches Leben übertragen wird. In den

Maschinen werden Teilkompetenzen absolut gesetzt und schaffen dadurch eine funktionale gesteuerte Umwelt, welche die Balance von Wahrnehmung und Erfahrung zerstört.[25]

Rationalität im Denken und christliche Doktrin als Resultat von Vernunft und Calvinistischem Bekenntnis bringen zudem eine Unterdrückung des Begehrens innerhalb der bürgerlichen Gesellschaft hervor. Die Interferenz von Wirtschaft und Gesellschaft (Max Weber[26]) greift in das Leben der Menschen ein, wenn ein ökonomisch erfolgreiches religionspsychologisches Muster die puritanische Selbstkontrolle zur gesellschaftlich kollektiven strukturellen Gewalt transformiert.(*3/S. 178)

Nach der puritanischen Theologie verliert der Mensch durch den Sündenfall seine Ähnlichkeit mit Gott, aber er gewinnt das Bewusstsein. Die puritanische Idee des christlichen Lebens führt zur Bildung von Methoden, welche eingesetzt werden, um die Unschuld durch Unterdrückung des Sündhaften in allen seinen Ausprägungen wiederzugewinnen. Bereits im 18. Jahrhundert, sinnfällig durch das Erscheinen der *Schwarzen Romantik*, kommt es zur Relativierung jahrhundertealter westlicher Weltanschauungen. Die Koppelung von christlichem Glauben und Moral wird kritisch beleuchtet. Nicht nur der christliche Glaube gerät durch den Skeptizismus und die kritische Vernunft der Aufklärung in eine Krise, sondern es zeigt sich auch, dass die europäischen Moralvorstellungen schon längst keinen Absolutheitsanspruch erheben konnten. Das Wissen hatte sich zu sehr erweitert, um begrenzten Ansichten noch Wahrheitswert zuerkennen zu können. Es ist daher kein Wunder, wenn Denis Diderot, der zusammen mit D'Alembert die epochemachende *Encyclopédie* herausgab, die Relativität der realen oder positiven Moralsysteme in seinem *Nachtrag zu Bougainvilles Reise* formulierte. Zugleich lieferte die Entdeckung der dunkleren Dimensionen des Menschen – und dies unter der Voraussetzung des Schwindens von *frames* – brisante Gefahren der prinzipiellen Selbstzerstörung durch die Ambition aufs Absolute. Wenn religiös gesetzte Grenzen fallen, kommt es in der Folge zu einem Norm-Vakuum. Eine solche Leere birgt die Gefahr in sich, dass die menschliche Hybris ins Grenzenlose wächst. So muss sich die Vernunft letztlich gegen den grenzenlosen Willensfanatismus richten, weil die zeitliche und räumliche Endlichkeit des Menschen keine Durchgängigkeit des Selbstausdrucks oder gar eine Verabsolutierung erlaubt. Schließlich kann nur die Natur eine Harmonievorstellung anbieten, die sich als Komplexitätsreduktion der existenten impliziten Dialektik des menschlichen Wesens – zugleich *Noumenon* und *Phaenomenon* zu sein – ergeben muss. Die Doppelseitigkeit des menschlichen Wesens trägt gleichermaßen Fluch und Segen in sich. Die Willenskraft bekommt im calvinistischen Sinn die Funktion, alle Mittel zu nutzen, um die Gottesherrschaft auf Erden (das Millenium) zu errichten. Max Weber hat in seinen Überlegungen zum Verhältnis von Puritanismus und Kapitalismus die These vertreten, dass der Erfolg des Kapitalismus an die Unterdrückung des Begehrens (aller Spielarten) gebunden ist und damit an die Anwendung methodischer Rationalität im Geschäfts- und Wirtschaftsleben.[27] Darin ist auch deutlich eine *Mathematik des Begehrens* eingeschlossen, denn die Alterität des Imaginativen, Kreativen, Sexuellen, Weiblichen widerspricht einem zweckrationalen Wirtschaftssystem, das auf Profitorientierung und rationaler Durchorganisation des Lebens – etwa dem Zeitmanagement – beruht. Die *Mathematik des Begehrens* mit ihrer Formulierung von Approximationen und Höhepunkten entspricht damit den Prozessen der Entzauberung der Welt durch Rationalität und Bürokratisierung, weil in beiden Quantifizierungen lebensweltlicher Phänomene der Ausgleich von Natur und Kalkül abhanden kommt, die Balance von Wahrnehmung und Erfahrung zerfällt.

In *Männerphantasien* (1977) hat Klaus Theweleit eine Geschichte der Beziehung zwischen den Geschlechtern vorgelegt, in der er auch den Versuch unternimmt, den Aufstieg des Faschismus in Deutschland zu erklären. Er ging davon aus, dass die männliche Unterdrückung männlicher körperlicher Wünsche und Begehrungen eine fundamentale Quelle des aggressiven Nationalismus und der Glorifizierung des Krieges sei. Der Reduktion des Mannes auf die militärische Funktion entsprach der im Ganzen gescheiterte Versuch der Nazis, mit ihrer Zurücknahme der Frauenemanzipation und dem radikalen Mütterkult sogar noch die Reduktion der Frauenbildung zu verbinden.

Nach Theweleit wäre es plausibel, die *Mathematik des Begehrens* als Adaption der Sexualität an die Moderne zu definieren.[28] Dabei geht es um die systembedingte *Naturbeherrschung am Menschen* (Rudolf zur Lippe). Diese gilt auch für das herrschende christliche vorneuzeitliche Weltbild. Die von Theweleit angesprochene Repression hat eine lange Vorgeschichte. Sie reicht bis zu den Traditionen des „Satanismus" zurück. Hier handelt es sich um ein Ausgrenzungsphänomen der christlichen Gesellschaft als Verdammung dessen, was dem traditionellen religiös-dogmatischen Rahmen widersprach. Das Herrschaftswissen der Kirche definierte, welche Erfahrung akzeptabel war, so dass die „Erfahrung einer anderen Wirklichkeit"[28a] inkriminiert werden musste. Die Verfolgung von Menschen mit „anderen Erfahrungen" und anderen, bzw. weiterreichenderen Kenntnissen im Vergleich zu den üblichen, offenbarte sich in der Unterdrückung von Frauen im Allgemeinen und von Hexen im Besonderen.[29] Die Hexen verschafften sich als Rauschmittelverbraucher unbekannte Erfahrungen und besaßen die erstaunlichen Kenntnisse eines empirischen Pharmazeuten. Die extreme Form der Hexenverfolgung lässt sich als Intensivierung und Quantifizierung im Rahmen einer *Mathematik des Begehrens* lesen, wobei es zu einer doppelten Reduktion kommt: hinsichtlich der Vereinnahmung bzw. Inkriminierung des Geliebten und der Situation des Begehrens insgesamt. Die Geschichtsforschung hat über die Hexen längst herausgefunden, dass ihre Kompetenz in der Heilkunde das männliche Herrschaftswissen, nämlich das der Apotheker und der durch Studium ausgebildeten Ärzte, nur bedingt in Frage stellte. Dennoch mussten die Hexen ihre Grenzüberschreitung in besetzte Wissensbereiche mit massiver Verfolgung bezahlen, wobei die Empirieferne der philosophisch-dogmatisch ausgebildeten Ärzte offenbar ein wichtiger Beweggrund war, anderes und fremdartiges Wissen zu unterdrücken.

Unterdrückung des Weiblichen überhaupt gehört unmittelbar zum Problemkreis der Frauenemanzipation. Frauen, die der Oberschicht angehörten, waren grundsätzlich von körperlicher Arbeit befreit, sie waren aber auch von allem Wissen ausgeschlossen, das zur Beteiligung an den Strukturen und politischen Institutionen der Macht notwendig war. Diese Besitzergreifung ist die grundlegende Voraussetzung für die Aufsplitterung lebensweltlicher Ganzheiten und der Liebe als solcher. Wenn es der Situation des Begehrens an intensiver *persönlicher* Beziehung mangelt, welche die Autonomie und die Freiheit des Individuums einschließt, handelt es sich nicht länger um das Zusammentreffen zweier Personen, sondern um die *Kombination sexueller Funktionen* unter dem Vorzeichen der Serialisierung und Quantifizierung. Dabei verwandelt sich der intime und privateste Augenblick zum Seitenblick auf einen immer wieder wechselnden Dritten. Die Aspekte der persönlichen und selektiven Bindung innerhalb der Situation des Begehrens sind von großer Wichtigkeit in Anbetracht der Ganzheit der menschlichen Natur. Emotionale Sensibilität und Bewusstsein sind in einem großzügigen Zusammenspiel des Gebens und Nehmens miteinander verquickt.[30]

Wesentlich ist, daß sich die mindeste Reminiszenz an jenes Erlebnis *eo ipso* auf den identischen Augenblick, auf die Ursimultaneität, bezieht. Dieser Sachverhalt kann, zur Vermeidung der Einrede mit Faktizitäten, auch so gefaßt werden: Erinnerte einer sich, so kann er sich nur an den Konvergenzpunkt beider Erinnerungen erinnern. Was um diese Punktualität herum liegt, ist auch von bestimmten Formationen durchzogen, ohne die jener Augenblick keiner des Augen-Blicks hätte sein können.[31]

Es gibt eine letzte Version der Funktionalisierung menschlichen Lebens im 18. Jahrhundert. Hier handelt es sich um die metaphorische Organisation der Sexualität gemäß den Prinzipien oder Strukturen der modernen Wissenschaft. Dies bezieht sich auf eine rationalisierende Explanation, die helfen soll, mit der Gefährlichkeit des *Anderen* fertig zu werden. Die Funktionalisierung nimmt sich eine Disziplin zum Modell, die die fundierende Disziplin aller Wissenschaften ist: die Mathematik.

2. Mathematik des Begehrens

Das ist das Ungeheure in der Liebe, meine Teure, -
daß der Wille unendlich ist, und die Ausführung beschränkt;
daß das Verlangen grenzenlos ist,
und die Tat ein Sklav' der Beschränkung.

William Shakespeare, *Troilus and Cressida*, III, ii.

Das Sujet der Finsternis tauchte nicht erst im 18. Jahrhundert in der englischen Literatur auf. Bereits die Elisabethaner behandelten die dunklen Aspekte von Natur und Psyche, z.B. in den Rachetragödien (Kyd, Marlowe) oder in den Dramen Shakespeares. In *King Lear* deckt Shakespeares sowohl die teuflische List als auch den Wahnsinn auf, welcher durch den Verlust an Realität verursacht wird, während *Hamlet* eine dunkle Melancholie heraufbeschwört, ein Brüten über die destruktive Widersprüchlichkeit der Dinge wie sie sind (Machtstrukturen, Hof, Krieg, Leidenschaften und Begierden, Falschheit) und das Streben des Menschen nach höheren, edlen Zielen. In *King Richard III.* stellt Shakespeare in den Siegen eines teuflischen Genies das Machtansinnen Gloucesters in den Mittelpunkt, doch den Tyrann – inzwischen König – ereilt ein tragisches Schicksal. Fortuna zermalmt all jene unter ihrem Rad, welche nach dem Absoluten greifen.

Im 18. Jahrhundert kommt es zu einer Reise ins Innere und dieser Weg des Wissenwollens führte zur Entdeckung dunkler Landschaften, in welchen archaische Mythen der Zeugung und Fortpflanzung, der Unterdrückung und des Herrschens bewahrt werden. Die *dunkleren Bewegungen* als Metapher erzählen von der Herrschaft der schwarzen Bösewichte und Schurken in ihren selbstgewählten, privaten Königreichen, doch dieses Bild meint gleichzeitig eine starke Tendenz der persönlichen Machtausübung durch extreme physische und sexuelle Aggression. Diese *dunkleren Bewegungen* bleiben den Zeitgenossen in der alltäglichen Existenz verborgen, machen sich aber in seelischen Bereichen bemerkbar, deren emotionale und imaginative, vorstellungsbezogene Aktivitäten jenseits des Tagbewusstseins einsetzen, nämlich im Traum, in der Phantasie, in der künstlerischen und literarischen Fiktion. Hier

entstehen Bilder von männlichen und weiblichen Akteuren, deren Wunsch-
träume und Ängste mit anthropologischen Konstanten mehr zu tun haben als
mit kulturellen Rahmen. Das Interessante – und in diesem Zusammenhang zu
Beleuchtende – bezieht sich genau auf den Kontrast zwischen der Alltagsratio-
naliät und dem Alltagsleben des 18. Jahrhundert und der seelischen Aktivität,
welche die Restriktionen der Kultur aufhebt oder einklammert.

Der Aspekt des Schmerzes fungiert als integrales Element der *dunkleren Bewegungen*, denn die gegenseitige Abhängigkeit von Unterdrücker und Opfer
(die „normale" Welt gegen das Reich der Gefahr und Zerstörung) spiegelt Lust
und Schrecken. Verschiedene Grade und Formen der *dunkleren Bewegungen*
können unterschieden werden: Visionen des Extremen (Formen der Selbstbehauptung: Eigentum, Zerstörung); innere Erregung, Agitation, innere Bewegungen (Beschleunigung der Herzschläge, Intensivierung der Lust durch
Aggression und/oder Zerstörung); sexuelle Aktivität, z. B. Vergewaltigung.[32]

Diese *dunkleren Bewegungen* atmen oft den Hauch des Erhabenen. Sie können vom Bizarren abgeleitet sein oder aber vom Aufruhr in der Natur, nicht
jedoch vom Schönen. Mit dem Schönen ist der Trieb zur Fortpflanzung verbunden ebenso wie das Wohlgefallen an der Harmonie. Die Lust am Erhabenen kann nur dann in die Praxis umgesetzt werden, wenn der negative Held/
die negative Heldin eine Freude an seinem/ihrem eigenen, komplizierten,
mathematisch geordneten System entwickelt. Dieses „mathematisch geord-
nete System" ist der Herrschaftsbereich des negativen Helden. Es handelt sich
um ein kompliziertes, oft unterirdisches Raumgebilde, dessen Plan allein der
negative Held als Unterdrücker/Verfolger kennt. Die Schönheit der verfolgten
Unschuld ist ein deutlicher Anreiz für den negativen Helden als ihr Verfolger. Die Approximation der Leidenschaft in der Verfolgung mischt sich aber
mit dem dunklen Areal des Schreckens, dem Herrschaftsbereich des *rake*, in
dem er sich vorzüglich auskennt. Der Raum wird hier zu einem Schlüssel zur
Macht und zur dramatischen Szenerie. Das Schöne und der Schrecken – durch
Gewalt – sind für die *dunkleren Bewegungen* unverzichtbar.

Daher scheint der aristokratische Verbrecher oder der *Gothic villain* gleichsam eine Mischung aus Daedalus und Minotaurus, der Regisseur des Schreckens und sein Akteur zugleich zu sein. Daedalus ist der geniale Erbauer des
Labyrinths und der Minotaurus ist die halb menschliche, halb tierische Kre-
atur, dessen Mord- und Fresslust durch das Labyrinth begrenzt bleibt. In Un-
kenntnis über den Plan des Labyrinths vermag der Minotaurus demselben
ebensowenig zu entkommen wie seine Opfer. Wenn nun der negative Held
als Mischung von Daedalus und Minotaurus gezeichnet wird, so fallen in ihm

die Kenntnis und Beherrschung des komplizierten mathematisch geordneten Raum-Systems mit dem Macht- und Destruktionstrieb zusammen. Somit wird ein geschärfter Intellekt mit dunklen Handlungsmotiven vereint. Diese Mischung kann als notwendige Bedingung für das *chiaroscuro* in der Literatur und Kunst des 18. Jahrhunderts angesehen werden. Unter *chiaroscuro* versteht die Kunsttheorie einerseits die phänomenbezogene Verteilung von Licht und Schatten in der realen Außenwelt, zum andern das künstlerische, insbesondere malerische Arrangement von Licht und Schatten.[33]

Die Bezeichnung *darker movements* in der englischen Literatur und Kunst beinhaltet folglich ein Feld von möglichen Bedeutungen, weil sie unterschiedliche ästhetische Formen anzeigt. Sowohl der gotische Roman *(gothic novel)*[34] als auch sublime und finstere Beispiele der Schönen Künste, z.B. Radierungen und Gemälde, gehören zweifellos zu diesen Formen. Die bedeutendsten Künstler des Genres des Dunkel-Erhabenen sind Giovanni Battista Piranesi und Heinrich Füssli.[35] Doch es gibt noch eine zweite Bedeutung der *dunkleren Bewegungen*. Sie ist die Voraussetzung jeder Lesart, welche die *Finsternis* innerhalb einer rational strukturierten Gesellschaft hervorhebt. Diese Betonung zeigt sich in der Mentalität und in den ästhetischen Formen, etwa im Klassizismus von Literatur und Architektur. Über Edmund Burke (*4/S. 178) hinausgehend ist Finsternis mit den Tiefen des menschlichen Selbst verbunden. Die Gelehrten hatten bis dahin den Weg zur systematischen Erforschung solcher Phänomene noch nicht beschritten.

Diese Tiefen des menschlichen Selbst hängen eng mit Handlungen, Gefühlen und Mächten zusammen, die allesamt nicht präzise beschrieben oder definiert werden können. Die Schwierigkeiten liegen in einer offensichtlichen Obskurität: die Finsternis führt in eine Situation des Schreckens, welche die analytischen Fähigkeiten blendet.[36] Es kommt daher zu einer völligen Unklarheit und zur Unmöglichkeit des Urteils. In Situationen der Dunkelheit wird die Aktivität der Imagination angeregt. *Dunklere Bewegungen* dürfen als eine komplexe ethische, ästhetische und soziale Rekonstruktion der mentalen und psychischen Möglichkeiten innerhalb der Welt verstanden werden. Die dunkle Kunst spiegelt einen Angriff auf repressive Formen des inneren und äußeren Lebens wider, was seinen Ursprung sowohl im englischen Gesellschaftssystem als auch in protestantischen Konzepten von Schuld, Sünde und Verdammung hatte.[37]

Die neuere Literaturwissenschaft hat eine spezifische „Leere" in den Kunstwerken entdeckt, die als Ausdruck der *dunkleren Bewegungen* angesehen wird.

Diese Leere führt zu Beurteilungen ästhetischer Strukturen als Ganzheiten, innerhalb derer Handlungen einbeschrieben werden, die im Kontrast zum „wirklichen" Leben stehen. Anstelle des farbigen Lebens der Realität erweisen sich die *dunkleren Bewegungen* als zutiefst symbolisch, insofern als sie Gefahren und Fragilitäten reflektieren. Darüberhinaus lassen sie sich nicht völlig von gesellschaftlichen Aspekten trennen, sei es von Institutionen, etwa dem Herrschaftsapparat des Staates oder der Kirche mit ihrer normativen Macht. Die literarische Analyse schafft ein Bewusstsein der Vergangenheit: Sie erkennt den Verlust des klaren Urteilsvermögens, der sich beim schurkischen Helden zeigt, oft auch bei seinem vor Angst erstarrtem Opfer. Die Analyse geht von der symbolischen Situation im Kunstwerk aus, um genau hier den Beginn für die gesamte Untersuchung zu setzen.[38] Wenn Derrida sagt, dass der Autor sein neues Idiom ist[39], so ist der Künstler in derselben Weise zu betrachten. Somit kann man die Formung der *dunkleren Bewegungen* als ein Verhältnis gegenseitiger Beeinflussung von Raum und Handlung verstehen. Dadurch werden Bedeutungskonstruktionen geschaffen, die innerhalb vorherrschender Weltbilder reflektiert werden müssen, wann immer es eine „Differenz" zu definieren gilt.

Aus der beschriebenen Unmöglichkeit klaren Urteilsvermögens in Augenblicken der Finsternis resultiert eine Intensivierung der Vorstellungskräfte und Phantasien. Sir Joshua Reynolds' *chiaroscuro*, also sein Gebrauch des Schattens, wird in eine Atmosphäre trist-düsterer oder unheimlicher *blackness*[40] transformiert:

> Die Großartigkeit der Wirkung wird auf zwei verschiedene Weisen erzeugt, die einander völlig entgegengesetzt zu sein scheinen. Ein Verfahren reduziert die Farben zu wenig mehr als zu einem Helldunkel, was oft die Praxis der Schule von Bologna war; und der andere Weg bestand darin, die Farben so klar und kräftig zu machen wie wir dies in den Schulen von Rom und Florenz sehen;[41]

Reynolds weist zu Recht darauf hin, dass die Schule von Bologna, vor allem von Annibale Carracci (1557–1602), sich des *chiaroscuro* bediente, um das Dunklere und Unheimliche in Szenen darzustellen, in denen das Böse gegen christliche Heiligkeit ankämpft. So zeigt das Gemälde *St. Antonius von Teufeln versucht* (um 1597, Öl, National Gallery, London) den Kampf Christi und der himmlischen Heerscharen gegen die Teufel in einer sturmgepeitschten, wolkenverdüsterten Natur. Als Vorbild für Carracci galten die Werke Tizians, an denen er und seine Schüler den neuen Stil des dramatischen Gebrauchs von Farbe, Licht und Schatten entwickelten.[42] Auch in der Literatur und Kunst des 18. Jahrhunderts, welche sich dem Erhabenen zuwendet, wird eine steigende Affinität zu nächtlichen Szenen ebenso deutlich wie zu Wiedergaben der Dämmerung, welche der Verwendung der Schattens bedürfen.

Der Kontrast der hellen und dunklen Seiten erlaubt es, die zweite Lesart der *dunkleren Bewegungen* noch genauer anhand einer ganzen Reihe von Assoziationen zu beschreiben: Verbrechen, geheimnisvolle, übernatürliche Mächte, ungewöhnliche Formen der Sexualität, exzessive Ausrichtungen der Willenskraft, welche die Grenze humanistischer Ethik und christlicher Normen überschreiten. Die Kombinationen von Mord, Sex und/oder Blasphemie sind Ausdruck dafür.

Die Konzentration auf Sexualität und Begehren als Formen *dunklerer Bewegungen* führt zu tieferen philosophischen Problemen, die mit der Differenz zwischen Augenblick und Dauer (der Zeit) im Zusammenhang stehen. Dies ist mit dem weiteren Gegensatz von Glück/Glückseligkeit und der Suche nach Ewigkeit verbunden. Schon die Theorien des 16. und 17. Jahrhunderts zur platonischen Liebe schufen einen Erklärungsrahmen für das Problem der Sexualität/des Begehrens. Platon hatte bekanntlicherweise die Liebestheorie sowohl auf das Irdische wie auf das Himmlische bezogen.[43] Die irdische Liebe im Schönen[44] ist eine Stufe, die man ersteigen kann, um von dort aus den weiteren Aufstieg im Sinne der himmlischen Liebe zu vollziehen. Der Florentinische Neuplatonismus hat den Aufstieg der Seele zu Gott (ascensus) durch die Verschmelzung von christlicher Askese und Idealität spiritualistisch gesehen, doch die himmlische Liebe wurde wie bei Platon nicht radikal von der irdischen Liebe geschieden.

Definitionen von Begehren heben die Suche nach absolutem Glück, nach Vollkommenheit hervor, das Festhalten der Zeit, welches Frauen und Männer in „Augenblicken des Seins" oder „Epiphanien" zu erreichen suchen, während Sexualität einen doppelten Sinn eröffnet: Die Fähigkeit zur sexuellen Aktivität, und die sexuelle Aktivität selbst zielen auf eine physiologische wie psychologische Einheit. Diese Einheit wirkt auf das menschliche Bewusstsein, welches absolutes Glücksstreben und zeitlich knapp bemessene Erfüllung unterscheiden kann. Die zeitliche Begrenzung sexueller Aktivität kann das Glück nicht festhalten und ist daher immer wieder zur Wiederholung genötigt.[45] Die Unerreichbarkeit des absoluten Glücks führt den Menschen immer wieder an den Anfang zurück. Wie bei Sisyphos können die Bestrebungen im Leben nie aufhören: Jeder Endzustand ist zugleich der Anfangspunkt für neues Beginnen.

Für Psychoanalytiker wie Freud und seine Anhänger gilt die These, dass die Unterdrückung der Sexualität sehr oft zur Intensivierung des Begehrens führt, was an den Wünschen, Träumen und sogar Utopien erkannt werden kann. So verknüpft die psychoanalytische Sexualtheorie ihren eigensten Forschungsgegenstand mit dem Vermögen der Imagination. Imagination erweist sich innerhalb des Feldes menschlicher Leidenschaft als komplementäre Fähigkeit, die durch Kunst und Fiktion Vorstellungswelten erzeugt. In der *dunkleren Literatur* wie in den Schönen Künsten ist Sexualität sogar als ein letztes Refugium individuellen menschlichen Ausdrucks aufgefasst worden (*5/S. 179), der damit dem expansionistischen Rationalismus oder seinen Systematisierungen entgegen steht. Die Eingeschränktheit menschlicher Individualität und sexueller Spontaneität führt zur Feststellung von Grenzen des Glücks und angesichts des mit struktureller Gewalt domestizierten Lebens zur Entdeckung der Dimension des Absurden. Die Zähmung, Abschwächung oder gar „Kanalisierung" der Sexualität durch normative und organisierende Rahmungen wird durch systematische oder methodische Verfahren entschärft. Dies produziert einen semantischen Widerspruch, weil die Einordnung in sprachliche und normative Muster die Möglichkeit nicht ausschließt, das System zu wechseln, bzw. die Polysemie der Sprache gegen den Strich zu nutzen.

In den meisten Fällen ist die Absurdität in der Erweiterung und Intensivierung sexueller Aktivität innerhalb des Rahmens eines destruktiven oder negativen Heroismus offensichtlich. Diese Grenzüberschreitung erfordert die Nähe zum Dunkel-Erhabenen. Gleichzeitig symbolisierte dieser durchbrochene Rahmen eine Melancholie und finsterste Verzweiflung als Antizipationen des Sturzes in den Tod, in Zerstörung und Auslöschung. Die Angst vor absoluter Macht, welche in den dunklen Künsten in die Tat umgesetzt wird, wird anschaulich gemacht durch die Prozesse der Unterdrückung und Verfolgung der persönlichen Identität des engelhaften Geschöpfes.

Strukturalistischer Exkurs

Solch eine Atmosphäre voller sexueller Spannung und ein Sinn für das Destruktive in den Kunstwerken der *dunkleren Bewegungen* setzt eine erhöhte Aktivität der Imagination voraus, welche den negativen Held mehr und mehr mit Illusionen seiner antizipierten absoluten Herrschaft erfüllt, eine Herrschaft, die es wagt, die Allmacht Gottes herauszufordern. Strukturalistische Theoretiker und Literaturwissenschaftler wie Roland Barthes und Julia Kristeva entwickelten den Begriff des Begehrens als eine Widerspiegelung des Verhältnisses von Autor/Kritiker und Leser, denn die Dialektik von Text (Signifikant) und Simulacrum/Bedeutungskonstruktion (Signifikat) lässt eine feste und alleingültige Interpretation nicht mehr zu, wohl aber ein *Begehren*, welches die Spannungen zwischen Produktion und Rezeption ausfüllt.[46]

Roland Barthes identifizierte das Schreiben mit „a mode of Eros"[47]. Er spricht von der Leidenschaft als Zweck und Ziel der Imagination[48] [...]

[...] das Netzwerk, welches entschlüsselt werden soll in zwei Hälften zu spalten. Das Begehren, wo das Subjekt impliziert ist (Körper und Geschichte); und die symbolische Ordnung; Vernunft und Einsehbarkeit. Kritische Erkenntnis verbindet und löst ihr Überlappen.

Für Kristeva ist das Subjekt durch sein Begehren mit dem Signifikanten verknüpft (Bezug zu instinktiven Trieben, historischen Widersprüchen). Für Barthes scheint Leidenschaft das Anerkennen eines heterogenen Elements in Absetzung vom Symbolischen zu bezeichnen[49]. Klaus Theweleit[50] hat die These vertreten, dass das Verhältnis von Sexualität und Zerstörung durch die Opposition des Weiblichen (Prinzip der Feuchtigkeit/Liebe und Blut) zum Männlichen (Prinzip der Trockenheit/Aggression) erklärt werden kann. Männliche Angst vor dem Prinzip der Feuchtigkeit und Fruchtbarkeit bilde daher das Prinzip des Bösen aus als extrapolierte, destruktive Kraft, als Verlangen, Blut zu vergießen und Blut mit Blut zu vereinen. Für Theweleit basiert die Ursache des Zerstörungstriebs auf der wachsenden Isolation der Körper und Geschlechter voneinander und von sich selbst.[51] Kristeva hingegen sieht Begehren nicht auf eine negative Bedeutung allein reduziert. Begehren als Negativität schließt die Macht ein, alte und sehr häufig nicht länger relevante soziale, kulturelle und ethische normative Muster aufzubrechen. Deshalb kann für Kristeva das Begehren ein Instrument sein, alternative Wege des Lebens zu umreißen. Kristevas Begriff des Begehrens lässt sich durchaus an eine Philosophie der Hoffnung anschließen:

Bedeutende Tagtraumphantasiegebilde machen keine Seifenblasen, sie schlagen Fenster auf, und dahinter ist die Tagtraumwelt einer immerhin gestaltbaren Möglichkeit [...] der Tagtraum projiziert seine Bilder in Künftiges [...] Der Inhalt des Nachttraums ist versteckt und verstellt, der Inhalt der Tagphantasie ist offen, ausfabelnd, antizipierend, und sein Latentes liegt vorn. Er kommt selber aus Selbst- und Welterweiterung nach vorwärts her, ist Besserhabenwollen, oft

Besserwissenwollen durchaus. Sehnsucht ist beiden Traumarten gemeinsam, denn sie ist [...] die einzige ehrliche Eigenschaft aller Menschen; doch das Desiderium des Tags kann zum Unterschied von dem der Nacht auch Subjekt, nicht nur Objekt seiner Wissenschaft sein.[52]

Begehren und Liebe

Von der Negativität des Begehrens, welche die Macht einschließt, tradierte Normenbestände aufzulösen, finden sich in der Ästhetik und Kulturgeschichte des 18. Jahrhunderts intellektuelle Verknüpfungen zu Marquis de Sade. Allerdings gelten die Strukturphantasien in seinen sexuellen „Abweichungsprogrammen", bzw. seine Choreographien der sexuellen Perversion (sexuelle „Massen"-Aktivitäten organisiert nach „Partituren") als Angebot, die Differenz zwischen Natur und Zivilisation zu überwinden (zu Sade vgl. Kap. 2.6). Es ergibt sich die Frage, ob es irgendeinen hinreichend erklärenden Lehrsatz zum Ursprung des Phänomens der aus dem Begehren entspringenden negativen Handlungen geben kann? Wenn man den Begriff der Leidenschaft und des Begehrens zu definieren versucht, trifft man auf eine Vielzahl von Denkansätzen.

Der Begriff Begehren bezieht sich offensichtlich auf eine komplexe Materie, welche emotionale und intellektuelle Elemente miteinbezieht. Begehren ist nicht mit Trieb identisch, weil hier ein Zielsinn vorausgesetzt werden muss. Begehren ist nicht eine einfache instinktive Reaktion, sondern auch ein Akt des Bewusstseins, der mit einem ganzen Feld von Emotionen als eines komplexen Zusammenhangs vermittelt ist. Begehren, Wunsch, Sehnsucht – sie alle beschreiben eine Kraft oder Möglichkeit, zwischen Subjekt und Objekt oder Ziel zu vermitteln. Der Gegenstand des Begehrens (das Ziel) wirkt anziehend auf die Person, die Begehren erfährt, doch simultan hegt das begehrende Individuum den Wunsch nach Erfüllung. Erfüllungswünsche führen dazu, Macht auszunutzen, um Wirkungen zu erreichen. Begehren schließt Sexualität nicht aus, doch es ist mit dieser auch nicht identisch. Die Macht der sexuellen Anziehung und seine Perspektive im Hinblick auf ein *telos* definieren Anziehung und Abhängigkeit innerhalb der Gesellschaft, was letztlich Kultur schafft, obschon der individuelle Aspekt konstitutiv bleibt. Hoffnung und Freiheit sind wesentliche Elemente der Leidenschaft. Die Position des Begehrens zwischen Subjekt und Objekt erinnert an die Fähigkeiten der Imagination und des Urteils, wie sie von Immanuel Kant skizziert wurden.[53] Ästhetisches Vergnügen leitet sich ab von Urteilen, welche die Formen komplexer Entitäten bestimmen, die ihrer Teleologie ohne Ziele wegen („Zweckmäßigkeit ohne Zweck") eine Freude, einen Genuss ermöglichen.

In welche Richtung strebt eine solche Leidenschaft? Begehren kompensiert für gewöhnlich Defizite. Das Phänomen des Defizits lässt sich auf dem Hintergrund von Platons *Symposion* (189s–190c; 202e–208b) erklären. Nach Platon schuf die Einteilung der Menschheit in zwei getrennte Hälften (Geschlechter) das Verlangen nach Wiedervereinigung, das Begehren, sich zu verbinden, seine andere Hälfte zu suchen.

Bei Platon gibt es die „Lust im Schönen zu zeugen". Die irdische Liebe zwischen schönen Menschen ist eine Stufe zur Vergeistigung im Sinne des Guten, Wahren und Schönen und eine Bewegung zur Unsterblichkeit. Begehren hat es daher mit den Grenzen des Menschlichen zu tun, mit dem Missverhältnis zwischen dem Gewünschten und dem Erreichbaren. Solchermaßen spiegelt Begehren das Problem der Individuation, in welcher das Individuum der erste, die externe Welt oder das Fremde der zweite Bezugspunkt ist. Begehren schwankt daher stets zwischen diesen beiden Polen der ersten Welt (Ich) und der zweiten Welt (Außenwelt). Individuation ist menschliches Selbstbewusstsein, das die notwendige Unterscheidung zwischen Innen und Außen überwinden möchte. Luc Ciompi hat vor einigen Jahren gezeigt, dass Intelligenz und Zuneigung wechselseitig voneinander abhängig sind. In seiner Kritik an der Missachtung der Zuneigung als „energetica" für die kognitiven Strukturen durch Jean Piaget, hält Ciompi fest, dass eine gegenseitige strukturelle Modifikation zwischen Intelligenz und Zuneigung angenommen werden muss. Es existiert eine Intellektualisierung der Zuneigungen, aber auch eine Emotionalisierung des Denkens: „Vielmehr setzen sich Gefühle offensichtlich sozusagen den ‚Rahmen', innerhalb dessen sich ein bestimmtes Denksystem dann zu entfalten vermag."[54]

Durch die Erfahrung der Getrenntheit der Geschlechter (nach Platon: der Abspaltung der „anderen Hälfte") und der damit einhergehenden Unzulänglichkeit entstehen auch die persönlichen Leiden. Daher kann Begehren als Anspannung gesehen werden, welche auf die Überwindung von Leiden, Schmerzen oder Isolationen zielt. Es überrascht kaum, dass mit dem Begehren Zustände des Enthusiasmus oder der Ekstase verbunden sind. Ekstase, Sexualität eingeschlossen, vereint die „getrennten Hälften" der Geschlechter durch eine Intensivierung ihrer Lebensaktivität. Die Unterscheidung zwischen Subjekt und Objekt scheint aufgehoben zu sein, doch die frei sich aufschwingenden Gedanken und Körper bewahren Spontaneität ebenso, wie sie diese aufgeben.

Begehren ist eine Form des Lebens, die, während sie dem Mangel entspringt, den Mangel bekämpft und so danach strebt, die Verzweiflung in Schach zu halten.[55]

Julia Kristeva bietet in ihrem Buch *Tales of Love* die folgende Reflexion zur Liebe:

Liebe ist die Zeit und der Raum, in welchen das „Ich" sich das Recht nimmt, außerordentlich zu sein. Souverän, aber noch nicht individuell. Teilbar, verloren, vernichtet; aber auch, durch die imaginäre Verschmelzung mit dem Geliebten, gleich dem unendlichen Raum des übermenschlichen Psychismus. Verrückt? Ich stehe, – verliebt – im Zenit der Subjektivität.[56]

Die Einheit oder Vereinigung in der Liebe und der Verlust des eigenen Ich setzt einen Prozess der Verwandlung voraus, bzw. eine Steigerung des Ich, die zugleich als „das Andere" erfahren wird (Gestaltwandel). Während positivistische Ansätze der Psychologie die Sinneswahrnehmung einfach als Material für die höheren Fähigkeiten des Denkens definieren, entdeckte die Gestalttheorie, dass viele Wahrnehmungsphänomene eine offensichtliche Form wahren, welche sich jedoch, abhängig vom Kontext, verändert. Im sogenannten Phänomen des Gestaltgrundes *(figure-ground[57] phenomenon)* kann derselbe Umriss eines beobachteten Gegenstandes in alternativen Gestaltformen wahrgenommen werden. So kann also die gleiche Form verschiedene semantische Determinationen beinhalten. (*6/S. 179)

Es lässt sich aber auf eine ganz andere geistige Formation zurückgreifen: Die mystische Verwandlung schafft ein *totaliter aliter*, welches mehr und mehr zu einer Unmöglichkeit zu werden scheint, sobald eine *Mathematik des Begehrens* erfunden wird. Damit ist gemeint, dass die Rationalisierungen des Begehrens seit dem Aufstieg der *scientia nova* in der Frühneuzeit sich immer skeptischer gegenüber der Existenz, Relevanz und Wirksamkeit von Seelenkräften ausnehmen und ihre Reduktionsprogramme (durch Mathematisierung) auf Kosten leib-seelischer Ganzheitlichkeit durchführen.

Der mittelalterliche Mystizismus beschäftigte sich noch mit dem Aufstieg der Seele in den Himmel. Das tiefe Versinken in ein inneres Leben war gleichzeitig eine Suche nach dem Göttlichen in der menschlichen Seele, die sich in reiner Liebe an Gott wendet, in der Hoffnung, von Gott im Zustand der spirituellen Verzückung empfangen zu werden. „In [Meister Eckhart] (c. 1260–1327) zeigt die Mystik] ihre höchste Vollendung [...]. In ihm versucht das ursprüngliche religiöse Erlebnis unabhängig von dem Begriffssystem der Scholastik eine Lehre zu schaffen, die das Verhältnis des Menschen zu Gott als Loslösung der Individualität vom Urgrunde des Seins erfaßt und nun den Weg zu ihm, frei von allen vermittelnden Gliedern, unmittelbar im religiösen Erlebnis sucht."[58]

Im ersten sollen wir erkennen, wie das Antlitz der göttlichen Natur aller Seelen Verlangen nach im rasen und toben läßt, auf daß er sie an sich ziehe. Denn das ist Gott so lustlich und erregt ihm solches Wohlgefallen, daß seine ganze göttliche Natur dazu geneigt und hingekehrt ist. [...] Soviel die Seele in Gott ruht, soviel ruht er wiederum in ihr.[59]

2.1 Geometrisches Begehren

Im Blick auf die *dunkleren Bewegungen* hat Georg Forster in seinen Reisebüchern von der „britischen Schule" gesprochen:

Wirkung ist ihr höchstes Ziel, und um nur dieses zu erreichen, verschmähet sie keine Mittel. Das Schöne ist ihr nur Nebensache; am liebsten will sie erstaunen und überraschen, niederdrücken durch gigantische Größe oder Erschüttern durch die Extreme der Leidenschaft; sie hascht nach der Wahrheit der Natur in ihren gräßlichen Augenblicken und erlaubt ihrer Phantasie den verwegenen Flug nicht in das schöne Feenland des Ideals, sondern in die verbotene Region der Geister und Gespenster.[60]

Geometrisches Begehren kann sich in menschlichen Aktionen zeigen, wenn sie die räumliche Dimension in einem Kunstwerk veranschaulichen. Es konvergiert mit seiner Struktur oder der inneren Organisation in einem morphologischen und geometrischen Sinne.[61] Die Inszenierung dynamischer menschlicher Prozesse kann also zu einer Bedeutungskonstruktion führen. Der dynamische Impuls verwandelt die räumliche Organisation der Möglichkeiten in die inneren Bewegungen der Kunstwerke. In seinem Buch *La poétique de l'espace* (Paris, 1957) hat Gaston Bachelard ein Konzept des „Raumes" vorgestellt, in dem die menschliche Imagination und das Haus als Ort der sozialen Interaktion korrelieren, letzteres als ein Raum, der den menschlichen Kosmos repräsentiert. Dieser menschliche Kosmos des imaginativen Hauses wird positiv bewertet. Für alle Räume, die als „Gefäß" einer *Geometrie des Begehrens* fungieren, ist jedoch das Gegenteil der Fall: sie sind niemals behaglich oder wohlgestaltet, sondern leer, trostlos und sehr oft auch dunkel. Diese Räume umschreiben geometrische Strukturen, welche Bühnen für das Ausleben extremer Formen des Begehrens bereitstellen, eine mögliche Zerstörung des begehrten „Objektes" eingeschlossen. In einem solchen Raum kann niemand leben, geschweige denn einen Unterschlupf suchen. Diese Räume erscheinen als mächtige Hallen, Systeme oder Gänge: ein Theater für dramatische Handlungen der Verfolgung, der Vergewaltigung, des Inzest und des Mordes. Bachelard hingegen beschreibt das Haus in seinem positiven Verständnis als ein Reservoir unserer Erinnerungen, war es doch in der Kindheit der erste Ort unseres Wohlbefindens.[62] Diese positive Eigenschaft kann den finsteren Gängen oder unterirdischen Hallen aber nicht zugeschrieben werden. Wann immer man „Wärme" als die Substanz des Hauses definiert, implizieren die Räume der Verfolgung „Kälte". Im Zusammenhang mit dem Kontrast zwischen Keller und Dachboden/Mansarde argumentiert Bachelard, dass ersterer mit der dunklen Substanz des Hauses in Verbindung zu bringen ist, eine Substanz, welche ihre Magie von den unterirdischen Mächten erhält. Das Träumen von und in einem Keller wird beschrieben als Kontakt mit der Irrationalität der Tiefen.[63] Der Versuch, einen Aufenthalt in Kellern oder düsteren Gewölben rational zu bestehen, bzw. eine Rationalisierung des Diffusen zu erreichen, vollzieht sich langsam, ist nicht sehr klar und niemals endgültig.

Wenn ein Haus oder ein Schloss über einem Labyrinth von Kellergewölben oder unterirdischen Gängen erbaut wurde, erhält es Macht – innerhalb der Grenzen des Labyrinths und seiner weitesten Ausdehnung. Es ist ein zentraler Aspekt jeglicher Erklärung der *Geometrie des Begehrens*, dass die Verteilung von Wissen und Unwissenheit, die Struktur des Labyrinths betreffend, asymmetrisch in Bezug auf den Verfolger und den Verfolgten ist. Macht und Lust der Zerstörung sind an einen wissenden Verfolger gebunden, der die Herrschaft über die Orientierung behält, während das unwissende Opfer von Schrecken und Angst überwältigt wird. Macht und Zerstörungskräfte halten sich so lange auf Seiten des Vertreters des Bösen, wie er die Geheimnisse des unterirdischen Systems für sich behalten kann, vor allem was das Wissen um die Schranken, Hindernisse und die Türen betrifft. Deshalb wird Macht innerhalb des Hauses auf den überirdischen Teil konzentriert, für den Tageslicht bestimmend ist, breitet sich aber von dort als ihrem Zentrum zur Peripherie hin aus, die auch den für das Tageslicht nicht mehr erreichbaren unterirdischen Raum einschließt. Wann immer der Schlüssel zu den unterirdischen Gängen durch andere Protagonisten (die Antagonisten) gefunden wird, ist die Konzentration von Macht, die sich im Schlossherrn (meistens dem *Gothic villain*) ausdrückt, herausgefordert, ja es kann dazu kommen, dass ihr Zauber gebrochen wird. Diese Spannung zwischen Wissen und Unwissenheit – oft symbolisiert durch den Gegensatz von Hell und Dunkel – findet sich bereits in der griechischen Mythologie. Daedalus' Erfindung des Labyrinths erinnert an den Raum, innerhalb dessen jede *Geometrie des Begehrens* ausgedrückt werden kann. Das Labyrinth setzt die Kluft zwischen Wissen und Nichtwissen voraus. Der Erbauer/Planer ist von Anfang an *wissend*, die Eindringlinge, die naiven Begeher oder aber die Opfer sind allesamt *unwissend*. Die Begegnung mit dem Labyrinth kompliziert sich zudem durch den Minotaurus, weil die Eindringlinge am Endpunkt ihrem sicheren Untergang überantwortet sind.

Dem menschlichen Geist ist es gegeben, ein Spiel mit Wissen und Nichtwissen zu treiben. So lange niemand die Pläne und Motivationen eines Handelnden entdecken kann, insbesondere die Ziele seines Willens, ist dieser in der Lage, die Vorteile seiner Geheimnisse insofern zu wahren, als die räumlichen und die psychischen Komplikationen innerhalb der dunklen Romantik ähnliche Muster umschreiben.

2.2 Arithmetisches Begehren

Der mathematische Aspekt wird bestimmt von räumlichen und zeitlichen Quantifizierungen (Bewegungen, Prozesse; Formen und Mengen). Nach Leonhard Euler (1707–1782) beschäftigt sich die Mathematik mit unterschiedlichen Arten von Quantitäten, die aufgezählt werden können. Die mathematischen Disziplinen werden daher gemäß ihrer spezifischen Quantitäten definiert.[64]

Arithmetisches Begehren kann verschiedene Formen der Quantifizierung annehmen, z. B. Variation (Auffächerung) und Serialisierung (Reihung), welche sich beide in einen arithmetischen Rahmen einpassen. Variation und Serialisierung treten in verschiedenen wissenschaftlichen und technologischen Zusammenhängen auf. Die Variation und die Variable sind bedeutende Begriffe in der Mathematik, in der Ökonometrie sowie in der Astronomie und Biologie. Quantifizierung als das gemeinsame Merkmal des Begriffes bezieht sich auf Bedingungen in einem abstrakten oder lebenden System. Vor allem in der kombinatorischen Logik und der Computerwissenschaft sind die Relationen zwischen Variablen spezifische Fälle der Dialektik von Möglichkeit und Wirklichkeit.[65]

> Die Leerstellen deuten ein Feld von Möglichkeiten an, das durch konkrete Besetzung der Leerstellen bestimmte konkrete Zusammenhänge ergibt, und dieses Feld von Möglichkeiten ist der Wertebereich der Variablen.[66]

Der Begriff der Möglichkeit gehört zur modalen Logik, welche die Möglichkeit und Notwendigkeit wahrer Aussagen studiert. Die propositionale Wahrheit kann jedoch nicht völlig von den existierenden Fakten und Ereignissen getrennt werden. Die Begriffe der Möglichkeit, des Zufalls und der Notwendigkeit sind sowohl innerhalb der Kybernetik als auch in der Spieltheorie oder im Studium der autopoietischen biologischen Systeme von höchster Bedeutung.[67] Das Prinzip der Selbstorganisation unterscheidet das menschliche Nervensystems von Maschinen, deren Funktion auf Input-Output-Mustern beruht. Beim Menschen kann Variation nicht aus einem *quantitativen* Gesetz abgeleitet werden, sondern erfordert die *Qualität* des Spontanen.[68] Der Begriff *Mathematik des Begehrens* wird hier absichtlich als eine Vorstellung eingeführt, die einen Widerspruch impliziert. Wenn Begehren eine Mathematisierung erfährt, dann muss es ohne seine urspüngliche utopische und holistische Essenz rekonstruiert werden. Begehren steht nun in der Gefahr, eine Reihe neuer Qualitäten zu erlangen, insbesondere Relativität, Verfügbarkeit, Austauschbarkeit und Reduktion auf physische Sättigung.

Das Messen ist jedoch nur dann möglich, wenn diese Tätigkeit an ein Standardmaß oder eine Recheneinheit gebunden ist. Euler definiert Zahlen als Relationen zwischen Quantitäten. Es gibt mathematische Matrizen, welche – wie die reinen Intuitionen von Raum und Zeit zeigen – sowohl für den Teil als auch für das Ganze gelten. Jede Anwendung der Mathematik auf das Subjekt des Begehrens kann nur vom Konzept aktualer Ewigkeit profitieren als einer Idee der Vernunft, die weder vorgestellt noch konstruiert werden kann. Wenn Begehren im mathematischen Sinn transformiert wird, spiegeln die Bewegungen zum Unendlichen seine ideative Qualität.[69] Der Begriff der Annäherung mag in diesem Zusammenhang nützlich sein, weil er keine Mittel anbietet, die Unendlichkeit zu erreichen, sondern mit dem menschlichen Impetus zusammentrifft, über den Status quo hinauszublicken, auszugreifen in das unbekannte Land. Beschleunigung und Intensivierung bestimmen die *Mathematik des Begehrens*, oftmals kombiniert mit Wiederholung und Variation. Der berühmte Göttinger Mathematiker Abraham Gotthelf Kästner (1719–1800) verglich die physiologischen Prozesse sogar mit dem Prozess des Begehrens, und zwar folgendermaßen:

> Zweierlei Paroxysmen.
> Ein Fieberparoxysmus fängt mit Frost an und endigt mit Hitze.
> Beim Liebesparoxysmus ereignet sich das Umgekehrte.[70]

Begriffe aus der Mathematik des 18. Jahrhunderts wie Annäherung, Asymptote, Integral- und Differentialkalkül werden metaphorisch gebraucht im Rahmen einer *Mathematik des Begehrens*.[71] Die metaphorisch genutzten mathematischen Begriffe sind wichtig, weil sie für Approximationen und Grenzwerte stehen. Übertragen auf Begehren beziehen sich Steigerungen, die wir aus der Mathematik kennen, auch auf Steigerungen und Abschwünge, welche an Grenz- oder Wendepunkten die Beziehung des Phänomens zu den Maxima und Minima zum Ausdruck bringen. Dabei wäre zudem zu berücksichtigen, dass es eine Differenz zwischen Extremen des *realen Begehrens* auf der einen und dem *gewünschten Begehren* auf der anderen Seite gibt. Weil die Wünsche der Menschen bis zum Absoluten reichen, ist im Vergleich der Wunschvorstellung zum real Erreichbaren immer wieder das Scheitern einbeschrieben. In den Bereichen, in denen keine Absolutheit zu erreichen ist – wie dies für das Begehren gilt – gibt es nur die Akzeptanz der Wiederholung im Sinne Kierkegaards. Kierkegaard betont in diesem Zusammenhang aber, dass Wiederholung nicht mit Repetition zu verwechseln ist. Die Wiederholung hat zwar etwas von der zeitlich vorherigen Situation an sich, aber sie ist mit ihr nie identisch. Also gibt es Wiederholung und es gibt sie nicht. Das hat nun wiederum mit der Struktur der menschlichen Lebenszeit in Relation zu menschlichen Erlebnissen, Erfahrungen, Wahrnehmungen und Handlungen zu tun.

Die Pioniere der neuen Mathematik, Sir Isaac Newton und Gottfried Wilhelm Leibniz, schufen Modelle der mathematischen Quantifizierung für die Prozesse des Fluxus in Raum und Zeit wie auch für zwei oder mehrere zusammenlaufende, wenngleich voneinander verschiedene Bewegungen.[72] Der kontinuierliche Anstieg der „Fluentes" (fließende Quantitäten) in asymptotischer Form, welcher zum Unendlichen (als Maximum oder Minimum) hin strebt, ist vor allem bei Kurven (Parabeln, Hyperbeln etc.) untersucht worden.

Sowohl Newton als auch Leibniz führten die arithmetischen Methoden ein, insbesondere mit Gleichungen von wenigstens zwei Unbekannten, um zunehmende Quantitäten und Bewegungen im Raum zu erfassen.[73] Newton nahm an, dass die Quantitäten von kleinen Einheiten gebildet werden. Anstatt von geraden Linien spricht er von unendlichen kleinen Kurven (gekrümmten Linien), welche teilbar sind bis zum Punkt extremer Kleinheit. Der Untersuchungsgegenstand bezieht sich auf Grenzsummen winziger Kurvenabschnitte.

> Es existiert eine Grenze, welche erreicht werden kann durch die Geschwindigkeit am Ende der Bewegung, die sie jedoch nicht überschreiten kann; dies ist die letzte Geschwindigkeit.[74]

Die Einführung der Idee der variablen Geschwindigkeit erforderte eine Methode, die sich auf Grade der Veränderung wechselnder Quantitäten bezieht. Eine konstante Geschwindigkeit wird gemessen durch den Raum s beschrieben in einer Zeit t. Die Menge s/t wird dieselbe sein wie groß oder klein s und t auch sein mögen. Aber, wenn sich die Geschwindigkeit ändert, kann ihr Wert in jedem Augenblick nur gefunden werden, in dem man eine Zeit so knapp bemisst, dass sich die Geschwindigkeit nicht wahrnehmbar verändert und durch Messen und durch Messen des beschriebenen Raums im diesem Zeitmoment. Wenn s und t ohne Grenze verringert infinitesimal werden, gibt ihr Quotient die Momentangeschwindigkeit an und dies schrieb Leibniz als ds/dt, was man den Differentialquotienten von s und t nennt. [...] Der umgekehrte Prozess, die Summierung der Differentiale oder die Schätzung einer Menge selbst aus der Kenntnis ihrer Veränderungsraten, heißt Integration. [...][75]

Eine Serie von Lernzwischenschritten, die eine Anwendung der Infinitesimal- und Differentialrechnung auf das Problem des Begehrens plausibel macht, würde andere Anwendungen der ersten Stufe, insbesondere mathematische Erklärungen der Induktion[76] und der Wahrscheinlichkeit[77], einschließen, welche beide für die Entwicklung der Ökonometrie und für die Planungsstrategie zur Absicherung ökonomischen Erfolgs, eines wachsenden Tempos des Fortschritts im materiellen Sinne, entscheidend wurden. Seit Hume sind die Schwierigkeiten bezüglich der Gültigkeit von Aussagen über die notwendige Verknüpfung von Ursache und Wirkung (Kant: Kategorie der Kausalität) und entsprechenden Prognosen bekannt, sodass die Induktion eines der bedeutendsten Themen der Erkenntnis- und Wissenschaftstheorie wurde. Man setzte die Theorien der Induktion und der Wahrscheinlichkeit oft absolut, wenn sie auf „Verbesserung", „Entwicklung" und „Perfektion" der abendländischen Gesellschaften seit der Neuzeit mittels Ökonomie, Technologie und Planungsstrategien angewendet wurden. Dies geschieht immer wieder unter Einbezug eines Denkfehlers, der aber auch als Ideologem erkannt werden kann. Diese Anwendungen der Theorie auf Verfahrensweisen werden im Sinne einer Konvergenz mit den Naturgesetzen – der Grundlage weiteren Fortschritts – missverstanden oder propagiert.[78] Die Diskussion einer *Mathematik des Begehrens* bezieht sich daher auf die Ideologie des materiellen Fortschritts in den entwickelten Gesellschaften, deren Geschichte bereits im 18. Jahrhundert begann.

2.3 Gemischtes Begehren: Raum und Geometrie in Kunst und Literatur des 18. Jahrhunderts

Natürlich gibt es Fälle, in denen sich beide Formen – nämlich arithmetisches und geometrisches Begehren – überschneiden, sodass sich eine *Mathematik des Begehrens* als eine geometrisch-arithmetische Struktur verstehen lässt. „Arithmetisches Begehren" kann als eine Art Sehnsucht nach „jouissance", d.h. durch die „Vorausberechnung" einer Reihe von Erfüllungen definiert werden. Begehren soll durch Quantifizierung z.B. Addition, verdichtet werden. Der *Don-Giovanni-Typus* liefert ein eindrucksvolles Beispiel des „Arithmetischen Begehrens", weil die Anzahl von Liebschaften, in die er verwickelt ist, ein Ausdruck seines Strebens nach absolutem Glück ist. Das Ergebnis erweist sich als paradox: Diese Art der Quantifizierung führt nur zum Verschwinden des erstrebten Ziels, je näher ihm Don Juan/Don Giovanni zu kommen scheint. Mozarts Oper bietet eine überzeugende Darstellung des Don-Juan-Syndroms, während in Max Frischs Schauspiel *Don Juan oder Die Liebe zur Geometrie* das Scheitern des Helden, absolutes Glück durch eine Reihe von Liebschaften zu erlangen, zur Veränderung des Subjekts führt. Anstatt den Frauen nachzustellen, beginnt er mit erstaunlicher Gründlichkeit Geometrie zu studieren.[79] Das arithmetische Begehren findet seinen Ausdruck in verschiedenen möglichen Beziehungen: Mann – Frau; Frau – Mann; Mann – Mann; Frau – Frau. Die sexuelle arithmetische Fortsetzung erinnert an die Minima-Berechnungen der Analysis[80], was den asymptotischen „Trieb" einer Quantifizierung zum Unendlichen impliziert. In einem ähnlichen Gedankengang benutzte Lacan den Begriff „jouissance": „Die 'jouissance' des Anderen wird durch ein unendliches Maß gefördert."[81] Roudiez kommentiert dies folgendermaßen:

> In Kristevas Wortschatz wird „sinnlich", „sexuell", „Vergnügen" durch „plaisir" verdeckt; „jouissance" ist absolute Freude oder Ekstase (ohne jegliche mystische Konnotation); durch die Tätigkeit des Signifikanten impliziert dies auch die Gegenwart des Sinns [...], ihn erfordernd, indem er überschritten wird.[82]

*

Wie bereits erörtert, wird der Raum sehr oft durch labyrinthische Gebäude dargestellt[83], welche sich in Klöstern, Schlössern, unterirdischen Gewölben oder in noch komplexeren Systemen miteinander verbundener Teilräume realisieren. Diese dunklen Labyrinthe fungieren als Reservoire des Schreckens und der Angst. Sie verlieren jeden Nutzen als menschliche Wohnstatt, besitzen jedoch stattdessen – durch Leere und gigantische Dimensionen – sowohl eine symbolische als auch eine emotive Qualität. Höhlen produzieren Angst und bieten die Möglichkeit *dunkler Handlungen*. Der Ursprung des Labyrinths geht auf die klassische Antike zurück, obwohl die Ägypter ein Labyrinth in das Ensemble ihrer Gebäude aufnahmen, so in der Hawara Pyramide.[84] Unsere Vorstellung von Labyrinthen bezieht sich in der Regel auf die griechische Mythologie, nach welcher das Genie Daedalus auf Kreta einen labyrinthischen Wohnort für den Minotaurus erbaute, dem Sohn des Jupiter (als weißer Stier) und der Pasiphae. Dieses Monster, halb Mensch und halb Stier, musste mit menschlichem Fleisch gefüttert werden, weshalb Athene alljährlich sieben Jünglinge und sieben Jungfrauen zu ihm nach Kreta sandte. Die Geschichte von Theseus und Ariadne ist ebenfalls mit dem Labyrinth verbunden, denn Ariadne schenkte Theseus ein magisches Wollknäuel, das ihn dazu befähigte, seinen Weg zurück zum Eingang des Labyrinths zu finden, nachdem er den Minotaurus besiegt hatte.[85]

Jemand, der in ein Labyrinth eindringt, kann dessen Idee nicht unmittelbar begreifen. Das labyrinthische System der Wege, Biegungen und Sackgassen ist so kompliziert, dass nur der Erfinder selbst, der den Plan im Gedächtnis hat, die Struktur verstehen und praktisch anwenden kann. Auf diese Weise impliziert die Vorstellung des Labyrinths von Anfang an die Kluft zwischen Wissen und Unwissenheit.[86] Wenn der Eindringling den Schlüssel für die labyrinthische Struktur findet, kann er die Unübersichtlichkeit des Raumes überwinden. Das Mysterium kann nun durchschaut und rationalisiert werden. Auf einem höheren theoretischen Niveau lässt sich offenbar ein dynamischer Prozess für den Umgang mit dem Labyrinthgebäude deduzieren, sodass, wann immer der Code entschlüsselt wird, ein neuer, weit komplizierterer Code den veralteten ablöst. Wissen und Unwissenheit können darüber hinaus im Licht einer weiteren Polarität betrachtet werden, nämlich der von Innerem und Äußerem. Es gibt Vorstellungen vom Labyrinth, welche eine religiöse und/oder eine mythische Dimension besitzen. Die religiöse Bedeutung von Labyrinthen schon in Megalithkulturen geht auf getanzte Dramen in Labyrinthform zurück, die den Weg vom Tode zum Leben symbolisieren. Es handelt sich beim frühzeitlichen Labyrinth um „eine spiral- oder schneckenförmige Figur, deren Windungen in allmählich kleineren, nicht ganz vollständigen Kreisen hin- und zurücklaufen, bis die Mitte erreicht ist (Nabel)."[87] In historischer Zeit hat Herodot mit besonderem Erstaunen (Herodot 2, 148) von einem Labyrinth des Totentempels Amenemhets bei Hawara berichtet, dessen viele oberirdische und unterirdische Räume an das kretische Labyrinth erinnern, das Daedalus bekanntlich für den Minotaurus errichtete (Theseussage). (*7/S.179)

Labyrinthische Räume oder Konstruktionen wurden im Europa der frühen Moderne häufig in die offene Landschaft gesetzt. Bereits die Renaissance kannte Heckenlabyrinthe. Hier handelte es sich um einen Prozess der Geometrisierung, der es schwer macht, eine Nische für urzeitliche Triebe und mystische Muster des Denkens und Handelns zu finden, es sei denn, die Angst des Labyrinthbesuchers, aus dem scheinbaren Gewirr nicht mehr herauszufinden, würde in den Mittelpunkt rücken. Die fundamentale intellektuelle und semantische Veränderung eines solchen Symbols hilft bei der Erklärung der Herausbildung einer *Mathematik des Begehrens*.

Der Begriff des Labyrinths wandelt sich zwischen Mittelalter und Renaissance. So nutzten etwa die mittelalterlichen Baumeister der Kathedrale das Labyrinth als Fußbodenschmuck im Schiff unterhalb der Vierung. Kathedralen wie jene in Auxerre, Chartres, Amiens und Reims besitzen ein Labyrinth aus Steinplatten, häufig als der beschwerliche Weg zu Gott gedeutet.[88]

Die Renaissancephilosophie greift auf die Metapher des Labyrinths zurück, um die Kompetenz von Daedalus zu illustrieren: der Erfinder als Innovator begann innerhalb der Geistesgeschichte der Frühen Neuzeit eine wichtige Rolle zu spielen. Er wurde als Protagonist gesehen, der den Fortschritt der Wissenschaften und Technologien befördern sollte (Leonardo da Vinci, Tartaglia, die *Tradition der Werkstätten*)[89]. Francis Bacon, der die neue induktive Wissenschaft propagierte, charakterisierte Daedalus auf zweideutige Art und Weise. Er geißelte seinen verderblichen Genius, pries jedoch zugleich seine formidablen intellektuellen Errungenschaften:

Mannigfache und großartige Werke, sowohl zu Ehren der Götter als auch zum Schmuck und zur Nobilitierung der Städte und öffentlichen Plätze, wurden von ihm erschaffen und geformt; dennoch ist sein Name am berühmtesten für gesetzeswidrige Erfindungen. Denn er war es, der eine Maschine bereit stellte, die es Pasiphae ermöglichte, ihre Leidenschaft für einen Stier zu befriedigen, so dass die unglückliche und schändliche Geburt des Monsters Minotaurus, das die vielversprechende Jugend verschlang, der lasterhaften Kunstfertigkeit und dem bösartigen Genie jenes Mannes zugeschrieben werden muss. Dann, um den ersten Schaden zu verbergen und zur Sicherung dieser Pest, fügte er einen weiteren hinzu und baute das Labyrinth; ein Werk, böse in Zweck und Bestimmung und doch großartig und bewunderungswürdig im Hinblick auf Kunst und Ausführung. Dann aber, damit sein Ruhm nicht allein auf schlechten

Künsten beruhte und damit er auch wegen Mitteln als auch Instrumenten des Bösen aufgesucht wurde, machte er sich zum Urheber des genialen Mittel bzw. des Schlüssels, durch welchen man aus den Irrgängen des Labyrinths entkommen konnte.[90]

Bacons Reflexionen zu Daedalus führen dann weiter zu einer Wertschätzung des Labyrinths als Modell für die „allgemeine Natur der Mechanik"[91]. Bacon maß der „techné" schon eine Qualität bei, welche mit Recht unter Max Webers Begriff der „Wertfreiheit" gefasst werden kann.[92]

Moderne Autoren wie James Joyce, Hans Blumenberg, Jean-Paul Sartre, Umberto Eco und Friedrich Dürrenmatt nutzten die Metapher des Labyrinths, um ein Rahmenwerk anzubieten, welches das Verständnis der zeitgenössischen menschlichen Existenz ermöglicht. Der Gegensatz der Möglichkeiten von Gedanke, Intention und Handlung – wie mithilfe der Sprache festgestellt – und empirischer Anwendungen der Gedanken und Theorien im engeren Sinne bietet Einsichten in die Struktur der *condition humaine*. So beziehen sich moderne Autoren - mit Ausnahme von Dürrenmatt - auf die Bibliothek als das Labyrinth *par excellence*.[93]

Die Bibliothek wird als der Ort für Beziehungen und Querverweise angesehen. Hier versuchen die Forscher, ihre dringlichsten Fragen zu beantworten, was eine Anzahl neuer Probleme provoziert. Folglich führt die Metapher des Labyrinths zu der Wahrheit, derzufolge menschliche Erfindungen und/oder Konstruktionen in einer unverhältnismäßigen Relation zunehmen, wenn sie mit ihrer Transformation in praktische Verfahrensweisen verglichen werden. Der Überschuss an Erfindungen, basierend auf einer Vielzahl von Intelligenzen, verringert deshalb die Chancen, substantielle Wege der Weltorientierung festzulegen.[94] Wenn Popper Recht hat mit seiner Bemerkung, dass Theorien die Netze sind, die wir auswerfen, um die Welt darin einzufangen, dann ziehen Theorienvielfalt und -konkurrenz die Möglichkeit paralleler Welten nach sich. Mit der Oszillation zwischen allgemeiner Erkenntnis, Handlungsorientierung und idiosynkratischen Privatwelten entstehen Probleme, die noch längst nicht durchdrungen sind, die aber zugleich eine lange Herkunft besitzen.

2.4   Der geometrische Mensch

Der geometrische Mensch ist eine weitere Version des Räumlichen. In der *Mathematik des Begehrens* bleibt er jedoch nicht in den Grenzen der berühmten Proportionsskizze Leonardos von 1490[95]:

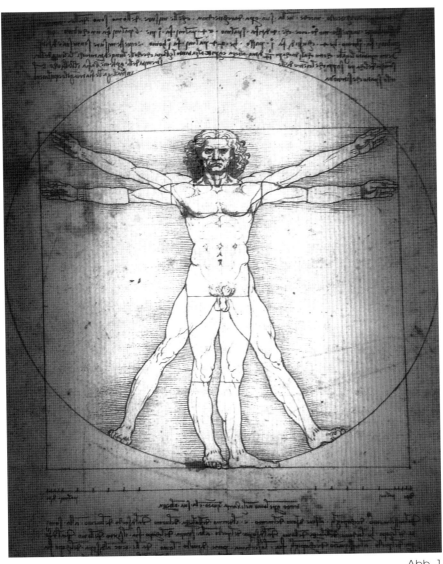

Abb. 1
Leonardo da Vinci, Proportionsskizze, um 1490
Zeichnung mit Feder und Tinte
Venedig, Accademia.

Leonardo zeichnete die Gestalt eines Mannes in ein von einem Kreis umfasstes Quadrat hinein. Um diese Einschreibung in die geometrisch-perfekte Form zu erreichen, ist es notwendig, die vollkommenen Proportionen zu finden, wenn Arme und Beine ausgestreckt sind. Leonardo erklärte, dass die Figur nur dann in den Kreis eingepasst werden kann, wenn die geöffneten Beine – im Vergleich zu zusammenstehenden – um 4/10 gekürzt werden.[96] Ähnliche Einschreibungen des menschlichen Körpers in Quadrate oder Kreise sind auch von anderen Renaissancekünstlern bekannt, wie z.B. von Ghiberti, Cesare Cesarino und Francesco Giorgi: „[der] menschliche Leib wird gesehen als eine visuelle Ausprägung musikalischer Harmonie".[97] Insofern ist die Bemerkung von Domenico Laurenza zum geistigen Status der Leonardo-Zeichnung wichtig:

> Der von Leonardo auf seiner venezianischen Zeichnung vermessene menschliche Körper ist [...] ein Körper, der von all den fortwährenden Veränderungen und von all den zahllosen, von der Natur gesetzhaft bewirkten Verwandlungen absieht. Mehr als ein natürlicher ist er daher ein „mathematischer" Körper, oder vielmehr ein Kompromiss, denn nur das „Anhalten" des ständigen Flusses der Natur ermöglicht quantitative Erkenntnisse ihrer Werke. Besonders zu jener Zeit, in der der *uomo vitruviano* entsteht, ist Leonardo von der Möglichkeit überzeugt, geometrische Verfahren auf die Natur anwenden zu können.[98]

Der „geometrische Mensch" wird im Kontext der vorliegenden Studie zu den *dunkleren Bewegungen* in extremen körperlichen Positionen gezeigt, technisch hervorgerufen durch Streckungen, Verdrehungen und durch künstlich erzwungene Bewegungen wie auch durch ungewöhnliche Dimensionierungen. Derartige Mittel werden genutzt, um menschliche Figuren zu präsentieren, auf die verschiedene Foltermethoden angewendet wurden oder Beispiele exzessiver Formen von Sexualität und Zerstörung zu zeigen. Leonardos berühmte Proportionszeichnung ist von Kenneth Clark im Lichte von da Vincis *Trattato della Pittura* betrachtet worden. Seiner Sichtweise zufolge basiert die Kunst der Malerei auf „harmonischen Proportionen jener Teile, die ein Ganzes bilden, von welchem das Gefühl gesättigt wird."[99] Kenneth Clark diskutiert Leonardos Proportionszeichnung[100] im Zusammenhang mit Vitruvius. Dieser hatte gefordert, dass sich die Proportionen in der Architektur nach den menschlichen Proportionen richten sollten.[101]

Es ist eine bekannte Tatsache, dass das Renaissancekonzept der bildenden Künste das platonistische Denken mit dem Begriff der Harmonie verband.

Leonardo selbst erwartete, dass jeder, der eine Meisterschaft in der Kunst der Malerei erlangen wollte, die Grundbegriffe der Mathematik kennen sollte. Deshalb wurden die Theorie des Sehens und das Wissen um Perspektive als Voraussetzungen für ein solches Bemühen angesehen.[102]

Die Perspektive wie die Anatomie wurden von Leonardo als die zwei Gebiete angesehen, welche die Fundamente für jegliches Studium der Proportion legten. Wenn der Mensch als das Maß aller Dinge[103] galt, musste der körperlich vollkommene Mensch das Maß der Schönheit (*8/S. 179) sein. In der Renaissance wurde also die menschliche Gestalt innerhalb eines mathematischen Rahmens definiert.[104]

Die Vorstellung vom Menschen als einem Mikrokosmos, der mit dem Makrokosmos des Universums in mannigfachen Korrespondenzen steht, findet sich im Mittelalter, reicht aber zurück bis zu Plotin.[105] In seiner Abhandlung *History of the Theory of Proportions* benennt Erwin Panofsky drei Bedingungen,

> [...] welche die Koinzidenz von „technischen" und „objektiven" Dimensionen behindern. [...] Zunächst die Tatsache, dass innerhalb eines organischen Körpers jede Bewegung die Dimensionen der sich bewegenden Gliedmaßen wie auch jene der anderen Teile ändert; zweitens die Tatsache, dass der Künstler in Übereinstimmung mit normalen Sichtbedingungen den Gegenstand in einer gewissen Verkürzung sieht; drittens die Tatsache, dass ein potentieller Betrachter in gleicher Weise das vollendete Werk in einer Verkürzung sieht, welche, wenn sie beträchtlich ist (z. B. bei Skulpturen oberhalb der Augenhöhe), durch ein vorsätzliches Abweichen von den objektiv korrekten Proportionen kompensiert werden muss[106].

Das Problem der modernen *Mathematik des Begehrens* wird sinnfällig im Unterschied von griechischer und Renaissance-Kunst auf der einen und der ägyptischen Kunst auf der anderen Seite. Die archaische und monumentale ägyptische Kunst konzentriert sich auf das statische Bauen in Stein (vgl. Abb.2), sodass geometrische Ordnungen über lange Zeit vorherrschen. Hegel hat in seiner *Ästhetik* die Besonderheit ägyptischer Bau- und Skulpturenkunst betont:

> Das Volk dieses wunderbaren Landes war nicht nur ein ackerbauendes, sondern ein bauendes Volk, das nach allen Seiten hin den Boden umgewühlt, Kanäle und Seen gegraben und im Instinkte der Kunst nicht allein an das Tageslicht die

ungeheuersten Konstruktionen herausgestellt, sondern die gleich unermeßlichen Bauwerke auch in den größten Dimensionen in die Erde gewaltsam hineingearbeitet hat.[...] [wir] finden [...] hier zum erstenmal das Innere der Unmittelbarkeit des Daseins gegenüber für sich festgehalten: und zwar das Innere als das Negative der Lebendigkeit, als das Tote; [...] in Ägypten [...] [hat] das Unsichtbare [...] eine vollere Bedeutung, das Tote gewinnt den Inhalt des Lebendigen selber.[107]

Während in der altägyptischen Plastik die objektiven und die technischen Dimensionen konvergieren, gilt dies nicht für die griechische Skulptur, in der Schönheit als „die harmonische Proportion der Teile"[108] definiert wird. Nach Hegel

finden wir [in der ägyptischen Kunst, J. K.] die Menschengestalt in der Weise dargestellt, daß sie das Innere der Subjektivität noch außerhalb ihrer hat und sich deshalb zur freien Schönheit nicht zu entfalten vermag. Besonders merkwürdig sind jene kolossalen Memnonen, welche, in sich beruhend, bewegungslos, die Arme an den Leib geschlossen, die Füße dicht aneinander, starr, steif und unlebendig, der Sonne entgegengestellt sind, um von ihr den Strahl zu erwarten, der sie berühre, beseele und tönen mache.[109]

Selbst wenn die Familiengruppe des Ka-em-heset (um 2300 v. Chr.) den Stilwandel von der 4. zur 5. Dynastie ausdrücken mag, durch den sich Ernst in Heiterkeit, Starres in Lebendiges verwandelt"[110], bleibt die Gruppe stark idealisiert und „geometrisiert".

Mann und Frau sind alterslos dargestellt, idealisiert. Das durch Rücken- und Basisplatte vorgegebene Koordinatensystem schließt jede Zufälligkeit aus, zwingt die Figuren in strenge Frontalität. Zur künstlerischen Harmonie erhoben wird dieses fast starre Gerüst durch die pralle Fülle der Körper, die kugeligen Perücken von Mann und Frau (darunter das natürliche Haar) und die einst sehr kräftige Bemalung der Hautpartien und Augen, Gewänder und Halskragen.[111]

Dennoch bleibt das Blockartige der Skulptur bestehen. Die Figurengruppe ist an den Stein gebunden, erscheint als aus ihm herausgearbeitet, ist aber als Statue nicht vom Steinblock „befreit." Die Frau legt den Arm um den Rücken des Mannes, ohne dass damit eine lebendige Zuwendungsgeste gesetzt ist. „Die Gebärde der Umarmung erstarrt zu einem symbolhaften Zeichen. Indem jedoch die Gruppe auf den Ausdruck des lebendigen Gefühls verzich-

Abb. 2
Familiengruppe von Ka-em-heset
Sakkara, Fünfte Dynastie
ca. 2300 v. Chr.

tet, gewinnt sie die Möglichkeit, ihren Gehalt in die Sphäre unvergänglicher Dauer hineinzuziehen."[112] Der Skulpturblock gehört zur Außenwelt als reines, vom Subjekt unabhängiges Objekt, und diese Objektivität des Seins ist noch weit entfernt von subjektiver Gestimmtheit. „Der Ägypter erlebt die Zeit, die er als beängstigend empfindet, weil sie vergänglich ist, vielmehr vorwiegend als räumliche Vorstellung. Er überwindet sie durch den Raum. Auf diese Weise besiegt er den Tod und gewinnt er die Ewigkeit."[113]

Die griechischen Künstler-Theoretiker gehen von der menschlichen Gestalt aus „und [...] versuchten sich zu vergewissern, wie diese Teile zueinander und zum Ganzen in Beziehung stehen"[114]. In der griechischen Kunst fungiert das Bild der ganzen menschlichen Figur als grundlegendes Kriterium und Maß für eine Ästhetik der Harmonie. Dies bedeutet eine implizite Balance zwischen Psyche und Soma bzw. zwischen Geist und Körper als Prinzip der lebendigen Differenzierung. Panofsky stellt fest, dass die Griechen ihre Figuren auf Grund der Visualität in Proportion gesetzt haben[115], sodass die ästhetische Qualität durch die Struktur des menschlichen Sehvermögens selbst bestimmt wurde, während die Ägypter die Proportion durch bestimmte Techniken, Steine zuzuschneiden, herausarbeiteten. Diese Methoden fanden sich später auch bei den Steinmetzen der Römer sowie denen des Mittelalters.[116]

Dagegen sind die Renaissancekünstler, mehr als ihre griechischen Vorläufer, schon in der Lage, in Kunstwerken Bewegungen nach Leitbildern ihres humanistischen Denkens zu transformieren.(*9/S. 180)

Je weiter die abendländische Kultur auf die Moderne zuschreitet, desto stärker wird das Konzept der Harmonie durch die Mechanisierung der inneren und äußeren Welt verletzt. Die Differenz von künstlerischer Repräsentation eines Lebewesens und teleologischer Instrumentalisierung der Arbeit durch Maschinen macht den Gestaltwandel zur Moderne evident. Außerhalb des Menschen werden mit Maschinen partiale Bewegungsabläufe reproduziert. Diese sind zweckmäßig: Durch Arbeitsübernahme bieten sie die Möglichkeit materieller Produktion von Kräften und Gütern und bedingen so den europäischen Fortschritt. Die Teilung von Arbeitsleistungen und Kompetenzen, die sich Schritt für Schritt – selbst in einem langen historischen Bogen – herausbildet, zeitigt aber auch negative Konsequenzen. Sie führt dazu, dass die harmonische Relation von Körper und Geist sowie die Idee des ganzen Menschen und damit der Gedanke der *Paideia* (*10/S. 180) immer mehr in den Hintergrund gedrängt werden durch die Zerteilung der Leistungen und Funktionen für diverse Zwecke oder Interessen, die von der sich herausbildenden *instrumentellen Vernunft* festgelegt werden.[112]

54

Abb. 3
Leochares
Apollo von Belvedere
Rom, Vatikan. Abguss Basel.

Die Debatte über Proportion in der Renaissance schließt die Frage ein, ob die Körperbewegungen einen Extrempunkt erreichen und damit die Dimensionsgrenzen menschlicher Bewegung überhaupt, sodass die konkrete Bewegung selbst nicht weiter geführt werden kann. Bewegungskontinuität über einen bestimmten Punkt hinaus führt notwendigerweise zu Verzerrungen natürlicher Proportionen sowie zur Abschaffung der „normalen" Sichtweise. Somit kommt es zur Begegnung mit der begrifflichen Differenz von Ästhetik und Folter. Für die Renaissance gilt jedoch in den malerischen Bildstrukturen die Simultaneität von qualitativ und quantitativ bestimmten Proportionen. Dies hängt mit dem Harmoniegedanken ebenso zusammen wie mit dem Platonismus und der Lehre von den idealen Formen. So gilt der Kreis als ideale Figur, die nur noch von der Kugel übertroffen wird. In der Frühneuzeit wird offenbar, dass der Begriff der Proportion seinen qualitativen Aspekt immer mehr verliert, um auf den rein quantitativen Gesichtspunkt beschränkt zu werden. Folglich werden Funktion und Erfahrung zum Thema, das Transzendente und Symbolische aber verschwinden am Horizont.

2.5 Schmerz

Der Schmerz ist eines der bedeutenden Sujets, das semantische Überschneidungspunkte mit dem Phänomen der Modernisierung aufweist. Ohne Verzerrung und Distorsion ist die Visualisierung des Schmerzes schwer auszudrücken. Die Modernisierung als Öffnung zu experimentellen, induktiv-deduktiven Verfahren abstrahiert von den Folgelasten der Innovation. Sie interessiert sich für das, was möglich ist und es geht darum, das zu machen, was man kann.

> – Wir müssen doch nicht alles machen, was wir können.
> – Nein, wir *müssen* es nicht.
> – Aber?
> – Aber wir *werden* es machen.
> – Und weshalb?
> – Weil wir nicht ertragen, wenn der kleinste Zweifel bleibt, *ob* wir es wirklich *können*.[118]

Blumenbergs Text bezieht sich auf den menschlichen Drang, das, was erkannt ist und als Konstrukt oder Veränderung in die Welt eingebracht werden könnte, faktisch umzusetzen. „Alles tun, was man tun kann" entpuppt sich dabei als Gedankenlosigkeit hinsichtlich der Folgelasten. Diese Blindheit ist nicht im

19. oder 20. Jahrhundert erfunden worden, sondern reicht weit zurück. Für die Rücksichtslosigkeit der modernen Welt in Bezug auf die Unversehrtheit des ganzen Menschen gibt es Belege genug. Kapitalistische Profitorientierung im Verbund mit wissenschaftlichem und technologischem *Know How* pflegt mit Menschen ausschließlich nach Interessenlagen umzugehen. Gewalt gegen die Natur bedeutet Zerstörung, Gewalt gegen Menschen Schmerz und Tod.

Der Ausdruck des Schmerzes reicht zurück bis zu frühesten menschlichen Kultur- und Entwicklungsstufen. Der Blick auf die technische Fertigkeit eines Künstlers, Schmerz darzustellen, schließt einen grundlegenden Widerspruch ein, nämlich den Gegensatz zwischen methodischen Strategien zur Beherrschung von Natur und Mensch und unmittelbarem menschlichen Ausdruck.

Schmerz als „ursprüngliche Antwort" auf physische oder psychische Erfahrungen bezieht sich auf Objekte der Außenwelt.[119] „Was buchstäblich im schmerzerfüllten Körper auf dem Spiel steht, ist das *Schaffen* und *Zerstören* der Welt."[120]

Für den „normalen" Folterer ist die menschliche Qual institutionalisiert und die moralische Legitimation wird vom Zufügen dieses Leidens durch vorgetäuschte Dringlichkeit und Bedeutung der Frage neutralisiert[121]. Dies gilt jedoch für den Künstler nicht. Bei Füssli kommt der Schmerz unmittelbar zum Ausdruck, weil er in der Verzerrung des menschlichen Körpers enthalten ist. Die Zeichnung (Abb. 9) thematisiert nicht die Situation der Folter als Ausdruck staatlich-kirchlicher Macht.[122] Hier geht es um die Folter an sich – und dies in einem komplexeren Sinne. Weder ist der Inquisitor sichtbar, der die Fragen stellt, noch der Folterknecht: sichtbar ist nur das Opfer. Hier fallen Inquisitor, Folterer und Künstler zusammen. Wie kann es zu solch einer Konvergenz kommen? Der Künstler, der über das geometrische, anatomische und psychologische Wissen gebietet, experimentiert auf dem Papier. Wenn er einen menschlichen Körper einem vorsätzlich gewählten geometrischen Muster unterwirft, passt er diesen in einen künstlichen und fremdartigen Rahmen ein. Dadurch agiert er so, *als ob* er der Folterer wäre, weil der Körper (Abb. 9) in einer unnatürlichen Weise gebogen ist, Muskeln und Gelenke werden überdehnt, sodass Hässlichkeit und sichtbarer Schmerz offensichtlich werden. Die gezeigten Schmerzen sind nicht direkt bei der Betrachtung von Füsslis Zeichnung fühlbar, doch sie werden vorstellbar. Zudem lässt sich die Verzerrung ästhetisch betrachten, denn die Repräsentation des schmerzerfüllten Menschen vermittelt einen visuellen Widerspruch zum Maß der klassischen Ästhetik (Harmonie, Gleichgewicht, das Maß der künstlerischen Formen, Emotionen und Gedanken).

Welche Funktion kommt dem „Inquisitor" zu? Autoreflexivität als Charakteristikum des Menschen beschreibt auch die Situation des Künstlers. Anthropologische Isomorphie erlaubt es, Schmerz mit Hilfe des *Als Ob* vorstellbar zu machen. Im Kunstwerk entsteht ein ästhetischer Gegenstand, der an einem Charakter, einer Figur Schmerz als Distorsion gestaltet. In der Betrachtung des Gestalteten wird der zum Ausdruck gebrachte Schmerz über die Imagination des Rezipienten verlebendigt. Insofern erscheint die Schmerz zum Ausdruck bringende Figur gleichzeitig als Subjekt und als Objekt. Damit ist aber nicht die Perspektive des Künstlers in Frage gestellt, der die Folter grundsätzlich ablehnt. Die Darstellung des Schmerzes steht über Distorsion/Gewalt mit der Idee des Humanum im offenen Widerspruch. Die Kritik an der Gewalt gegen Menschen, dargestellt durch Distorsion wird genau an dem Punkte möglich, an dem die Grenzen der natürlichen Lebensprozesse und Bewegungsmöglichkeiten überschritten werden, nämlich in der Tortur. Der Künstler experimentiert mit der möglichen Spannung zwischen Geometrie und Anatomie. Das heißt: Er thematisiert den Konflikt zwischen rationaler Konstruktion und der Vorstellung des Körpers als eines lebenden und empfindenden Organismus.

Was kann diese „Überdehnung" bedeuten? Die Sichtbarkeit der körperlichen und seelischen Anspannung infolge der Folter ist eine Kritik an der Folter durch den Künstler, sodass der Gefolterte in Abbildung 9 die Unmenschlichkeit und Grausamkeit dessen evident macht, was es heißt, einen Menschen in ein rein abstrakt-geometrisches Schema zu zwingen. Ästhetisch gesehen erlangt die gefolterte Figur die Qualität des Erhabenen. (*11/S. 180)

Kants Bemerkung zur bizarren Natur als Ursprung der Erhabenheit in der *Kritik der Urteilskraft* wirft ein zusätzliches Licht auf das Verhältnis von Ästhetik und Folter. Die selbständige Naturschönheit [...] [...] erweitert also wirklich zwar nicht unsere Erkenntnis der Naturobjekte, aber doch unseren Begriff von der Natur, nämlich als bloßem Mechanismus, zu dem Begriff von ebenderselben als Kunst; welches zu tiefen Untersuchungen über die Möglichkeit einer solchen Form einladet. Aber in dem, was wir an ihr erhaben zu nennen pflegen, ist so gar nichts, was auf besondere objektive Prinzipien und diesen gemäße Formen der Natur führte, daß diese vielmehr in ihrem Chaos oder in ihrer wildesten, regellosesten Unordnung und Verwüstung, wenn sich nur Größe und Macht blicken läßt, die Ideen des Erhabenen am meisten erregt.[123]

„Je größer die Schmerzen des Gefangenen, desto größer die Welt des Folterers."[124]. So bezieht sich auch Marquis de Sades Philosophie auf Isolation und Zusammenstoß. Isolation kennzeichnet die Situation eines Menschen, Kollision beschreibt die Macht des Helden, andere Menschen zu zerstören. Wenn beide Begriffe in eine Dynamik der Lust umgesetzt werden, zerstören sie die Normen und die gesellschaftlich anerkannten Handlungsweisen zugunsten einer Skandalisierung dieser Normen. Isolationen und Kollisionen finden an einsamen und geheimen Orten statt, wo die Helden und Heldinnen de Sades Zuflucht finden, um den Höhepunkt der Lust zu erreichen. Das Leiden der Opfer wird hier nicht ausdrücklich betont. Die Freiheit des „sadistischen" Mannes als eines Modells der Abweichung von etablierten Normen hat hier Priorität. Der Folterer verschmilzt im Augenblick höchster „Glückseligkeit" mit dem Genuss am Schmerz, den er zufügt.[125]

Obwohl der fiktive Folterer unbekannt ist, zeigt der Künstler als experimentierender „Folterer" die Ausmaße der Grausamkeit, die von Menschen ins Werk gesetzt werden können. Ein Vergleich von Füsslis Zeichnungen mit Goyas *Capriccios*, mehr noch mit den *Desastres de la guerra* (1810–1831), bietet sich hier an.[126] Während Füssli seine Experimente mit dem Düsteren auf die Hintergründe von Literatur, Archaik und Mythos bezieht, zeichnet Goya die historische Realität und ihr faktisches Ausmaß an Brutalität und Zerstörung. Goya hat, wie schon Richard Hamann bemerkte, „die umstürzlerischsten Gedanken – [...] – graphisch geäußert [...] in den großen Radierfolgen." Er zeigt die „Verachtung alles Menschlichen" durch die Menschen.

> Diese Verachtung, die um so stärker war, je übermenschlicher und gespreizter sich die Menschen benehmen, erzeugte eine den Menschen bis in die geheimsten Falten seiner Seele durchschauende Menschenkenntnis und wurde durch die eindringende Psychologie wieder vertieft. (*12/S. 180)

Im spanischen Volksaufstand gegen die napoleonische Invasion hat sich Goya den Parteien verweigert:

> „Als Sympathisant der Franzosen stießen ihn die Ausschreitungen einer entmenschten Soldateska ab, als spanischer Patriot sah er sich plötzlich Seite an Seite mit den klerikalen Fanatikern, deren unheilvolle Rolle er schon in den >Caprichos< angeprangert hatte. Er distanzierte sich von den Exzessen beider Lager und ergriff Partei für die Opfer gegen die Täter." Werner Hofmann kommt

zu dem Schluss: „[...] die >Desastres< [...] sind Paraphrasen über das Thema Grausamkeit, die [...] als verdichtete Mementos, als Parabeln aufzufassen sind."

Hier erhält der Satz „Intensiver Schmerz wirkt welt-zerstörend" unleugbar Plausibilität. Was aber wird geschehen, wenn der Schmerz anderer unsichtbar gemacht wird und so sehr als strukturierendes Mittel der modernen Gesellschaft verinnerlicht wird, dass die Zerstörung der Welt eine Zerstörung von *Innen* und *Außen* bedeutet? (*13/S. 181)

Die Zerstörung der Welt kann deshalb nur bedeuten, dass die Millionen und Abermillionen von individuellen Welten durch die der Menschheit aufgebürdete strukturelle Gewalt und Macht untergehen.

Wenn Schmerz als symbolisches Substitut des Todes definiert wird, so fragt sich, ob der Tod als ein individuelles oder kollektives Phänomen gemeint ist, ob er das „reale" psycho-physische Ende des Lebens darstellt oder den metaphysischen Ausdruck des Lebens in „einer Welt, die zunehmend ihre Substanz verliert"[130]. Die möglichen Bedeutungen der Verzerrung – zum Beispiel im Werk Füsslis – beziehen sich offenbar auf die Spannungen des Zeitalters, auf den Druck, den innere Gefühle aushalten müssen. Diese Dissonanz entspringt der Diskrepanz zwischen dem menschlichen Ego und seiner Willenskraft, beruht aber auch auf den menschlichen Schwächen, der Kürze des Lebens und den begrenzten menschlichen Fähigkeiten.

Die universelle Harmonie des Menschenbilds der Renaissance war im 18. Jahrhundert verloren gegangen. Die Verzerrung in Füsslis Zeichnungen lässt sich daher auch als eine weitere Abkehr von der Harmonie lesen. Indikatoren dieser neuen Art von Dissonanz und Widersprüchlichkeit beziehen sich auf die Überschreitung der Balance zwischen Natur und Form. Menschliche Willenskraft und Intentionalität, die Bestimmung von Zielen, führen zur rationalen Anerkennung der Unvereinbarkeit von Theorie und Praxis, von Wünschen und faktischen Grenzen der Kompetenz und Macht.

Füssli selbst reflektiert die moderne Situation des Künstlers sowohl in seinen Vorlesungen an der Royal Academy als auch in seinen berühmten *Aphorismen über Kunst und Ästhetik*. Die Verzerrung menschlicher Figuren in seinen Zeichnungen und Kupferstichen führt durch das Übergewicht von Subjektivismus und Willenskraft zu einer „Re-Ägyptisierung" der Kunst im Sinne einer Wiederbelebung eines rein konstruktiven Prinzips. Damit ist der Begriff einer balancierten Harmonie in menschlichen Gestalten verabschiedet. Füsslis Kunst wird offensichtlich durch Kälte charakterisiert, eine Tatsache, die durchaus an ägyptische Skulpturen erinnert.

Die Wiederentdeckung des geometrischen Ornaments, ja geometrisches Strukturieren und künstlerische Abstraktionsverfahren zeigen schon im 18. Jahrhundert eine Hinwendung zur Modernisierung. Füsslis *Aphorisms on Man* (London, 1788) zeugen von dieser Tendenz.

Der mittlere Augenblick, der Augenblick der Spannung, die Krise, ist der wesentliche Augenblick, schwanger mit der Vergangenheit und der Zukunft noch nicht entbunden: wir stürzen durch die Flammen mit dem „Krieger" des Agasias; unsere Blicke haften gespannt an der Wunde des „Verscheidenden Soldaten", und wir bangen um jeden Tropfen, der ihm vom Leben übrigbleibt.[131]

Für eine Theorie der Proportionen ist diese Aussage des Aphorismus 96 von höchster Wichtigkeit, weil die Bewegungen des Körpers in einem solchen Spannungsmoment eine Veränderung ins Extreme erleiden. Ähnlich argumentiert Füssli in Aphorismus 119, wenn er sagt, dass ein Genie, wenn es von seinem Gegenstand begeistert ist, geradewegs zu dessen semantischem Zentrum vorstößt, von dem aus es seine Lichtstrahlen reflektiert:

Nur die Hervorragenden können das Hervorragende darstellen. Das Genie, ganz hingerissen von seinem Gegenstand, eilt zum Mittelpunkt. Von dort sendet es die Strahlen, dorthin führt es sie zurück. Das Talent, ganz eingenommen von der eigenen Gewandtheit, läßt die Strahlen ausgehen, ehe sie einen Mittelpunkt haben, und häuft eine Menge nebensächlicher Schönheiten zusammen.[132]

Füsslis Aphorismus 163 betont die Unhintergehbarkeit der menschlichen Subjektivität[133]. Damit wird zum Ausdruck gebracht, dass jedes Individuum an seine Unmittelbarkeit des Lebens gebunden ist. Die künstlerische Kreativität kann diese Bindung nicht beenden, aber im Prozess des Gestaltens einklammern. Zwar bleibt auch das künstlerische Subjekt es selbst, es wird aber „arretiert" im Schaffen des Werks und durch die Existenz des Werks. Die Kunst lässt das Subjekt verschwinden, bleibt durch die „Wüsten der Mythologie" und durch die „Allegorie" auf Distanz zum Leben. Ist aber das Werk beendet, muss der Künstler einen neuen Kampf beginnen.

Keinem ist es je gelungen, sich selber zu entrinnen, indem er weit übers Meer fuhr. Keinem ist es je gelungen, durch Streifzüge in die Wüsten der Mythologie oder Allegorie eine sterile Phantasie und ein eiskaltes Herz mit Bildern oder mit warmen Empfindungen zu bevölkern.[134]

2.6 Quantifizierung des Begehrens

Gemischte Formen einer *Mathematik des Begehrens* können entwickelt werden, wenn die räumlichen Formen des Begehrens mit den arithmetischen kombiniert werden.

Die Quantifizierung des Begehrens ist jedoch eng mit der Erotik als Serialisierung der sexuellen und zugleich künstlerischen Dynamik verbunden. Dabei muss die Anzahl und das Verhältnis männlicher und weiblicher Akteure berücksichtigt werden, die an diesen Spielen teilnehmen, um die Variationen und Serialisierungen zu erklären. Auch bezieht sich diese Quantifikation des Begehrens häufig auf Beschleunigungsprozesse, die entweder menschliche Unersättlichkeit oder ihr Gegenstück zeigen, nämlich die Grenzen der menschlichen Kräfte. So macht es Sinn, die Sache des Begehrens als eine Art Infinitesimal- und Integralkalkül einzuführen. Die Willenskraft tendiert möglicherweise zur maximalen Steigerung des Begehrens, doch die menschliche Natur reduziert dieses Extrem auf die Grenzen der Erfahrung.

Leere Räume und einzelne Akteure müssen derart zusammenkommen, dass die auf das Begehren bezogene Idee der Quantifizierung in Handlung übertragen wird. Dies könnte sich auf ein „Bankett des Dunklen" beziehen, wie es bei Sade oder als Strukturelement der *Gothic Novel* vorkommt.

Es ist grundsätzlich schwierig, mögliche Bedeutungen und die Wichtigkeit des Marquis de Sade für die *dunkleren Bewegungen* der Kunst und Literatur einzuschätzen. Der entscheidende Schritt zum Verständnis von Sade ist, dass der Marquis keine „Lehrbücher für Mörder" geschrieben hat. Die von ihm benutzten unterschiedlichen Formen der literarischen Produktion beschäftigen sich mit der Transzendenz des Ego in einem spezifischen Sinne. Es scheint keine lebenswirklichen Situationen in Sades Handlungen und in seiner Kunst zu geben, kollektive sexuelle Spiele zu planen, weil alle seine Projekte ihren Ursprung in reflektierter Künstlichkeit haben.[136] All die verschiedenen Varietäten sexueller Praxis, einschließlich der Konzepte vom Sexualmord, sind auf abstrakte Strukturelemente wie *Freiheit* und *Vielfalt* reduzierbar, deren Interaktion Sades *Spieltheorie* umschreibt. Bei Sade herrscht ein wechselseitiges Verhältnis von *Opfer* und *Täter* vor[137]: vier Aristokraten treffen sich an einem schönen Ort in Frankreich, wo sie ein Fest der sexuellen Ausschweifung feiern. Zwischen den Polen von *Erniedrigung* und *Schmerz* erfindet de Sades Imagination eine ganze Reihe sexueller Praktiken, eine *Mathematik des Begehrens*, die den Menschen auf die Funktion einer sexuellen Maschine reduziert. Somit ist begreifbar, dass Marquis de Sade La Mettries

L'Homme machine als theoretisches Modell für sein Programm der sexuellen Zerstörung proklamiert. (*14/S. 181)

Die vier Protagonisten de Sades sind aktiv beteiligt an der Konstruktion eines Netzes sexueller Beziehungen, welches durch vielfache Paarungskonstellationen charakterisiert wird. Tyrannei, Vergnügen und Freiheit werden so miteinander verknüpft. Familien- und sexuelle Beziehungen sind in ein kompliziertes Geflecht eingebunden, mit dem Ergebnis, dass diese Komplikation selbst eine Quelle ist, etwa für die Verbindung geistiger Interessantheit und sinnlichem Vergnügen.[138]

Die Zahl „Vier" spielt in de Sades Konstruktion der *120 Tage von Sodom* eine bedeutende Rolle. Er stellt uns vier Wüstlinge als Protagonisten vor, deren vier Töchter kreuzweise mit diesen Wüstlingen verheiratet sind. Vier weibliche Kupplerinnen und vier Zuhälter sind verantwortlich dafür, männliche und weibliche Teilnehmer für die Orgien zu sammeln. Die Orgien finden simultan auf verschiedenen Landsitzen statt. Sie werden für verschiedene Gruppen und spezifische sexuelle Praktiken organisiert. In Sades „Welt der verkehrten Werte" drückt sich in der Idee des Verbrechens Erhabenheit, Größe und Aristokratie aus.[139] Die Negation der Güte und der guten Taten erhalten in der Werteskala höchste Wertschätzung. Der wichtige Aspekt von Sades Theorie liegt im Bewusstsein, sich das Böse vorzustellen und das Verbrechen zu imaginieren. Der bewusste Akt der Negation ist die Rechtfertigung einer neuen Ethik und Ästhetik, welche beide mit den semantischen Grundlagen der *Gothic novel* und der *Schwarzen Romantik* im allgemeinen übereinstimmen. Der Entschluss, ein Bösewicht zu sein[140], macht auch Sades Perspektive deutlich. So glaubt der Herzog von Blangis, selbst von einer Maschinerie beherrscht zu sein, welche ihm all seine negativen Handlungen vorschreibt. De Sades Protagonisten entdecken ihre Lust an den Schmerzen anderer, damit ein Situationsmuster, das Burke in seiner *Philosophical Enquiry into the Origin of our Ideas of the Sublime and Beautiful* (1757) nutzte:

> Ganz gleich was in irgendeiner Art und Weise die Vorstellungen von Schmerz und Gefahr erregt, d.h. ganz gleich was in irgendeiner Art und Weise schrecklich ist oder eine Vertrautheit mit schrecklichen Objekten darstellt oder irgendwie analog zum Schrecken operiert, ist eine Quelle des Sublimen; d.h. es ist mit dem stärksten Gefühl, zu dessen Empfindung das Gehirn fähig ist, produktiv. [...] Wenn Gefahr oder Schmerz zu nahe kommen, sind sie unfähig. Genuss zu spenden, mit einer bestimmten Abweichung aber mögen sie wunderbar sein und, in der Tat, sind es auch, wie wir es eben jeden Tag erfahren.[141]

In seinem Roman *Juliette*[142] bestimmt Sade den Herrn der Welt als Gottheit des Bösen. Verbrechen sind für die Welt in ihrer Entwicklung und Teleologie notwendig. Das Böse ist die Quelle der Weltentstehung sowie des höchsten Wertes, nach welchem sich alle Gedanken und Handlungen richten. Deshalb ist sein Gott mehr als Descartes' *genius malignus.* (*15/S. 181) Descartes führte ein Gedankenexperiment durch, ob nicht der Mensch durch einen bösen Geist insgesamt getäuscht werde. Damit wollte er den ersten und höchsten Punkt in der Erkenntnistheorie fixieren, das „cogito ergo sum" – dasjenige, was niemals bezweifelt werden kann.[143] Wenn bei Sade Gott selbst das Prinzip des Bösen ist, dann leben nur jene Menschen in Übereinstimmung mit dem Weltenplan, welche die Gesetze des Bösen beachten. Das Laster führt zu Glück und Erfolg in dieser Welt, während die Tugend die Quelle des Elends ist. Diese Lehre erinnert an Mandevilles *Fable of the Bees* (*16/S. 182), eine Abhandlung über Reichtum und Fortschritt der Gesellschaft, basierend auf menschlichem Egoismus und Eigennutz.[144]

[Mandeville] antizipiert die Lehre späterer Ökonomen, dass die Akkumulation des Reichtums die unbedingt notwendige materielle Grundlage aller Tugenden der Zivilisation schafft. Und es ist absolut wahr, dass die industrielle Sicht der Moral auf diese Frage weitestgehend im Gegensatz zum alten theologischen Gesichtspunkt steht. Mandevilles Lehre birgt ein Paradoxon, wenn er mit der Kategorie des Göttlichen zugibt, dass das Streben nach Reichtum an sich böse ist und als Ökonom argumentiert, dass es grundlegend ist für die Zivilisation.[145]

In seinem Essay *Sade und die Spieltheorie*[146] beschäftigt sich Stanislaw Lem mit der strukturellen Einsicht, dass das Leben immer in Konfliktsituationen führt. Diese Konflikte können nur auf Grund von Entscheidungen gelöst werden. Um Entscheidungen zu treffen, sind Rahmen notwendig, die Lem als Spiele oder Verfahrensmuster bezeichnet.

Diese Verfahrensmuster schreiben bestimmte Elementarregeln vor, die befolgt werden müssen. Jede Spieltheorie zielt auf optimale Strategien zur Erkenntnisgewinnung, ja zum Gewinnen überhaupt (Philosophie) oder zur Erlangung des Heils (Theologie). Die Schwierigkeit aller Spiele bezieht sich auf die Welt selbst – als aktive Teilnehmerin des Spiels oder als intentionslose Bühne. Während die Theologie der Welt eine aktive Rolle im Heilsspiel vorbehält, behauptet die Wissenschaft das Desinteresse der Welt. Die Welt ist durch das Naturgesetz in ihren Prozessen (Ursachen und Wirkungen) begrenzt, sodass ihre möglichen Bewegungen zu einem Gegenstand theoretischer Reflexion gemacht werden können. Lem vergleicht Teilwelten mit literarischen Genres, je nachdem, ob sie positiv (Märchen, Utopien) oder negativ (Dystopien) sind. Die Märchenhelden sind gut und bleiben gut, selbst wenn sie zerstörerische Methoden anwenden, um die bösen Protagonisten zu bezwingen. Manchmal bekehrt sich ein Bösewicht zum Guten, doch das Gegenteil geschieht nie. Mythen erlauben nicht, dass die Verlierer andere vom Gewinn ausschließen. Während Märchen a priori den positiven Helden mit Glück versorgen – manchmal in Form des *Happy End* – lassen Mythen die Ergebnisse der Risiken unbestimmt. Utopien schildern konfliktfreie, hoch organisierte Gesellschaften und sind deshalb völlig langweilig. Mythen dagegen konstruieren Kontakte zu übernatürlichen Mächten, deren Entscheidungen und Aktivitäten nicht im Voraus bekannt sein können. Kants bekannte Unterscheidung zwischen Phaenomena und Noumena (*17/S. 182) wird in Lems Gegensatz von faktischen und kulturellen Komponenten des menschlichen Lebens wiederbelebt.

Das Leben wird von biologischen und sozialen Faktoren bestimmt. Die neurobiologische Wissenschaft der letzten Jahre hat zu beweisen versucht, dass die Entstehung von Erkenntnis ein Ergebnis von Reproduktion und Evolution ist, die beide notwendig mit Prozessen verbunden sind, die ihrerseits durch binäre Entscheidungen strukturiert sind. So kann der „Baum der Erkenntnis" mithilfe von evolutionären Begriffen als neurobiologisches Muster gelesen werden, doch er ist auch das Modell für alle lebenden Strukturen – selbst für soziale Institutionen und Theorien. Der „Baum der Erkenntnis" setzt ein autopoietisches System voraus, das als reproduktive Einheit existiert. Die sich entwickelnde Entität verzweigt sich immer von der vorangegangenen Einheit aus, sodass die Zweige ein Baumschema konstruieren.[147] Autopoietische Systeme als strukturell spezifizierte Systeme erfahren Veränderungen, bleiben aber auch in ihrem Organisationsschema stabil. Es gibt eine vermittelte Interaktion zwischen dem autopoietischen System und seiner Umwelt, insofern als das System Antworten für die Herausforderungen derselben bereitstellen muss. Das macht jedoch das autopoietische System nicht zu einer offenen Struktur. Alle Aktivitäten innerhalb des Systems sind Konstruktionen der Selbstorganisation und Selbstorientierung jenseits der traditionellen Dichotomie von Subjekt und Objekt.[148] Lems Bemerkungen zum Determinismus in Lebensprozessen passen sowohl zur Spieltheorie als auch zur Philosophie de Sades. Es bleibt zu entdecken, wie Systemstrukturen von individuellen biologischen Strukturen abhängen und wie beide die Lücken in der biologischen Entwicklung determinieren. Wenn Lem Dystopien – die aus einem Katalog von Höllen bestehen – als Nebenprodukte der *Science Fiction* des 20. Jahrhunderts erklärt, ist zu fragen, wie die Paradoxien in Sades Philosophie rational begründet werden können.

Auf Grund von Sades Umwertung der Werte – als phänomenologische Einschätzung seiner Welt der negativen Spiele – sind alle positiven und guten zwischenmenschlichen Beziehungen aufgehoben. Die Schwäche/Vorliebe für das universelle Böse, die im Werk Sades immer noch eine Art der Privatheit besitzt, hat im 20. Jahrhundert durch die wachsende Kollektivität eine Verwandlung erfahren. Karl Heinz Bohrer hat gezeigt, dass ein Gestaltwandel der Erfahrung durch intellektuelle Einsicht (Epiphanie) oder durch die Erwartung einer Schwelle zur neuen Zeit Angst und Wissen verbindet. *Plötzlichkeit* macht die individuelle Einsicht in die Anwendung der Macht über ein Kollektiv von Menschen unmöglich. Dies bezieht sich auch auf das kollektive Erlebnis von Tod, Folter und Vernichtung. Die Gewalt gegen den Einzelnen oder eine Gruppe kann plötzlich und völlig unerwartet in das Alltagsleben eingreifen:

„Die Wirkung des Plötzlichen" auf „den Beobachter" gibt ihren eigentlichen Bestimmungsrahmen und deshalb erläutert [Kierkegaard] diese ästhetische Wirkung an dem in Erscheinung tretenden Satan. [...] Besonders hervorzuheben ist, daß Kierkegaard die Stummheit als den entscheidenden Effekt eines solchen Überfalls des „plötzlichen Schreckens" angibt.[149]

Der kritische Impetus des Essays setzt das Zusammentreffen der Plötzlichkeit und der intellektuellen Analyse voraus, sodass die „Moral der Sekunde" sofort Licht auf die Allgemeingültigkeit des gewöhnlichen Lebens wirft. Die Spannung von Gedanke und Ereignis macht das Verhältnis von durchschnittlicher geistiger Einstellung (Heideggers *Man*)[150] und dem Schrecklichen offensichtlich.[151] So geht das strukturelle Böse unserer modernen Welt bis in das späte 18. Jahrhundert zurück, bis zu Sade, der ein Modell selbstbewusster Entscheidungen oder einer selbsterarbeiteten Spieltheorie bereitstellt. Lem kommentiert dieses anti-utopische Grundgerüst:

Es gibt keine siegreichen Strategien für die Redlichen, wohingegen sämtliche schurkischen Strategien optimal sind.[152]

Die Welt des Marquis de Sades kann nur in einem *nicht endenden Spiel* existieren, in welchem die bösen Protagonisten die guten verderben. Die Welt ins Böse verwandelnd, endet die Aufgabe der negativen Protagonisten dann, wenn die Menschheit vollständig zersetzt und verdorben ist. Stanislaw Lem vertritt die Ansicht, dass in einem Anti-Utopia die guten Charaktere für die bösen Protagonisten notwendig sind und zwar als deren Material für Verfahrensweisen und Spiele der Zerstörung.[153] Variation und Wiederholung sind lediglich Methoden, um einen Stillstand der Spiele zu vermeiden. Ein Spiel, das seine Teilnehmer zerstören will, führt mit anhaltender Dauer einen Zustand der Unglücks herbei.[154]

Sades Texte über moralische Spiele, welche die konventionelle Moral der revolutionären Epoche mit einer Ästhetik des Bösen konfrontieren, lassen sich auch als ironische Literatur analysieren.[155] Diese Ästhetik des Bösen dient als integraler Teil des moralischen Spiels, dessen Hauch der Amoralität in der sozialen Szenerie großbürgerlicher Familienverhältnisse (*L'Egarement de l'infortune*) enthalten ist.[156] Marquis de Sades Lasterdiskurs[157] setzt den Tugenddiskurs voraus. Dieses Folgeverhältnis fügt sich mühelos in Lems Theorie ein und macht die Zerstörungskraft in Anti-Utopien deutlich, wenn sie mit einem Bedingungssystem der Güte verglichen wird.

Das französische Familiendrama des 18. Jahrhunderts verbindet sehr oft Tugend, Familie und Inzest. Tugend schließt in den meisten Fällen Sexualität immer dann aus, wenn das zur Debatte stehende Verhältnis nicht durch eine Ehe legitimiert war. Dennoch wurden nicht verheirateten Partnern nichtsexuelle Sentimentalitäten und Gefühle zugestanden. Um die Intensität und Variationsbreite sexueller Triebe zu erkunden, wurden natürliche Verhältnisse, z.B. familiäre Beziehungen als ethische Normen und/oder Verhaltensmuster benutzt. Die Konstruktion von Familienbeziehungen ist in Form mathematischer Prozeduren denkbar. Sie löst deshalb die Probleme strukturell auf, welche in den Inzest-Konfigurationen[158] auftreten. In Sades Drama lässt sich eine *Mathematik des Begehrens* in zwei Versionen annehmen: eine aristokratische und eine bürgerliche. Jede Interpretation Sades muss berücksichtigen, dass sein Ausgangspunkt nichts anderes als die Souveränität des Bewusstseins oder sein „kaltes Blut" ist. Die intellektuelle Distanz erlaubt es ihm, verschiedene Diskurse zu verfolgen, ebenso wie ein Schauspieler verschiedene Sprachregister nutzt, die vom Dramatiker konzipiert sind. Die eigene Persönlichkeit durch geistige Aktivität zu vervielfachen, definiert die Fähigkeit, komplexe Situationen und Kontexte zu analysieren, die für andere, deren emotive Verwicklung ihnen einen Schlüssel zum Strukturmuster vorenthält, immer undurchsichtig bleiben werden.

Worin besteht das Talent des Komödianten? In der Kunst, sich zu verstellen, einen anderen Charakter als den eigenen anzunehmen, [...] sich für Kaltblütigkeit zu begeistern, etwas anderes zu sagen als man wirklich [...] denkt und sein eigenes Ich vergisst, um das des anderen anzunehmen.[159]

De Sades Form einer *Mathematik des Begehrens* macht klar, dass die Umkehrung der Werte in seiner Philosophie des Bösen eine doppelte Transformation erfährt, die miteinander verbundene Paradoxa erzeugt. Das Streben nach absoluter Lust in seinen Spielen der negativen Sexualität reduziert das handelnde Individuum nur auf die Augenblicke des Paroxysmus, der sofort eine Lücke hinterlässt, eine Leere, die als Mangel von Sinn oder Bedeutung erscheint. Die logischen Konsequenzen weisen folgende Konstellation auf: Sades Mathematisierung des Begehrens schafft ein rein intellektuelles Schema für seine sexuellen Spiele. Auf diese Weise intellektualisiert es eine substantielle Form menschlicher Ausdrucksfähigkeit. Diese Intellektualisierung ist gezeichnet von einer Synthese emotiver, sinnlicher und geistiger Elemente, die Kälte, Distanz und Unersättlichkeit produziert.

Diese Anwendung von wissenschaftlichen oder methodischen Verfahren auf einen grundlegenden Aspekt des menschlichen Lebens im Sinne der Ganzheit verdoppelt die Dynamik der Modernisierung. Gleichzeitig bestimmt diese Anwendung die Endlosigkeit von Sades Spielen:

Die Empfindung für das Unendliche, die mit der Abtötung jedes Sinngehaltes aus den menschlichen Beziehungen verbannt ist, nimmt ihre Zuflucht zu einer Art von kosmischem Satanismus.[160]

Die Spiele müssen endlos sein, denn die Augenblicke negativer Ekstase fallen nicht mit der Erfüllung absoluten Begehrens zusammen. Daher mag das Spiel selbst in seiner zeitlichen Kontinuität die Komplizierung sexueller Techniken einschließen, welcher jedoch nicht von einer bedeutsamen, verschiedenartigen und sinnstiftenden Lebensstruktur als einer Form der aufgefächerten menschlichen Schöpferkraft begleitet wird.

Schließlich liefert Sades programmatische Reduktion der Subjektivität auf eine „sexuelle Logik" einen Ausgangspunkt für Reflexionen über das Verschwinden der menschlichen Werte. Er macht evident, dass die Gesellschaft selbst konstruktive Möglichkeiten für ein sinnvolles Leben durch ideologische Legitimationen des sozio-ökonomischen Systems zerstört: Der Mangel an begrifflicher Präzision bringt Unklarheit mit sich. Ist das Diffuse eigens produziert, um etwa auf Oppositionen wie Gut und Böse angewandt zu werden, entsteht ein Ideologieproblem. Wenn der Gegensatz von Gut und Böse nämlich einzig und allein von und für eine herrschende „Elite" funktionalisiert wird, geht es nur darum, soziale und weltanschauliche Konventionen als Kriterien für die Verteilung von Macht, Einfluss und Reichtum zu benutzen.

Die Literatur des 18. Jahrhunderts hat dem Streben nach absoluter Macht durch die Repräsentation des Besitztriebs, d.h. auch des Impetus sexueller Beherrschung/Unterdrückung beispielhaft Ausdruck verliehen. Herrschaft und Macht basierten schon zu frühesten Zeiten der Menschheit auf einer Form der Aristokratie, welche ihre Kontinuität mit Hilfe des Erbschaftsprinzips definierte. Die Gefahr, einen Erben zu verlieren oder die Tatsache, überhaupt keinen Erben zu besitzen umschreibt das Problem der ungesicherten Dynastie. Dieses Problem führt zur Verzweiflung des Protagonisten, wenn er seine Dynastie in Gefahr sieht. Der einzige Ausweg ist die Prokreation, sodass der Tyrann versucht, eine schöne und mutmaßlich gesunde, junge und unschuldige Frau zu vergewaltigen. Der Aspekt des Machtgewinns ist mit dem Sexualtrieb und der dringenden Notwendigkeit der Dynastieerhaltung verbunden. Auf einer weiteren Ebene vermittelt die Diskrepanz zwischen Erzähltext und historischer Zeit dem Leser die Einsicht, dass der Tyrann sowohl das hierarchische und monarchische als auch das patriarchale System innerhalb der sich verändernden und modernisierenden Welt zu erhalten versucht. Somit kennzeichnet die Häufigkeit der Verfolgungsszenen in der *Gothic Novel* deren semantische und ideologische Relevanz für die Interpretation der Mentalität des 18. Jahrhunderts. Das *Thema der verfolgten Jungfrau* nutzt unterirdische Gewölbe als Räume des Schreckens, in denen die erwähnte, stereotype Jungfrau als engelgleiches Geschöpf vom *Gothic villain* (der Bösewicht des Romans) gejagt wird.

Der Raum oder das Labyrinth schaffen Möglichkeiten der Aktion und sind selbst Symbole der Angst. Die Verfolgung verstärkt jedoch die beschleunigte Dynamik der Handlung und steigert damit die Spannung des Lesers. Die immer geringer werdende Distanz zwischen dem „Opfer" und dem *Gothic villain* bestimmt das Maß seiner wachsenden inneren Anspannung und seines Begehrens. Die Angst des *persecuted maiden* verbindet die innere Form des Begehrens beim *Gothic villain* mit einer akzelerierten Szene höchster körperlicher Anstrengung bei Opfer und Verfolger. In beiden Fällen spielt ein Grenzwert eine Rolle und damit gehört die literarische Gestaltung solcher Verfolgungsszenen zur *Mathematik des Begehrens.*

Bei einem Sprung zurück vom 18. ins 16. Jahrhundert zeigen sich gravierende Unterschiede in der Einschätzung von Sexualität und Weiblichkeit, die zutiefst mit christlichen Vorstellungen und Morallehren der Kirchen verbunden sind. Im Zeitalter der Aufklärung verlieren die kirchlichen Moralvorstellungen unter der Vorgabe von rationaler Ethik und Naturrecht an Bedeutung. Dies zeigt sich etwa in den Theorien der französischen *philosophes*, deutlich auch in Diderots und D'Alemberts *Encyclopédie, ou Dictionnaire raisonné des Sciences, des Arts et de Métiers, par une Société de Gens de Lettres*.[161]

Im 16. Jahrhundert wurden Frauen in Europa als Verkörperung des Sexuellen und daher als Quelle der Sünde betrachtet, ein Gesichtspunkt, der sich auch bis in die patristischen und scholastischen Debatten über die Natur der Frau zurückverfolgen lässt. (*18/S.182) Das Ideal der Jungfrau repräsentierte die Kontemplation des Göttlichen. Jungfräulichkeit bedeutete deshalb die Rückkehr zum Ursprung der Welt, d.h. zum ewigen Leben.[162] Zugleich wurden Frauen als Objekte der Begierde und der Angst angesehen. Anne Williams hat in ihrem Buch *Art of Darkness. A Poetic of Gothic*[163] darauf hingewiesen, dass *Gothic* in den kulturellen Systemen immer das Andere oder die Andersheit im Verhältnis zum normativ Gewünschten und Legitimierten repräsentiert. Dabei geht sie bis zu Aristoteles' Metaphysik zurück, der zehn Oppositionspaare aufstellt, wobei die erste Kolumne (die *männliche*) als *gut* gilt, die zweite *(die weibliche)* als *schlecht*. Die erste Spalte trifft für Williams mit dem Klassizistischen zusammen, ja mit der Kategorie des Erhabenen, während das Weibliche das mächtige und beständige Andere der westlichen Kultur ist:

männlich	weiblich
begrenzt	unbegrenzt
gerade	ungerade
eines	viele
rechts	links
quadratisch	rechteckig
in Ruhe	in Bewegung
gerade	gebogen
hell	dunkel
gut	böse

"Gothic" is an expression (in the Freudian "dream-work" mode) of the ambivalently attractive, "female" unconscious "other" of eighteenth-century male-centered conscious "Reason". [...] the heterogeneous (and always changing) set of Gothic conventions expresses many dimensions of "otherness".[164]

Das Strukturmuster der verfolgten Unschuld in der *Gothic Novel* zeigt an, dass der negative Held entweder versucht, sich selbst durch die Vereinigung mit dem engelgleichen Geschöpf zu heiligen oder dass er hofft, die gehasste weibliche Protagonistin als *prototypon transcendentale* der Heiligkeit wahrzunehmen, obwohl die Verkörperung der Dualität von Körper und Geist weiterhin erhalten bleibt. Es bleibt offen, ob die Mächte der Zerstörung und die sexuellen Energien einem männlichen oder weiblichen Protagonisten zugeschrieben werden. In den meisten Fällen schreibt die *Gothic Novel* das Böse einem männlichen Helden zu. Dies gilt nicht für die zeitgenössische Kunst, wo vor allem Füssli den *Virago-Typus* (*19/S. 183) der kalten, sexuell potenten Schönheit kultiviert, die eine Atmosphäre des Todes, der Erniedrigung, der Hoffnungslosigkeit und der Sklaverei für ihre männlichen Bewunderer schafft. Wenn Ann Radcliffe Schrecken als eine konstruktive Form des Erhabenen ansah, während sie das Grauen als Ausdruck einer tödlichen Kälte der Zerstörung betrachtete, dann gehört die Virago[165] zur zweiten Form des Erhabenen. Dieses Erhabene zieht Bedeutung und Wirkung aus der Zerstörung des männlichen Prinzips. (*20/S. 183)

Für Virago-Typus und Hexen gibt es ein wichtiges Konvergenzmoment: mit beiden verbindet sich die männliche Furcht vor dem Weiblichen. Diese Furcht bezieht sich auf den Verlust der Macht. Die „mächtige" Virago und die Hexe rufen angstbesetzte Vorstellungen bei Männern hervor. Es geht für die Männer um die undurchschaubare Besonderheit des Weiblichen. Die entstehende Angst provoziert Zerstörungswillen. Die Vertreibung und Verfolgung der Hexen in der Geschichte der Frühen Neuzeit[166] fungiert als Zurückweisung der Imagination aus der Gesellschaft, zumal diese im *take off* zur Modernisierung begriffen war. Die Rationalisierung erhält durch instrumentelle Vernunft eine entscheidende Funktion, weil sie mit einer ganzen Reihe von Neuerungen verbunden ist: Einführung des Kapitalismus, moderne Technologien (Landwirtschaft, Navigation, Maschinenbau); bürokratische Organisation.[167] Aus der Modernisierungsperspektive hat der Hexenwahn des 16. und 17. Jahrhunderts seine Ursprünge nicht im *Außen* – in den Dörfern und Wäldern –, sondern im *Innen*. Dieses Innen definiert Dürr als die „Realität des Anderen" und fährt fort: „... die Hexe war [...] die Realität einer Zukunft, welche auf keinen Fall wahr werden durfte."[168] Sinnlichkeit, vor allem die weibliche, wurde als ein negatives Phänomen eingestuft. Sie galt als gefährlich und musste bekämpft werden. Um eine Legitimation dafür zu gewinnen, dieses „Negative" – eben das gefährliche Weibliche – ausrotten zu können, wurde ihm im Rahmen christlicher Vorstellungen die Qualität des Bösen zugeordnet und die Gemeinschaft mit dem Satan. Dürrs Analyse zeigt, dass der Hexenkult ebenso wie die Initiationsriten auf eine Einsicht in das Zusammentreffen von Erkenntnisakt und Sexualakt zurückgehen. Die Feindseligkeit gegenüber Müttern in jenen Kulten und Riten bildeten ein Zivilisationsmuster: man konnte innerhalb einer sozialen Ordnung leben, wenn man nur die Vorherrschaft der Mütter abgeschafft hatte. Ordnung abschaffen heißt „wild zu werden", nach außen zu drängen, bevor man als gezähmtes Wesen zurückkehren konnte mit einer Vorstellung davon, was Innen ist. (*21/S.183)

Der archaische Kontrast von *Innen* und *Außen* geht somit einer Welt der begrifflichen Unterscheidung voraus. In ihrer dynamischen Form waren die Kulte und Riten notwendigerweise miteinander verbunden; sie schlossen die Akzeptanz der Doppelnatur des Menschen ein – rationales und irrationales Wesen zu sein. Auf diese Weise konnte die Integration des Wilden und der Träume in einen kulturellen Kontext vollzogen werden.

Der Prozess der Rationalisierung in all seinen verschiedenen Aspekten, wie er in Europa seit dem 16. Jahrhundert bekannt war, fördert den Gedanken, dass die Potentiale von Trieben und Träumen in normative Schemata zu kanalisieren seien und begünstigt damit eine Kultur des Bewusstseins und der Geometrisierung. Inwieweit solche Rationalisierungsprogramme die okzidentale Alltagswelt erfassten, ist eine ganz andere Frage.[169] Der Rationalismus verdrängt die Gefährlichkeit der Sinne durch die Projektion von Träumen, Trieben und archaischen Gewalten aus dem Reich der Zivilisation. In einer rationalen Gesellschaft sind diffuse Vorstellungen nicht verwendbar, sie gelten sogar als gefährlich. Die Kluft zwischen Ratio und Mythos definiert den Ursprung der Angst.[170] (*22/S.183) Es beginnt sich in der Frühen Neuzeit bereits die Tendenz abzuzeichnen, dass die sexuelle Vereinigung nicht länger Erkenntnis ist – etwa im Sinne des Alten Testaments –, sondern die Gefährlichkeit des Verwilderns mit sich bringt, die nunmehr als Gefährdung der neuen geometrischen Ordnungs-Kultur angesehen wird.

Im literarischen Beispiel beweist der Mangel an Klarheit in der merkwürdigen Liebesaffäre zwischen Shakespeare und der *Dark Lady* einen grundlegenden Punkt: die Liebenden sind sich dessen, was sie tun, absolut bewusst – im negativen wie im positiven Sinne. Die komplizierte Psychologie und Epistemologie der Liebe, wenn sie als eine persönliche und individuelle Beziehung bestehen bleibt, erlaubt keinen Raum für eine *Mathematik des Begehrens*. Sonett 138 demonstriert die Spontaneität und die vielen Perspektiven der Liebe:

Schwört sie, dass sie ein Herz voll Treue habe,
So glaub' ich ihr, obschon ich weiß, sie lügt,
Damit sie denken soll, ich sei ein Knabe,
Der noch nicht weiß, wie fein die Welt betrügt.
So wähnend, dass sie wähn', ich sei ein Junge,
Obwohl sie weiß, mein Mittag ist schon um,
Bring' ich zu Ehren ihre Lügenzunge:
So beiderseits bleibt ehrliche Wahrheit stumm.

Doch warum sagt sie nicht, dass sie betrüge,
Und warum sag' ich ihr mein Alter nicht?
Ach, Liebe trägt so gern der Treue Züge,
Und Greisenlieb' ungern von Jahren spricht.

    Drum lügen wir einander an und sind
    Durch Schmeichellüg' in unsern Fehlern blind.[171]

In den *Dark-Lady*-Sonetten überrascht die Fülle der Reflexionen des Liebenden wie der Geliebten. Das lyrische Subjekt und die *Dark Lady* erkennen in ihrer Beziehung eine komplizierte und verwickelte Situation. Diese Situation ist von vielen Aspekten bestimmt. Dazu gehören Intentionen, Gedanken und Emotionen. Die Liebenden hassen ihr absolutes, gegenseitiges Einanderverfallen-sein, doch wollen sie auch gleichzeitig, dass ihre Affäre nicht enden möge.

Wenn Hans-Peter Dürr betont, dass seit dem Beginn der Neuzeit Sexualität nicht länger dafür in Betracht kam, *Wissen* zu befördern, sondern vielmehr als Gefahr für die Geometrisierung eingeschätzt wurde, dann wird bereits hier ein reduzierter Kulturbegriff vorausgesetzt. Schließt Kultur das Bewusstsein der mannigfaltigen Beziehungen zwischen den Aktivitäten und den Ausdrucksformen des Körpers, des Geistes und der Psyche ein, dann kann Sexualität leicht als kulturelles Phänomen definiert werden. Die Abschaffung einer solch komplexen Idee von Kultur macht jedoch die Sexualität zum „Anderen" *par excellence*.[172] Nur eine domestizierte Sexualität unter der Vorherrschaft von Rationalität und Patriarchalismus erlangt die Macht, der Ausbreitung einer Traumwelt massiv Widerstand zu leisten.[173]

In ihrem Buch *L'un est l'autre. Des relation entre hommes et femmes*[174] formuliert Elisabeth Badinter eine Theorie der Androgynie[175] (*23/S. 183), welche die Rolle von Männern und Frauen unter dem Prinzip der *Gleichheit* neu definiert.

Die Aussage „Ich bin Du" liefert eine Sinnkonstruktion für die sexuelle Bezie-
hung jenseits der patriarchal-matriarchalen Oppositionen. Liebende werden
eher zu Brüdern und Schwestern als dass sie eine Einheit antagonistischer
Prinzipien schaffen. Es lässt sich aus dieser Hypothese ableiten, dass dieses
Sexualitätsmuster jegliche *Mathematik des Begehrens* hinter sich lässt, denn das
Kriterium der Sexualität in diesem neuen Sinne ist weder der Paroxysmus des
Augenblicks noch die Unterdrückung des anderen Geschlechts, sondern die
simultane Akzeptanz von Schwäche und Stärke. Ob dieses Muster die Frage
der europäischen Modernisierung seit dem 16. Jahrhundert einschließt, bliebe
zu untersuchen. Von einem epistemologischen Gesichtspunkt aus ist die Frage
offen, ob die traditionellen Begriffe der Naturwissenschaft, des Realismus und
des Empirismus für die Zukunft ihre Gültigkeit bewahren. Poppers berühmte
Kritik des Holismus in seinem *Elend des Historizismus*[176] hat bereits zu einer
Serie von Antikritiken geführt.[177]

3. *Geometrie des Begehrens:*
Piranesi, Füssli und die Gothic Novel

Eine *Geometrie des Begehrens* lässt sich in der britischen Kunst ebenso wie in der Literatur entdecken. Doch ist einer der wichtigsten Künstler des Dunklen ein Italiener, der nie nach England reiste, dessen Werk dort aber außerordentlich intensiv rezipiert wurde: Giovanni Battista Piranesi (1720–1778). Piranesis Einfluss beruht auf seinen Radierungen römischer Architekturfragmente und seinen imaginären Gefängnissen. Vor allem seine Folge von Radierungen unter dem Titel *Carceri d'invenzione di G. Battista Piranesi archit. vene.* (1745, zweite Fassung 1760/61)[172] wurde epochemachend.

In der späteren Fassung wird der Hintergrund aufgebrochen zugunsten weiterer Einblicke in mehrgeschossige Raumfluchten. Freigelassene Partien des Erstzustandes werden aufgegeben und mit zahllosen Linien wie in einer Art „horror vacui" überzogen. Unbestimmtheit, Offenheit und Freiheit der Hintergründe werden in der Überarbeitung von einem komplexen Raumgefüge überzogen, das konkretere Formen annimmt. Hierzu dienen zahlreiche Ergänzungen wie eingezogene Holzbrücken, Galerien, Treppen, Leitern, die den gemauerten Raum zugleich verschränken und erweitern. Auffällig ist, daß Brücken, Galerien und Treppen nun zumeist auch Geländer haben, demnach eine Andeutung von Sicherheit verströmen sollen. Die extreme Verdunkelung der Blätter bewirkt eine neue Betonung des massiven Mauerwerks. Zwar werden die Räumlichkeiten klarer strukturiert, doch liegt ihre Grenzenlosigkeit nun nicht mehr im vagen Strichbild selbst, sondern in ihrer ständigen Erweiterbarkeit, wobei jeder Durchblick im Prinzip in ein weiteres Blatt der Folge führen könnte. Grundsätzlich wird 1761 auch die Anzahl der kleinen Figuren erhöht, die durch die Räumlichkeiten bis in schwindelnde Höhen wandern und sie erforschen.[179]

Piranesi befasst sich wie die Autoren der *Gothic Novel*, aber auch wie Füssli, mit Raum und Zeit. In allen diesen geistig-künstlerischen Emanationen spricht den Betrachter das Verborgene und Geheimnisvolle an. Piranesi bietet eine Anatomie der Ruinen, wobei der Körperraum dem Raum der Bauwerke entspricht. Die menschlichen Körper als Figuren spielen zwar bei Piranesi eine untergeordnete Rolle, er bedient sich aber bei seiner Analyse und Darstellung der römischen Ruinen – so Barbara Stafford – der Instrumente des

Anatomen, der in das Unsichtbare eindringt, was sich unter der Haut,[180] hinter den Mauern erstreckt oder im Unterirdischen auf Entdeckung wartet. Stafford spricht von Piranesis „use of the etching needle as a creative surgical tool to uncover information about an otherwise irretrievable past."[181] Die *Gothic Novel* hingegen analysiert die Architektur des Subjektiven, um sie zur literarischen Darstellung zu bringen. Auch hier wird Verborgenes enthüllt. Es geht um das Innenleben, um Subjektivität, Trieb, Wunsch, Handlung, aber auch um Ausdruck, vor allem des Erhabenen. Das „Ungesehene", zunächst unsichtbar, wird gesucht hinter dem Verhalten, hinter der Handlung, hinter dem Ausdruck – gleichsam „hinter der Stirn". Füsslis Darstellungen des menschlichen Körper geben hierzu ein Pendant, wenn er Handlungen und den Zusammenhang von Leidenschaften analysiert, Bewegungen seiner Figuren in extremen öffentlichen Situationen zeigt oder aber die Unersättlichkeit der Leidenschaft, die – dem Verborgenen entzogen – in „mittleren Augenblicken" der Destruktion und/oder der erotischen Spannung sichtbar gemacht wird.

Piranesi

Piranesi war längst berühmt als Robert Adam während seines Romaufenthaltes mit ihm zusammentrifft und Freundschaft schließt. Adams klassizistischer Stil ist der künstlerischen Sprache seines schwierigen italienischen Kollegen verpflichtet, besonders in der Ornamentik und Dekoration.[182] Auch William Beckford schmückte sein gigantomanes Kloster-Schloss *Fonthill Abbey*[183] mit Reproduktionen von Piranesis *Carceri*.

Weitläufigkeit und Offenheit[184] kennzeichnen die *Carceri*. Die erhabene Stille eines Raumes hängt oftmals von der Beziehung zwischen massiver, gleichsam verdichteter Bauweise zu seiner Ausdehnung ab. In diesem Sinn bieten Piranesis Radierungen gleichzeitig Begrenzung und Unendlichkeit.[185] Fenster, Bögen, Galerien und Treppenhäuser – all diese architektonischen Versatzstücke der *Carceri* – betonen die Verbindung des subjektiven Blickpunktes mit dem Kontext, und zwar eines Kontexts, der sich ins Niemandsland oder in einen phantastischen Raum ausdehnt.

> Man zählt mitunter (bei Tafel II, V, VIII) sechs bis sieben Stockwerke übereinander (wenn man „Arkaden" mit „Brücken" darauf so bezeichnen darf) und sieht doch kein Ende, weder nach oben noch in der Tiefe. Bei genauerer Untersuchung der architektonischen Verbände wird man in einigen Fällen finden, daß „nicht alles stimmt" [...].[186]

76

Die schon erwähnten ungeheuren Dimensionen der Baustrukturen in den *Carceri* finden ihre Begrenzung durch Fenster, Höhlungen und Durchbrüche. Diese „Fenster" sind aber undurchsichtig, erweisen sich daher als in sich widersprüchlich, denn sie können weder Behaglichkeit noch eine gemütliche Atmosphäre vermitteln. Ein Fenster ohne Ausblick wirkt wie eine Mauer und unterstreicht das Gefühl des Eingeschlossenseins. Auch gibt es keine Türen in Piranesis Gefängnissen, keine Türklinken, keine klaren Grenzen zwischen *Innen* und *Außen*.[187]

> Nur in einigen der ersten Platten der Serie existiert ein Raum, der sich nach außen ausdehnt wie in einer großen Ruine. Alle Kompositionen danach sind tief und – in der zweiten Auflage – düster geschlossen[...] Da ist auch ein Gefühl des spirituellen und physischen Leidens, fast ein Pendant zur Hölle.[188] Unsicherheit, Schrecken und Grauen sind bewußt beabsichtigt als Stimmungswerte. Bauliche Verwirklichung seiner Architekturen war zu keiner Zeit Piranesis Anliegen, ihm ging es allein um die Wirkungsmacht von Architektur, gewissermaßen auf einer zweiten Realitätsebene: Auch in den CARCERI wird die Architektur weit über ihre Materialität und Zweckgebundenheit hinausgeführt, ist Ausdrucksträger von Empfindungen, wird poetisiert.[189]

Die aufsehenerregende europäische Rezeption der *Carceri* setzte nach 1760 ein, als der Künstler die zweite Fassung seiner Radierungen herausgab. Er hatte sie noch detaillierter ausgearbeitet, indem er die Kontraste der Massen- und Raumdynamik intensivierte und ebenso Möglichkeiten von Entkommen und Zerstörung potenzierte.[190] Die Tafeln der zweiten Fassung sind von Norbert Miller zu Recht als „streng kalkulierte, mögliche Raumstrukturen"[191] beschrieben worden. Miller betont die Monumentalität der Architektur als „Ort unentrinnbarer Gefangenschaft"[192] und damit: „Die Aufhebung der Kontinuität von Zeit und Raum, die Platzangst vor der Öffnung unausdenklicher Perspektiven, die ständige Widerlegung der eigenen Wahrnehmung im Versuch des Verstehens."[193] Martin Meyer hat in seiner Besprechung der venezianischen Piranesi-Ausstellung diesen Gesichtspunkt betont:

> Der Raum krümmt sich, die Linien ächzen und stöhnen, die Dimensionen der Ruinen stossen ins Riesenhafte, während winzige Figuren mit gestikulierender Nervosität die Staffage bilden.[194]

Die Dialektik des Äußeren und Inneren ist für beide Fassungen charakteristisch, doch sie ist ebenso wichtig für einige seiner anderen großen Werke.[195]

Eine Wechselbeziehung zwischen Traum (innere Welt) und Solidität des Faktischen (Ruinen) ist in Piranesis Werken offensichtlich. Die seiner Phantasie
entspringenden Raumdimensionen eröffnen mögliche Konzeptionen und/oder
Konstruktionen, welche auf die menschlichen Erkenntnisfähigkeiten zurückgehen, mit denen unsere Kreativität arbeitet. In Piranesis Konzept und seiner
Visualisierung des Gedächtnisses (der Ruinen) wird die Interdependenz von
Äußerem und Innerem vor das neugierige Auge des Betrachters oder Ken-
ners gebracht. Während der Innenraum mit dem Selbst verglichen werden
kann, mit dem Ego, der Subjektivität oder der persönlichen Identität, steht das
Äußere oder die Fassade für die äußere Welt, wobei die Transformation solcher
Vorstellungen von *other minds* geleistet werden muss. Wenn die Erkenntnis
der Welt als einer Dimension möglichen menschlichen Handelns auch nicht
absolut, sondern immer nur im Sinne eines *Als Ob* denkbar ist, so kann sie sich
nicht ohne die Parameter von Raum und Zeit vollziehen. Immanuel Kant hat
in der *Kritik der reinen Vernunft* Raum und Zeit als die beiden grundlegenden
Anschauungsformen des Menschen dargelegt. Bei Piranesi verweist die dargestellte Außenwelt (Ruinen) auf die Objektivität als Existenz der Gegenstände
im Raume. Die sehr interessante Spannung zwischen dem äußeren und dem
inneren Sinn kann besonders in *Carceri* II.5 entdeckt werden.

Das Gefängnis mit seiner labyrinthischen Struktur steht für das *innere
Selbst* des Menschen, während sich im Mittelteil am rechten Rand ein Ausblick durch ein Tor auf ein sonnendurchflutetes Stück urbaner Landschaft
öffnet. Das Komplizierte des Innenraums – Verstand, Ich, das Vermögen der
Konstruktion – wird also mit dem Faktischen konstrastiert.[197] Es ließe sich
– unter konstruktivistischen Prämissen – sagen, dass die Carceri ein sehr frü-
hes Beispiel eines Weltbildes bieten, das mit einem Subjekt-Objekt-Muster
Relativität verbindet, sodass menschliche Vorstellungen auch Konstruktionen
darstellen, mit denen eine Gedanken-Fakten-Welt organisiert wird.[198] Menschliche Subjektivität vermag die Subjekt-Objekt-Relation so umzusetzen, dass
Gedankenkonstruktionen zur konkreten Veränderung der Welt führen können. Die Konstruktion von Realität in Piranesis Werken korrespondiert mit

---

Die Tafel V wurde 1761 neu geschaffen; es gibt also keine erste Fassung wie bei
den anderen Carceri – Blättern. Der Kerker auf dem Blatt V ist bestimmt durch
„tiefe Ausblicke in Raumtiefen", das „pointiert ins Bild gerückte (...) parallele(...)
Relief mit den Löwen" und die „Gefangenen links".[196]

Abb. 4
Giovanni Battista Piranesi, CARCERI D'INVENZIONE (1761)
Blatt V, Zweiter Zustand *(Basrelief mit Löwen)*, 56 x 41 cm
© Staatsgalerie Stuttgart.

dem langsamen Prozess, Erfahrungen zu schaffen, eine Aktivität, die notwendigerweise subjektive und objektive Aspekte vereint. Nach Humberto Maturana und Francisco Varela bedeutet Wissen das Erschaffen von Welten, die selbst den Schlüssel zum Wissen vom Wissen liefern.[199] Dieser Gedanke taucht die Beziehung von Subjekt und Objekt in ein neues Licht. Wenn man formuliert: Alle Handlungen und Schöpfungen setzen die aufeinander bezogene und voneinander abhängige Dynamik von Fakt und Fiktion voraus, so deutet sich schon epistemologische Unzureichendheit an. Oder, wenn man die Formulierung „das Faktische wird funktionalisiert, während das Fiktionale konstruiert wird, als sei es real"[200] wählt, dann wird die Vielzahl von Ebenen und Funktionen, die von der menschlichen Erkenntnis als die Fähigkeiten der Organisation und Synthese erfasst werden, unterschätzt.[201] Jegliche Reflexion, die sich auf ein *speaking of nothing*[202] bezieht, legt nahe, dass die konstruktive Fähigkeit im menschlichen Geiste ein größeres Terrain abdeckt als die Theorien der konzeptuellen Repräsentation annehmen. Die auf die reale Welt bezogene Idee der parallelen Welten wurde von Kripke und Nelson Goodman entwickelt. Während Saul Kripke von der einen Welt der Erfahrung ausgeht, um Punkte des Abweichens von der Kausallinie zu fixieren, nämlich dort, wo die „andere Welt" *(other world)* beginnt, vernachlässigt Goodmans Idee der „möglichen Welten" *(possible worlds)* jede referentielle oder elementare Welt. Für ihn gibt es viele Welten, die man mit einer Serie von verschiedenen semantischen Systemen vergleichen kann, wie sie in der Literatur und den Bildenden Künsten anzutreffen sind.[203]

Piranesis Werk setzt künstlerische Meisterschaft ebenso voraus wie die Traumwelt eines Genies.[204] Nach konstruktivistischer Auffassung lässt sich Träumen noch ein anderer theoretischer Status zuschreiben. Realität, Theorie und Träume können nicht völlig voneinander getrennt werden. Die Konstruktivisten fragen, ob es eine Bezugsebene für sie gibt oder ob überhaupt eine reale Welt vorausgesetzt werden kann. Sie konzentrieren ihre Analyse auf die Voraussetzungen und die funktionale Differenzierung innerhalb eines autopoietischen Systems, das stets dazu gezwungen ist, eigene Welten zu schaffen.[205] Deshalb muss die Idee einer ganzen Serie von Welten erwogen werden, die von verschiedenen autopoietischen Systemen *(minds)* oder sogar nur von einer einzigen produziert wird.

Wird dies mit Blick auf Piranesi bedacht, kann offenbar die epistemologische und ästhetische Relevanz seiner räumlichen Phantasien, wie sie vor allem in den *Carceri* umgesetzt sind, nicht in Zweifel gezogen werden. Die Gebäude erscheinen riesenhaft groß, verglichen mit den gelegentlich vorkommenden

Abb. 5
Giovanni Battista Piranesi, CARCERI D'INVENZIONE (1761), Blatt VII,
Zweiter Zustand (Die Zugbrücke), 55 x 41 cm
© Staatsgalerie Stuttgart.

insektenähnlichen menschlichen Figuren. Die Räume sind auf solch eine Weise miteinander verbunden, dass man ihnen in jegliche Richtung folgen kann, doch gibt es keine Anzeichen dafür, dass der Raum als solcher endet:

Blatt VII erscheint „extrem verdunkelt" und ist „in einer Art „horror vacui" mit zahllosen Linien und Strichfolgen übersät."[206] In diesem Blatt befindet sich der Standort eines Turmes, der bildbestimmend wirkt. Es ist der Turm „mit frei umlaufender Wendeltreppe an unterschiedlichen Punkten des Raumes, je nachdem man ihn auf die vordere Bogenwand bezieht oder auf die von seinen Spitzen ausstrahlenden Brücken…"[207]

Piranesis Tafel erzeugt den Eindruck, dass es keine klare Unterscheidung zwischen dem Innenraum und dessen Weiterführung in sich immer weiter erstreckende Räume gibt. Die Frage der Begrenzung der Räume muss unbeantwortbar bleiben. Dieses Blatt lässt auch offen, welchen „hinteren" Raum der vordere Bogen abschließt, dessen Mauerwerk sich in der Ecke des Blattes rechts oben zeigt. Dies beweist erneut, dass die *Carceri* keine Abbildungen tatsächlicher Gefängnisse sind. Ihre phantastische Konstruktionen von Räumen vermitteln auf der einen Seite den Eindruck, dass eine Geschlossenheit existiert und doch zeigen sie zugleich, dass es sich nicht um Muster für den Gefängnisbau handelt. Die *Carceri* suggerieren stattdessen immer zugleich die stetige Opposition von Gefangenschaft und Möglichkeit des Entkommens in andere Räume.[208] Die *Geometrie des Begehrens* mag daher auf den Architekten der *Carceri* bezogen sein. Zumindest lässt die sublime Räumlichkeit an Grenzwerte der Macht und deren Überschreitung denken. Gigantoman könnte jedoch auch der Künstler selbst sein, der in seinen Blättern eine geistige und emotive Phantasie seiner Zeit wiedergibt, die sich mit Aufhebung des Bekannten, mit Aufbruch ins Unbekannte, mit Transformation tradierter Festlegungen auseinandersetzt.

Literarische Carceri

Horace Walpole

Horace Walpole (1717–1797), Sohn des Premierministers Sir Robert Walpole, graue Eminenz in der Politik, Kunstsammler, Autor und heimlicher Historiograph seines Zeitalters, lotete für sich die Grenzen der Vernunft aus. Er begann daran zu zweifeln, dass der Reichtum des Empirischen allein mit der Vernunft zu begreifen sei. Den erkenntnistheoretischen, empiristischen und technologischen Zielen der *philosophes* mitsamt ihren Idealen vom Fortschritt setzte er Skepsis und Nachdenklichkeit entgegen. Im Sinne von Hans Blumenberg ist der Mensch „ein zögerndes Wesen [...], das als solches in den Stand gesetzt ist, sich einer Nachdenklichkeit zu überlassen, die sich weder durch Methodenreflexion hindern noch wegen erwiesener Unerreichbarkeit der großen Sinnantworten das Fragen verbieten läßt."[209] Walpole stieß auf die Frage, ob denn nicht dem Menschen – vom Rationalen abgesehen – noch andere Felder von Verstehen, Ausdruck und Verhalten gegeben seien: Geschichtssinn, seelische Ausnahmezustände, ästhetische Intuition, Phantasie, zufällige Weisheit (*accidental sagacity*). Im Bau seiner Villa in Twickenham (*Strawberry Hill*) wie in seinen fiktionalen Produktionen *The Castle of Otranto* und *The Mysterious Mother* amalgamiert Walpole über die Wiedereinsetzung der Phantasie das Spielerische mit aufgeklärter Skepsis, die gar nicht ausschließen kann, dass – man denke an Goyas berühmtes Blatt – die Vernunft Ungeheuer gebiert.

Walpoles Sensibilität erkennt das Zerstörerische im Programm einer virtuell reduzierten Aufklärung. Daher dekonstruiert er die architektonischen und literarischen Formen, um sie unter Einbezug allgemein historischer und speziell gotischer Details neu zu imaginieren und so ein *alter ego* des *Age of Reason* zu schaffen. Die optimistischen Linien des englischen augustäischen Zeitalters erhalten durch Walpoles Tagträume einen bislang unbekannten Grad der Differenzierung. Im Labyrinth seines Ichs spürt der konservativ geprägte Bauherr von *Strawberry Hill* Bilder einer Lebenswelt auf, die Landhausbequemlichkeit und Schweifen der produktiven Einbildungskraft jenseits klassizistischer Formeln verknüpft. Walpole steht am Anfang der *Gothic Revival*, weil er erstmals ein eigenständiges gotisches Gebäude realisiert, das nicht Zierpavillon ist, sondern bewohnbares Refugium. Das Landhaus *Strawberry Hill* war ein Novum, von der Phantasie seines Erbauers zustande gebracht aus gotischen Musterbüchern, faktischen *remains* und *reliques* sowie Anregungen von mittelalterlichen Burg-, Kloster- und Kirchenbauten.

Dabei geht es Walpole nie um eine historisch-epigonale Gotik, immer aber um die Gesamtheit, um eine Gestaltung, in die das Einzelne und Irreguläre integriert wird, um die architektonische Synthese. Aus diesem Grunde finden sich in *Strawberry Hill* unter anderem Kreuzgang, Kapelle, Galerie, Rundturm und Zinnen. Schließlich entsteht Strawberry Hill in einem Park, der als englischer Landschaftsgarten gestaltet ist und vor allem den Eindruck bukolischer Natürlichkeit vermittelt. Gotik und Landschaft harmonieren wie vordem Park und Palladianismus, nur mit dem Unterschied, dass der ungewohnte neogotische Stil sich im Betrachter als markanter Kontrast niederschlägt.

Walpoles Mittelalter-Rückgriff erweist sich weniger als Stilbruch denn als Zuordnung von *Natur, Ich, privater Zurückgezogenheit* zum Mittelalter und der von *Gesellschaft, Staat* und *öffentlicher Repräsentation* zum Klassizismus. Ausführliche Betrachtungen über neugotische Architektur vor und neben Walpole führen zur Erkenntnis, dass bloße Einpassung der Gotik in klassizistische Ordnungen und Formen, gleichsam die Domestizierung des Gotischen zum Klassizistischen oder die „Gotisierung als Entgotisierung" nichts mit dem Walpole-Konzept zu tun haben. Walpoles Programm lebt ganz aus dem Prinzip der Erkenntnis aus Zufall (Prinzip der gesteigerten Koinzidenz), das E.T.A. Hoffmann später das Serapiontische Prinzip genannt hat.[210] So können seltsame Zufälle Hinweise auf den „geheimen Zusammenhang der Dinge" geben.[211]

Nach Walpoles „serapiontischem" Prinzip entstehen im genannten Sinne aus Indizien und Zufallskonvergenzen Zusammenhänge, die sich der Verstand nicht hätte denken mögen. So unterwirft Walpole die Architektur der Subjektivität, strebt nach der Vertauschbarkeit von Innen und Außen. Indem Träume Stein werden, wird Phantastisches sichtbar, was sich auch als Subversion gegenüber dem Uniformen, dem klassizistisch Langweiligen lesen lässt. *Strawberry Hill* muss eine ungewohnte Qualität erlangen als „in sich geschlossenes, magisches Ganzes einer phantastischen Gegenwirklichkeit."[212] „Sein Schloß sollte aussehen, als seien seine Teile wie natürlich im Lauf der Geschichte so aneinander gewachsen."[213]

Ähnlich gelagert ist die Genese des ersten genuinen gotischen Romans, in dem Walpole eine dämonische Wirklichkeit darstellt, die sich mit den theoretisch-ästhetischen Qualen kaum zusammenbringen lässt, die ein Dr. Samuel Johnson am Verhältnis von *romance* und *novel* entwickelte. Walpoles Romanexperiment mit dem Übersinnlichen in *The Castle of Otranto* stellt das literarische Gegenstück zu *Strawberry Hill* dar. Zwar finden sich diese Raumstrukturen im Roman nicht wieder, doch lebt der Roman von der Ästhetik und von der Psychologie des Raums. Das Reich der Vernunft erfährt eine Herausforderung und Ausdehnung über die „Freizügigkeit der dichterischen Phantasie"[214]. Walpole bindet sein Unheimliches in ein kohärentes Weltbild ein, das für die Möglichkeit des Wunderbaren vorgesorgt hat – und es integrieren kann, solange Böses im Rahmen christlicher Systemgeltung besiegt wird. Die Teile des riesigen Ritters, Ankündigung des Untergangs der Familie des Usurpators Manfred, verweisen aufeinander, bleiben aber im gesteckten mythischen Rahmen und innerhalb des Walpoleschen Geschmacks. Die vorwärtstreibende, durch Indizien Schritt für Schritt angereicherte Erzählung enthüllt ihre Erklärung erst in der Katastrophe. Walpole hat sich in seinen Vorreden (vor allem in der zweiten) auf Shakespeare als Vorbild berufen, zumal er das Buch in einem spätmittelalterlichen italienischen *setting* verankert. Die erzählte Zeit ist das 13./14. Jahrhundert, wohingegen das Buch angeblich 1529 publiziert wurde.

The Castle of Otranto als Roman der Möglichkeiten, gefasst ins Shakespearesche Tragödienschema, leuchtet die menschliche „Innenwelt" in Vorstellungen, Gefühlen und Visionen aus. Es werden zugleich Möglichkeiten der Wirklichkeitsausdehnung im Genre Roman deutlich, die sich noch jenseits Walpolescher Stilgrenzen und Zügelungen denken lassen. Walpole benutzt Einbrüche des Übersinnlichen als Zeichen, deren Andeutung erst in der sich fortschreitend verzweigten Baumstruktur die Erzählung als solche definiert. Das vom Leser geforderte Selbstzusammensetzen der Fragmente macht die Wirkung mit aus: diese Arbeit regt die produktive Einbildungskraft an, die das Aufeinanderverwiesensein der Zeichen zusammenbringt mit den Reaktionen der Protagonisten in der „Alltäglichkeit des Wunderbaren". Aus Furcht vor Normverletzungen bleibt die Welt des Romans in sich systemkonform, wird die Faszination am inkarnierten Bösen in der Dialektik von aufgeklärter Vernunft und Grausamkeit nicht zu weit getrieben. Doch im Wanken des Alltäglichen kündigt sich das Unfassbare als Ironisierung und Relativierung des Vernünftigen an. Bei Walpole gibt es deutlich einen „Zusammenhang der Dinge hinter der Oberfläche"[215], der in der Technik des offenen Erzählens dargeboten wird.

Entsprechend Walpoles Theorie der *schönen Unregelmäßigkeit* wirkt die Einbildungskraft auf die Erzählung ein. Während die *novel* den Anschluss an die Erfahrungswirklichkeit sucht, lebt die nicht-mimetische *romance* im Reich der Phantasie. Dennoch strebt Walpole eine Balance beider Erzählformen im Rahmen einer weiter gesteckten Vernünftigkeit an. Er kritisiert den englischen Roman, der sich mit der Alltagswelt der Mittelklasse auseinandersetzt. Englische Alltagswelt findet sich – wenn auch nicht ausschließlich – etwa im Roman Henry Fieldings, selbst wenn die Seite der Natur betont wird, die ihr Korrektiv in christlichen Normen erhält. Natur und Realität setzen Unerhörtes und Wahrscheinlichkeit in ein Seinsverhältnis. Die Frage: „Wie wahrscheinlich ist dies in der wirklichen Welt?" besitzt Kriteriencharakter und wird an der Frage der Moral geprüft. Im Unterschied zu Fielding vermittelt Walpoles „Moderne" das Unerhörte oder „Wunderbare" mit der wahrscheinlichen menschlichen Reaktion über einen psychologisch fundierten Handlungsbegriff. Die Ästhetik wie die Psychologie des Schreckens betonen die Binnendifferenzierung der Psyche, entfernen sich also von einer natur-ontologischen Typologie. Die Frage nach der Wahrscheinlichkeit bestimmten menschlichen

Verhaltens in der Begegnung mit dem Unerhörten verweist bei Walpole auf die Phantasie. Insofern steht seine Kunst für eine artifizielle Welt: Imagination bleibt abhängig vom Ich, das aus Einheiten Traumlandschaften bildet. Die Plötzlichkeit des Schreckens hat somit eine individuelle und eine kollektive Seite, über deren Möglichkeitspotential weitreichende Betrachtungen angestellt werden können. Auch hier ist Walpoles Aufmerksamkeit für den Zufall ein bedeutendes Prinzip der Erkenntnis, das sich stets in seinen literarischen und architektonischen Beiträgen offenbart hat. Er lehnt die Trivialisierung des Romans ins Alltägliche ebenso ab wie eine verkrustete, legitimistische Historie oder Gotik.

Horace Walpole zeigt in seiner künstlerischen Auffassung, dass im Zeitalter der Aufklärung Vernunft und Phantasie sich verbinden können als Prinzip des Möglichen und als serapiontisches Prinzip. Die Erinnerung an die Weite der Vorstellungen im 18. Jahrhundert ist notwendig, verdeutlicht sich aber erst durch die Erkenntnis, dass heute technisch-medial produzierte Bilder zur Wirklichkeit geworden sind, während Welt nur noch als „Umwelt" oder als „Wüste" die Wahrnehmung verfehlt. Walpoles Phantasie sieht dagegen Möglichkeiten tiefenpsychologischer Konflikte im Menschen ebenso wie die Wirklichkeit archaischer Triebstrukturen. Wenn sein Verstand nach dem Prinzip der zufälligen Erkenntnis arbeitet, so überschreitet er mit diesem Denken die Grenzen des mechanistischen Weltbilds. Es ist aber genau dieses rationalistisch-mechanische Weltbild des 18. Jahrhunderts, das weitergewirkt hat bis hin zur Verabsolutierung der „instrumentellen Vernunft". Wird dieses Weltbild nicht-rationalistisch in Frage gestellt, so kann auch ein Landschaftsarchitekt wie Lancelot Brown, wenn er einen Hügel erklimmt und die Landschaft vor seinen Augen ausgebreitet betrachtet, ausrufen: „*I see capabilities!*"

Die Gothic Novel

Der englische Roman des 18. Jahrhunderts weist ähnlich wie die *Carceri* Piranesis häufig Schauplätze auf, z. B. Kreuzgänge, die einen labyrinthischen Eindruck erzeugen. Als 1764 das *Gothic Novel*-„business" begann, konnte niemand voraussehen, was die strukturellen und semantischen Implikationen dieser Romangattung in der Folgezeit erzeugen würden. Der Leser wird in unterirdische Systeme von Gängen und Räumen oder gar Paläste geführt. Beispiele solcher Schauplätze, an denen Szenen der *dunkleren Bewegungen* stattfinden, bieten sich aus der Fülle der Schauerromane in exemplarischer Weise: Horace Walpoles *The Castle of Otranto* (Burg)[216], William Beckfords

86

Vathek (der unterirdische Palast des Eblis) und Ann Radcliffes *The Italian* (Kreuzgang). Es ist Horace Walpoles unterirdisches Labyrinth, das Schloss und Kloster verbindet und damit den Raum konstituiert, in welchem klare Entscheidungen schwer zu treffen sowie Handlungsrichtungen kaum zu bestimmen sind.

Horace Walpole, *The Castle of Otranto* (1764)

Manfred, der Herr von Otranto, Usurpator und absoluter Machthaber, zielt bedingungslos auf die Sicherung seiner Dynastie. Seine Versuche, seiner Familie die Herrschaft für die Zukunft zu bewahren, lassen ihn jedoch vor unmoralischen und verbrecherischen Mitteln nicht zurückschrecken. Der Einspruch der göttlichen Allmacht zeigt sich immer wieder an Knotenpunkten der Geschichte durch übernatürliche Phänomene. Manfreds Herrschaft beruht auf den rechtswidrigen Taten seines Großvaters Ricardo, denn erst die Ermordung des legitimen Herrschers Alfonso des Guten führte zur Usurpation. Ricardo schloss zum Schutz seines Lebens und seiner Herrschaft eine Vereinbarung mit St. Nicholas, dem Patron des zum Schloss gehörigen Klosters. Einer Prophezeiung zufolge endet die Herrschaft der Familie Ricardos, wenn der wahre Eigentümer für das Schloss von Otranto zu groß geworden ist. Manfred wirkt dieser düsteren Prophezeiung entgegen, indem er seinen schwächlichen Sohn Conrad bereits im jugendlichen Alter mit Isabella von Vicenza verheiraten will, die Erbprinzessin aus dem Hause Alfonsos des Guten. Doch dieser Plan scheitert im letzten Moment, da ein vom Himmel stürzender Riesenhelm Conrad auf dem Weg zur Hochzeit erschlägt.

Damit ist Manfreds direkter Nachkomme und zukünftiger Herrscher von Otranto nicht mehr am Leben. Auf Grund der männlichen Erbfolge kann Manfreds Tochter Matilda keine Lösung des dynastischen Problems schaffen. Sie wird daher von Manfred ignoriert. Rücksichtslos gegen seine Gemahlin Hippolita, will Manfred Isabella heiraten, um einen Erben zu zeugen. Isabella flieht vor Manfred durch die unterirdischen Gänge zur Klosterkirche, wobei sie die selbstlose Hilfe des Bauernburschen Theodore erfährt, der sich später als rechtmäßiger Erbe von Otranto herausstellt. Dieser düstere, geschlossene Raum, der dennoch Auswege besitzt, bietet erschwerte Möglichkeiten der Flucht und des Kampfes und suggeriert Ängste des Ausgeliefert-Seins und der Vernichtung. Weibliche Angst und männliche Aggression stoßen aufeinander in einer Relation, die allerdings nicht stabil, sondern auch der Umkehrung fähig ist. Das Schloss als Ganzes symbolisiert die Idee einer absoluten Macht, die aber letztlich Gott vorbehalten bleiben müsste. Doch diese Norm wird durch die Hybris des *Gothic villain* Manfred verletzt.[217]

Es folgen weitere Einbrüche des Übernatürlichen ins Geschehen: die Erscheinung des Riesenfußes, die Bewegung der schwarzen Federn des Riesenhelms im Wind bei der Ankuft des totgeglaubten Friedrich von Vicenza, der seine Tochter befreien und die Herrschaft von Otranto übernehmen will. Ein Aufruhr verhindert die von Manfred angeordnete Hinrichtung Theodores. Manfred versucht die durch Friedrichs Erscheinen komplizierte Situation zu entspannen, indem er seine Frau Hippolita von einer Scheidung überzeugen will, um die Töchter als Ehefrauen mit Friedrich zu tauschen (Manfred/Isabella und Friedrich/Matilda). Zunächst sieht es so aus, als ob Hippolita und Friedrich diesen Plan akzeptieren, doch übernatürliche Ereignisse ändern ihre Haltung. Der Prior des Klosters von St. Nicholas, Hieronymus, erkennt in Theodore seinen Sohn und überzeugt Hippolita davon, nicht in die Scheidung einzuwilligen. Schließlich ersticht Manfred seine Tochter in der Kirche. Sie hatte dort Theodore umarmt, war aber von Manfred fälschlich für Isabella gehalten worden, die erneut geflohen ist. Im Augenblick von Matildas Tod erfüllt sich die Prophezeiung. Der aus geheimnisvoll aufgetauchten Teilen zusammengesetzte riesige Ritter erscheint und bringt die Mauern von Otranto zum Einsturz. Zugleich erklärt er Theodore zum rechtmäßigen Herrscher. Manfred, vom Selbstmord abgehalten, tritt zusammen mit Hippolita ins Kloster ein. Bei Walpole heißt es:

„Was ist sie tot?" schrie er in wilder Bestürzung. In diesem Augenblick erschütterte ein Donnerschlag die Burg bis in die Grundfesten; die Erde schwankte und hinter ihnen erscholl das Geklirr einer Rüstung, die keinem Sterblichen zu gehören schien. Friedrich und Hieronymus glaubten, der Jüngste Tag sei gekommen. Hieronymus, der Theodor mit sich zog, eilte auf den Hof. Sobald Theodor erschien, stürzten die Burgmauern hinter Manfred – von mächtiger Kraft zertrümmert – in sich zusammen, und aus den Ruinen tauchte in ungeheurer Größe die Gestalt Alfonsos auf.

„Seht in Theodor den wahren Erben Alfonsos!" sagte die Erscheinung; und als er diese Worte verkündet hatte, fuhr er unter Donnerschlägen gen Himmel, wo sich die Wolken teilten und die Gestalt des heiligen Nikolaus sichtbar wurde, der den Schatten Alfonsos empfing, so daß beide bald den Blicken der Sterblichen in einem Glorienschein entschwanden.

Die Zuschauer fielen auf ihr Gesicht und erkannten den Willen Gottes."[218]

Strukturell betrachtet ist die melodramatische Geschichte vergangener feudaler Zeiten auf zwei Ideen ausgerichtet: auf das Problem des Usurpators Manfred, seine Dynastie durch Nachkommenschaft zu sichern sowie auf das „Janusgesicht" übernatürlicher Ereignisse, die sowohl in die Vergangenheit wie in die Zukunft weisen. Verbrechen und das Übernatürliche wirken bei Walpole zusammen, um dem Konflikt zwischen dem traditionellen christlichen, ritterlichen System und einer rebellischen Weltordnung Ausdruck zu geben. Manfreds Verbrechen sowie die übernatürlichen Einbrüche und Rückschläge enthüllen ein Muster der „reinen Familie", deren feudale Rechte letztlich durch ihre persönliche, moralische Integrität *und* ihre dynastische Legitimität gesichert werden.

Warum verbleibt Walpoles literarische Leistung innerhalb der Grenzen der englischen Romanze? Es ist jene metaphysische Färbung, die so wichtig ist für die Kategorien des Feudalismus, für die christlichen Werte sowie für die Ideale monastischen Lebens und des Rittertums. Alle Elemente zusammen reichen jedoch nicht aus, um den Konflikt des Romans darzustellen. Manfreds offenbar unbegrenzte Willenskraft, seine persönliche Idee der Souveränität führen zur Zerstörung aller traditionellen Werte, aber diese Züge führen auch zur Vernichtung der akzeptierten Formen ethischer Selbstbehauptung. Das Schloss verwandelt sich in eine metaphysische Bühne, welche verschiedene Ebenen zur Verfügung stellt, auf denen die dramatische Handlung Gestalt annimmt. Walpole verwandelte bereits in seinem Roman nicht nur erkenntnistheoretische Begriffe in Grenzbegriffe, sondern darüber hinaus in Grenzsituationen. In einem mythischen Raum kommt es zum Austrag von Konflikten, die tief in der menschlichen Seele verborgen sind und bei Tageslicht, bzw. im Alltagsleben von den Handelnden nicht verstanden werden. Manfreds Willenskraft steht für die göttliche Form des Bewusstseins in seiner Intentionalität wie auch in seiner Unbegrenztheit.

Ein anderer Romanaspekt betrifft die Entfaltung der imaginativen Fähigkeiten. Einsamkeit und Tagträumereien eröffnen der menschlichen Subjektivität eine völlig neue Dimension oder, wie der Schweizer Arzt und Philosoph Johann Georg Zimmermann in *Von der Einsamkeit* (1756) schrieb:

Einsamkeit regt die Affekte der Menschen an, wann immer diese ihren Blicken ein Bild der Ruhe vorhält. Der schmerzliche und einsilbige Ton der Uhr eines abgelegenen Klosters, das Schweigen der Natur in einer stillen Nacht, die reine Luft auf dem hohen Berggipfel, die undurchdringliche Dunkelheit eines uralten

Waldes, die Ansicht von Tempelruinen, regen die Seele zu einer sanften Melancholie an und verbannen alle Erinnerungen der Welt und ihrer Belange.[219]

Die Ordnung von Fakten und Begriffen erzeugt im Tageslicht oder nach dem gesunden Menschenverstand Sinn. Ohne sich länger auf seltsame Begebenheiten und übernatürliche Mächte zu beziehen, muss die kreative Kraft dynamischer Prinzipien transformiert auf die „Lebenswelt" bezogen werden: Dabei kommt es dann zu praktischen, wenn nicht gar nützlichen, Resultaten und Effekten. Dagegen weisen in der Welt der Imagination Willenskraft, Furcht und Schrecken auf ein großes Feld anderer Möglichkeiten hin: es handelt sich hier um die Schöpfungen eines überaktiven Geistes, welche in den unterirdischen Gewölbe ins Leben treten, im Raum der archaischen Verfolgungsszenen. Die Bilder der Phantasie zeitigen Formen des Ausdrucks, die sich im Erschrecken vor übernatürlichen Ereignissen manifestieren.

Walpoles *The Castle of Otranto* ist ein Werk, in dem Raum und Zeit an sich zum Thema werden und damit der Kontrast menschlicher Anschauungsformen zur realen Welt. Die Lösung des im Roman beschriebenen Konflikts kann deshalb nicht im Wahnsinn oder Selbstmord liegen, weil diese Formen der Zerstörung die Konfrontation des Menschen mit dem Erhabenen abrupt beenden würden. Bei der Betrachtung der Opfer in der *Gothic Novel* ergibt sich, dass sie Situationen erleben[220], in denen die Grenzen allgemeiner Begriffe wie Leben, Freiheit und Vernunft in negative Extreme verkehrt worden sind. Dennoch vermitteln die reinen Anschauungen grundsätzlich, auch hinsichtlich der Fiktion, Dimensionen der Veränderung. Dies gilt vor allem in Bezug auf den inneren Sinn und damit für die Zeit: „Die Zeit ist nichts anderes, als die Form des inneren Sinnes,..."[221] Der innere Sinn liefert im wahrsten Sinne des Wortes eine Perspektive für die Opfer, weil die Schrecken des Raumes durch die Zeit relativiert werden können, sodass sich Weiterungen zum Besseren ergeben mögen. Der an einem Raumort drohende Schrecken kann in der Zeitfolge verändert werden. An diesem Punkt wird die *Gothic Novel* zum modernen literarischen Genre: nur die Zeit bietet die Möglichkeit der Strukturveränderungen hinsichtlich der im Raum längst etablierten Konstellationen, die oft als sakrosankt erscheinen. Die subjektiven Vermögen der geistigen Organisation und Distinktion statten somit den Handelnden mit einem Instrumentarium aus, das dazu dienen kann, die Desorientierung durch eine neue und situative Anwendung der Vernunft zu korrigieren. Kants transzendentale Ästhetik bietet hier den begrifflichen Rahmen für Verständnis und Operationalisierung von Raum und Zeit. Nur in Bezug auf Raum und Zeit kann die Möglichkeit begrenzter Existenz im Vollzug des Denkens zur Einsicht führen, wenn sich simultan die Begrenzungen durch Raum und Zeit auflösen. Offenheit und Geschlossenheit gehören zu diesen Begriffspaaren:

> Die transzendentale Ästhetik ist nicht allein die Region der reinen, ungebundenen Anschauung (aisthesis), sondern zugleich der Ort sowohl der äußersten Schönheit, ... der absoluten Kontinuität ... und auch der äußersten Erhabenheit.[222]

Die Welt der Menschen in Raum und Zeit schafft in *The Castle of Otranto* eine Atmosphäre der Gelassenheit und Ruhe, eine Abstraktheit wie eine Distanzierung vom Alltag. All dies kann leicht mit der Traumtätigkeit des Autors wie des Lesers verbunden werden, vielleicht mit dem Tagtraum, stets mit dem Verfolgen imaginativer Konzepte und Bilder in die abgelegensten Winkel des menschlichen Geistes. *The Castle of Otranto* als Roman der Möglichkeiten vermittelt Einblicke in die Potentiale des menschlichen Selbst, zeigt Vorstellungen, Emotionen und Visionen in Extremsituationen und erweitert so den seelischen Innenraum. In seinem Text gestaltet Walpole die Plötzlichkeit des übernatürlichen Eingriffs als Zeichen, das nur Sinn im Fortgang der narrativen Vernetzung erhält. Der Leser ist implizit als Subjekt der Synthese definiert, sodass seine imaginativen Kräfte für die spatiale und temporale Kombination der Fragmente erforderlich sind. Walpole stachelt die schöpferische Imagination an, welche die Wechselbeziehungen verschiedener Zeichen mit der Reaktion der Protagonisten verbindet, wenn diese mit dem „Ding, das nicht ist" konfrontiert werden. Sein Text impliziert eine Furcht vor Normverletzungen. Folglich bleibt der normative Rahmen konservativ oder traditionalistisch. Damit wird ein Referenzpunkt bestimmt, wenn die Faszination, die vom inkarnierten Bösen erzeugt wird, die aufgeklärte Vernunft zu sehr verdüstert. Doch das Schwanken des gesunden Menschenverstandes, wie es im Alltag erlebt wird, spiegelt das Irrationale in Bezug auf das Rationale als Form von Ironie und Relativität. Walpoles Roman öffnet also geheime Passagen, die zu einer Vernetzung der Dinge und Ereignisse jenseits oder unterhalb der Oberfläche führen. In einem Brief an Lavater (22. Juni 1781) beschreibt Goethe seinen Einblick in die Mehrdimensionalität des Menschen:

> Glaube mir, unsere moralische und politische Welt ist mit unterirdischen Gängen, Kellern und Cloacken miniret wie eine große Stadt zu seyn pflegt, an deren Zusammenhang, und ihrer Bewohnenden Verhältnisse wohl niemand denckt

und sinnt, nur wird es dem, der davon einige Kundschafft hat, viel begreiflicher, wenn da einmal der Erdboden einstürzt, dort einmal ein Rauch aufgeht aus einer Schlucht, und hier wunderbare Stimmen gehört werden.[223]

Wenn im Schauerroman die Merkmale der Vernunft – vor allem beim negativen Helden – durch einen extremen Mangel an Selbstkontrolle verdreht werden, so bieten sie aber dennoch orientierende Nachdenklichkeit.[224]

Wenn Walpoles *Castle of Otranto* geheime Passagen eröffnet, die zu einer Vernetzung der Dinge und Ereignisse jenseits oder unterhalb der Oberfläche führen, so nimmt die *Mathematik des Begehrens* verschiedene Ausprägungen an. Denn es geht in diesem Roman nicht nur um die Akzeleration der Verfolgung, um das Begehren, den Grenzwert des Begehrens zu erreichen – als Wendepunkt zur Perpetuierung der Herrschaft über das Fürstentum und zur unhintergehbaren Überwältigung Isabellas – , sondern hier wird zugleich die Idee der Unendlichkeit mit „positiver" Macht in Verbindung gebracht. Kevin L. Cope[225] hat von der endlos wachsenden Idee des Unendlichen gesprochen. Er bezieht die Unendlichkeit als Programm von Wiederholung, Reorganisation und der Ausdehnung vertrauter Ideen auf die Möglichkeit von Experiment und nicht endender Innovation, was auch mit Lockes dynamischem Modell des Gesellschaftsvertrages zusammenhängt:

> Locke bedient sich für die Gesellschaftsentstehung aus dem Komplex individueller Meinungen, aber, wenn sie einmal etabliert sind, diktiert diese Gesellschaft die Regeln, durch welche individuelle Meinung an den Konsens angepasst werden mag. Locke fordert natürlich niemals, dass der Widerspruch sich in der Hitze einer „beschließenden" Mehrheit in Dunst auflösen soll. Doch die Fiktion der gesellschaftlichen Totalität ist die einzige Form, durch welche die Gesellschaft ihre Politik und ihre Sitten hervorbringen kann. Diese Art der totalisierenden Fiktion ist nützlich für die Erklärung der frühen Gothic Novel, die darauf abzielt, die unterschiedlichen Elemente unter einem einzigen generischen Dach zu sammeln.[226]

Im Rahmen einer *Mathematik des Begehrens* zeigt sich das männliche Streben nach Macht als endloser geistiger Progress. Hier lässt sich die endlose Kette der Wiederholungen (gebundener, bzw. einseitiger Sexualität nach dem Herr-Knecht-Prinzip) im Sinne einer linearen Subjekt-Objekt-Relation verstehen, die als irreversibel ausgegeben wird. Die Sichtbarmachung der Unterdrückung der Frauen in den *dunkleren Bewegungen* von Kunst und Literatur im 18. Jahrhundert erscheint dann als Ahnung einer radikalen Infragestellung des gesamten Wertedesigns okzidentaler Gesellschaften. Der Gedanke der Inversion von gesellschaftlichen Verhältnissen (Sexualität, Gender, Macht, Wissen) besagt damit, dass das 18. Jahrhundert längst in der Moderne angekommen war, bevor sie sich durch Industrialisierung, Massenkultur und Ideologie vollends etabliert hatte.[227]

William Beckford, *Vathek*

Es kann kein Zweifel daran bestehen, dass William Beckfords Roman *Vathek* (1782; 1786) ein besonderes Beispiel für die *Mathematik des Begehrens* abgibt. Es handelt sich hier bei diesem brillanten Werk um eine orientalische Variante der *Gothic Novel*, die lange Zeit vergessen war und erst im 19., dann im 20. Jahrhundert Beachtung gefunden hat.

William Beckford (1760–1844) stammte mütterlicherseits von den schottischen Grafen Hamilton ab, väterlicherseits von immens reichen Londoner Kolonialherren, die seit dem 17. Jahrhundert Zuckerrohrplantagen in Jamaica besaßen. Sein Vater übte zeitweilig das Amt des Lord Mayor von London aus. Beckford gilt als „England's wealthiest son", weil sich der Jahresertrag aus seinem Vermögen auf £ 120.000 belief. Lord Byron hat in *Childe Harold's Pilgrimage* über Beckfords Haus in der Nähe von Lissabon geschrieben. In diesen Versen identifiziert Byron Beckford mit dessen Romangestalt Vathek, erwähnt aber auch verständnisvoll Beckfords Isolierung nach dem Homosexualitätsskandal, musste der Lord doch nach der Inzest-Affäre mit seiner Halbschwester Augusta England verlassen:

> Am sanften Berghang, wie im Thale steht
> Manch Schloß, dereinst von Königen bewohnt,
> Doch jetzt von wilden Blumen nur umweht,
> Obwohl darauf erstorb'ne Hoheit thront;
> Palastestürme, so nicht Zeit verschont! –
> Dir, Vathek, hat als Englands reichstem Kinde
> Dies Eden einst mit seiner Pracht gefront,
> Der du nicht wußtest, daß der Friede schwinde,
> Wo Reichtum sich erwählt ein üppig Hofgesinde.
> Hier wohntest Du, von Freuden heimgesucht,
> Wo unterm Felsdach schön der Tag verfloß,
> Doch jetzo steht, von Menschen wie verflucht,

Wie du vereinsamt dein erlauchtes Schloß:
Den Eingang hemmt Gestrüpp, das riesig sproß,
Zu öden Hallen, gähnendem Portale,
Woraus des Denkers ernste Lehre schloß;
Die Lust ist eitel in dem Erdenthale,
Der Zeitenstrom zerschellt sie all' mit einem Male.[228]

William Beckford, der im Luxus aufwuchs, eine gründliche private Erziehung genoss, war *good-looking*, intelligent und geistreich. Schon früh interessierte er sich für Literatur und Künste, aber auch für Sprachen und für Geheim"wissenschaften". Er beherrschte das Arabische und Persische und war deshalb mit der spirituellen und literarischen Welt des Orients vertraut. Die *oriental tales* „beschreiben eine Welt, in der fremdartige, überraschende Abenteuer alltäglich sind, wo das Übernatürliche keine Verteidigung nötig hat, Tyrannen abscheulich willkürlich und Helden maßlos unerschrocken sind."[229] Über Jahre war Beckford Mitglied des Unterhauses (von 1784–1820, ausgenommen in den Reisejahren von 1795–1805), obwohl er wegen sexueller Skandale verrufen war.[230]

1781 wurde bekannt, dass es auf einer Weihnachtsparty in Beckfords *Fonthill* offenbar zu Ausschweifungen gekommen war. Es tauchten Gerüchte über eine Schwarze Messe auf, „die dort möglicherweise zelebriert wurde, [die] die Symbolik der christlichen Messe umpolt, ..."[231] Beckford wurde einige Jahre später zur Nobilitierung als Lord Beckford of Fonthill vorgeschlagen, doch es kam nicht zu dieser Standeserhöhung wegen einer homosexuellen Affäre mit dem 16-jährigen William Courtenay, die sein Gegner, Lord Loughborough, geschickt in die Öffentlichkeit getragen hatte. Da Homosexualität im damaligen England als Verbrechen galt, war Beckfords Ruf auf Dauer geschädigt. Beckford, der mit Lady Margaret Gordon verheiratet war, verließ England und reiste von 1785 bis 1799 unentwegt auf dem Kontinent (Italien, Spanien, Schweiz, Portugal, Frankreich), war er doch wegen des Skandals zum „outlaw" geworden.

Seine romantischen und düsteren Neigungen zeigten sich auch in seinem Hang zur architektonischen Selbstdramatisierung. Er hasste den klassizistischen Landsitz seines Vaters, sodass er 1796 den Architekten James Wyatt beauftragte, eine riesige neugotische Anlage für ihn zu bauen, die unter dem Namen *Fonthill Abbey* bekannt wurde. Die Bautätigkeit war langwierig. Es entstand in diesem Komplex ein hoher Turm (der wegen schlechter Fundamentierung nicht lange nach Fertigstellung einstürzte) sowie eine Halle mit einer

Höhe von über 80 m sowie zwei anschließende Flügel im Norden und Süden von je 128 m Länge und 7,50 m Breite. Wyatt war – obwohl dem Klassizismus verbunden – vom gotischen Baustil fasziniert, wobei seine Leidenschaft für den szenischen Effekt der Bauwerke und sein Wunsch nach dramatischen *vistas* am stärksten ausgeprägt war. Insofern spielt bei diesem Bauvorhaben das Pittoreske eine wichtige Rolle, wie dies auch für Beckfords literarische Werke zutrifft, nicht nur für *Vathek*, sondern auch für seine Reisebeschreibungen. Wyatts Vorlieben trafen sich demgemäß mit den Wünschen seines Auftraggebers und so kam der riesige Bau zustande.

In späteren Jahren verschlechterte sich Beckfords finanzielle Lage durch Verschwendung und Vernachlässigung des Geschäfts, sodass er 1822 *Fonthill* verkaufen musste. Er zog nach Bath um, wo er zunächst in klassizistischen Häusern wohnte, um dann doch wieder einen Turm für sich bauen zu lassen. *Landsdown Tower* lag hoch im Nordwesten über dem Kessel von Bath. Der junge Architekt Henry Edmund Goddridge verwirklichte das Projekt 1827. Ganz anders als *Fonthill*,

> besteht [das Gebäude] aus drei leicht gegeneinander verschobenen nackten Kuben, die auf eine Plattform gesetzt sind. Zu Füßen des 154 Fuß hohen, von einem oktogonalen Tempelchen besetzten Turmes liegen zwei terrassierte Blöcke, von denen der zweigeschossige mittlere den Turm zweiseitig umgreift. Die Quadermauern der vierfrontig verschiedenen „Italian villa attached to a campanile" sind von wenigen Öffnungen durchbrochen.[233]

Beckford nannte das Haus, in dem er seine letzten Lebensjahre verbrachte, sein Contemplarium.

Vathek machte Beckford berühmt. Das Buch erhielt seminale Bedeutung, denn mit ihm vollzog sich die Wende zur Moderne:[234] Beckford wurde von Baudelaire und Poe gefeiert. Das Buch steht am Schnittpunkt dreier Umwälzungen, der Industriellen Revolution, der geistigen Revolution der Aufklärung und ihrer romantischen Gegen-Revolution sowie der sozialen Revolution, selbst wenn der Roman die Horizonte dieser Revolutionen nicht wahrzunehmen scheint. Aufklärung erschöpft sich allerdings nicht allein in der Metapher des beginnenden „Maschinenzeitalters", denn sie verkörpert auch ein „Zeitalter der Angst".[235]

> Überall werden die lebendigen Handwerker aus den Werkstätten vertrieben um Platz für schnellere, unbelebte zu machen. Das Schiffchen fällt aus der Hand

des Webers, fällt in Finger aus Eisen, die es schneller ergreifen. Der Seemann streicht die Segel und legt das Ruder nieder; und er bittet einen starken, unermüdlichen Diener, ihn auf dampfenden Flügeln durch die Gewässer zu tragen. Die Menschen haben die Ozeane mit Dampfkraft überquert; der Feuerkönig von Birmingham hat den fabelhaften Osten besucht; und der Genius des Kaps der guten Hoffnung, gäbe es irgendeinen Camoens, ihn zu besingen, ist wieder aufgeschreckt worden, und dies mit viel seltsamerem Donner als die Gamas. Es gibt keine Grenze für das Maschinenwesen.[235]

Der Roman handelt vom Kalifen Vathek, einem islamischen Herrscher, den seine grenzenlose Sinnlichkeit, auch seine Grausamkeit und Neugierde dazu treiben, dem Teufel seine Seele zu verkaufen. Dies ist ein zynischer und geistreicher Beitrag zur Literatur des Satanismus – ein kleines Meisterwerk – , das „erfolgreichste Phantasiestück exotischer Erzählkunst"[237] im 18. Jahrhundert. Dabei stammt Beckfords Orientalismus zum großen Teil aus den *Arabian Nights* (Geschichten aus Tausend und Einer Nacht).

Der Roman lebt letztlich aus Vatheks unendlichem Begehren nach Luststeigerung, weniger aus dem Kontrast von gut und böse. Der Kalif erscheint als schrecklich, kann er doch mit dem Blick eines seiner Augen lähmen, ja sogar töten. Die Grenzen des Strebens werden metaphorisch *geometrisch* oder *mathematisch*, zumindest durch Quantifizierung, zum Ausdruck gebracht. Vathek lässt einen Turm bauen, damit er sich über sein Volk erheben kann. Der Turm dient aber auch der Forschung und magisch-astrologischen Experimenten, die eher die Sache seiner satanistischen Mutter Carathis ist, einer griechischen Prinzessin, die mit allen finsteren Künsten und Geheimwissenschaften vertraut ist. Den Höhen des Turmes sind unterirdische Areale kontrastiert, die besonders am Romanschluss wichtig werden, wenn Vathek und Nouronihar die Hallen des Teufels Eblis erreichen. Vathek wird von einem indischen Kaufmann, dem Abgesandten des Teufels, versucht, eine Reise in die Hölle zu unternehmen, um dort auf den Thron der prä-adamitischen Könige zu gelangen und zugleich die größten Schätze zu sehen. Der Inder versetzt Vathek in Wut, sodass der ihn tritt. Doch der Misshandelte rollt sich zu einer Kugel zusammen, wird in einen Abgrund gestoßen und bietet aus der Tiefe den Zugang zum Reich der Hölle an. Dafür verlangt der Giaur (*24/S.183) das Blutopfer von fünfzig Kindern, dem Vathek zustimmt.

Die Reise zum Reich des Eblis erweist sich als ein widerspruchsvolles Unternehmen, da Vatheks Schönheits- und Sinnenfanatismus seinem

Machttrieb widerspricht, fehlt ihm doch die absolute Bosheit seiner Mutter Carathis.

Für alle seine Wünsche hat Vathek fünf Paläste errichten lassen. Dabei spielt der dritte Palast eine besondere Rolle; er ist der Palast „Das Entzücken der Augen" oder „Die Stütze des Gedächtnisses", ein Ort, der an das *House of Solomon* in Francis Bacons *New Atlantis* erinnert.[238] Wie bei Bacon findet sich in Vatheks Palast eine Sammlung der größten Seltenheiten in einem Kuriositätenkabinett. Der Palast ist aber zugleich ein Ort zum Ausprobieren wissenschaftlicher Methoden, z. B. des perspektivischen Blickes, der optischen Künste, also der Ort, der Vatheks Eigenschaft als „de[m] neugierigste[n] unter den Menschen" entspricht.[239]

Der Text lebt vom Prinzip der Relativität, aber auch von der Negativität. Beide Perspektiven beziehen sich auf Größen, Höhen, Tiefen, aber auch auf menschliche Macht: Vathek will alles wissen und alle Menschen beherrschen. Er bekommt Wutanfälle, wenn seinem Wissensdurst und seiner Machtlust Widerstand geboten wird. Die Widerstände beweisen ihm, dass seine Selbst-verabsolutierung sich an größeren Mächten bricht. Seine Selbst-Vergrößerung endet in Absurdität und wird damit zur Katastrophe.

Vathek[240] verbindet sein Macht- und Erkenntnisstreben mit dem Drang zur Stillung seiner unersättlichen sexuellen Begierde. Die Grausamkeit, die für den Kalifen sprichwörtlich ist, ebenso wie seine intellektuelle Neugierde, finden ihren Ausdruck in seinem Turm, der selbst den Turm von Babel in den Schatten stellt. Dieses Bauwerk stößt bei Mohammed auf entschiedene Ablehnung, doch er lässt Vathek gewähren, damit dieser seine eigenen Grenzen erkennt. Insofern erscheint die *Mathematik des Begehrens* bei Beckford immer wieder als eine Approximation an einen höchsten Punkt, der unhintergehbar wird:

Als er das erstemal die elftausend Stufen seines Turmes hinaufstieg und hinunterschaute, erreichte sein Stolz den Gipfel. Die Menschen erschienen ihm wie Ameisen, die Berge wie Schneckenhäuser und die Städte wie Bienenkörbe. Die Vorstellung, die diese Höhe ihm von seiner eigenen Größe gab, verdrehte ihm vollends den Kopf. Schon wollte er sich selbst anbeten, als er die Augen erhob und sah, daß die Sterne noch ebensoweit von ihm entfernt waren, wie da er auf der Erde stand. Das neuerliche Gefühl der eigenen Kleinheit erschreckte ihn nicht so sehr, da er bedachte, daß er in den Augen der andern doch groß wäre und daß das Licht seines Geistes dasjenige seiner Augen übertreffe; er wollte aus den Sternen sein Schicksal lesen.[241]

Vathek irrt, weil er sich nicht die Zeit lässt, hinreichend über zwei Sätze nachzudenken: zum einen „....es gibt nichts in sich Gutes oder Schlechtes, nur unser Denken macht's dazu." (Shakespeare, *Hamlet*, 2.2)[242] und zum andern „Philosophen haben zweifellos recht, wenn sie uns sagen, daß nichts groß oder klein ist außer im Vergleich." (Swift, *Gullivers Reisen*, Buch II, Kap. 1).[243]

Der Fremde, der sich als Giaur entpuppt, versucht Vathek zum Bund mit dem Teufel zu verleiten. Vatheks Ziel, Zutritt zum teuflischen Reich zu erlangen, wird allerdings im Blick auf seine Erwartungen durch die Tatsache eingeschränkt, dass sein Wissen ungeachtet seines Strebens zum Absoluten, begrenzt ist. Es gibt Mächte, die ihm seiner Hybris zum Trotz überlegen sind. Dies wird deutlich an den fremdartigen, für ihn unlesbaren Schriftzeichen, die auf dem Säbel zu sehen sind, den ihm der Giaur gegeben hat. Als sich diese Schriftzeichen unvorhergesehen und plötzlich verändern, werden Vatheks Verunsicherung und seine Wut übermäßig gesteigert.[244]

Bei seiner Reise in das Imperium Satans (= Eblis) gelangt Vathek am Ende in den unterirdischen Palast, der alle Verfeinerungen bietet, allen Luxus und Glanz in endlosen Hallen und Gängen, überladen mit unschätzbaren Kostbarkeiten.

[...] sie gingen also immer weiter durch diese Welt. Aber entgegen ihrer anfänglichen Sicherheit hatten sie nun nicht mehr den Mut, auf alle Perspektiven der Säle und Galerien zu achten, die sich nach rechts und links öffneten: sie waren alle von brennenden Fackeln und Glutbecken beleuchtet, deren Flammen sich pyramidenförmig bis unter die Decke hoben.[245]

Beckford selbst hat Piranesi-Visionen auf seinen Reisen gehabt, etwa in Venedig:

Ich verließ die Höfe, und als ich meine Gondel bestieg, wurde ich kanalabwärts gerudert, über den die hohen Gewölbe des Palastes einen riesigen Schatten warfen. Unterhalb dieser fatalen Gewässer befinden sich die Gefängnisse, von denen ich auch gesprochen habe ... Mir schauderte als ich unter einer marmornen Brücke durchfuhr; und ich glaube nicht ohne Grund, denn dieses Bauwerk heißt Ponte di Sospiri. Schrecken und grausige Ansichten verfolgten meine Phantasie. Ich konnte nicht in Ruhe zu Abend essen, so stark war meine Imagination erregt; aber indem ich meinen Bleistift nahm, zeichnete ich Abgründe und unterirdische Höhlen, das Terrain von Furcht und Folter, mit Ketten, Folterbänken, Rädern und schrecklichen Maschinen im Stil von Piranesi.[246]

Jorge Luis Borges hat auf Beckfords Kenntnisse wichtiger Bücher zum Orient hingewiesen *(Bibliothèque Orientale* von d'Herbelot; *Quatre Facardins* von Hamilton; *La Princesse de Babylon* von Voltaire; die *Mille et une Nuits* von Galland)* und fährt fort: „Ich möchte diese Liste mit den *Carceri d'invenzione* Piranesis vervollständigen: von Beckford hochgeschätzte Radierungen, gewaltige Paläste darstellend, die zugleich unentwirrbare Labyrinthe sind."[247]

Als Vathek mit Nouronihar, der Tochter des Sultans Fakkredin, schließlich den Palast des Eblis erreicht, wird er in all dieser Pracht mit Herzenskälte bestraft, ohne dass es einen Ausweg für ihn gibt. Diese Herzenskälte ist der Preis, den er für die Anbetung des Teufels ebenso bezahlen muss wie alle, die in den glanzvollen unterirdischen Hallen wandeln. Das Sich-einlassen mit Eblis führt unweigerlich und unwiderruflich zum Verbrennen der Herzen – an der Stelle des Herzens tragen die Verdammten einen durchsichtigen Kristall. Somit sind die Menschen in Eblis Reich keiner Liebe mehr fähig, ja, jegliche Kommunikation mit anderen Menschen endet, sodass alle nur noch stumm aneinander vorbeilaufen, hasserfüllt und auf ewig verzweifelt.

Jeder Versuch des Entkommens wird reduziert auf eine brennende Sehnsucht ohne Hoffnung. An der Person Vatheks wird die *Mathematik des Begehrens* sichtbar, denn die Erzählstruktur und der semantische Brennpunkt nähern einander in der Erzählzeit an. Die Dialektik von Raum und Zeit ist notwendig mit der Beziehung zwischen Endlichkeit und Unendlichkeit verbunden. Die kontinuierlich unbefriedigte Begierde des Kalifen Vathek bringt den metaphysischen Status des Menschen als eines fragmentarischen Wesens zum Ausdruck, aber sie wirft auch die Frage nach dem modernen Ich auf. Das Selbst ist nicht „nur da", sondern es muss immer wieder konstruiert werden, nicht nur im Text des Romans, sondern auch durch den Leser. Die Aufgabe des Lesers, das innere Selbst zu bestimmen, fällt zusammen mit dem Bemühen, es zu erschaffen. Somit wird das Selbstbewusstsein zu einem Theater, in dem viele Vorstellungen zusammenkommen, wohingegen das Gedächtnis die persönliche Identität auf der Grundlage der Einheit von Ursache und Wirkung konstituiert. *Vathek* und die anderen *Gothic Novels* experimentieren mit dem modernen Ich zwischen den Extremen Hölle und Paradies, sodass die solipsistische Struktur des Selbstbewusstseins aus einer doppelten Perspektive gesehen werden kann, die Einsamkeit zu nennen wäre und Kommunikation oder: Sinnverlust und Konstruktion von Bedeutung.

In *Vathek* finden sich verschiedene Formen einer *Mathematik des Begehrens*. Da gibt es schlichte Quantifizierungen im organisatorischen und taxonomischen Sinne, bloße Additionen wie fünf Paläste, elftausend Stufen des Turmes, fünfzig Blutopfer, unzählige Fußtritte, Misshandlungen, Grausamkeiten, und es scheint für all dies kein Erklärungsprinzip zu geben. Doch das Ende lässt sich als Ziel und Grenzwert einer *Mathematik des Begehrens* lesen: In den Hallen des Eblis führt die Quantifizierung zur Sinnlosigkeit. Durch den Grenzwert von Reichtum, Glanz und Macht führt sich die *Mathematik des Begehrens* selbst ad absurdum, denn die Reduktion des ganzen Menschen auf die Unersättlichkeit endet in der Konfrontation mit den Grenzen des Genusses, des Glücks, des Besitzes und des Lebens. Zugleich ist das, was Vathek anstrebt, das Optimum oder Maximum, etwas, das sich nicht mehr steigern lässt – und schließlich , da es Menschen nun einmal unmöglich ist, das Absolute zu erreichen, mit dem Nichts der Verzweiflung zusammenfällt.

Ann Radcliffe, *The Italian*

Ann Radcliffe (1764–1823)[248] gehört Ende des 18. Jahrhunderts zu den bedeutendsten Autoren der *Gothic Novel*. Sie wurde als Ann Ward in London geboren. Ihr Vater war Kaufmann und gehörte zu den Dissentern. Für diese nonkonformistischen Protestanten hatte die Nichtzugehörigkeit zur Anglikanischen Kirche verschiedene negative Konsequenzen. Dazu gehörte das Verbot, in Oxford und Cambridge zu studieren ebenso wie das Verbot der Übernahme eines öffentlichen Amtes. In ihrer religiösen Haltung zeigte die Familie eine deutliche Neigung zu den eher rationalen Richtungen wie den Unitariern. Ann heiratete 1787 den Juristen William Radcliffe, den späteren Herausgeber und Besitzer des *English Chronicle*. Radcliffes Schaffenszeit liegt zwischen 1789 und 1797. Ihr stilles Leben wurde nur von einigen Reisen unterbrochen.

In *The Italian*[249] werden die Szenen der Verfolgung und Vernichtung in erster Linie aus der Perspektive der weiblichen Protagonistinnen betrachtet. Das Kloster wird zum Kerker, in dem der „dunkle" Mönch Schedoni eine Spukatmosphäre erzeugt. Dieser unheimliche Ort bringt Spannung sowie die Vorahnung künftiger Verbrechen zum Ausdruck. Das Kloster als eine architektonische Szenerie tritt aus den Geheimnissen der Dunkelheit hervor. Diese Szenerie versetzt Ellena, die Heldin des Romans, in Furcht und Schrecken. Da der Roman in Italien spielt, bietet er Ann Radcliffe die Möglichkeit, szenische Kontraste durch den Wechsel von lieblichen neapolitanischen Genrebildern zu den düsteren Nischen der großen Abtei in bewundernswerter Weise zu arrangieren.[250] Gleichzeitig wird das Kloster als eine Konstruktion gezeigt, die dem protestantischen Lesepublikum des Jahres 1797 ausgesprochen rätselhaft und geheimnisvoll erscheinen musste.

Ann Radcliffes Feinfühligkeit in der Behandlung des düsteren Genres ist in der englischen Literatur beispiellos. Dies zeigt sich vor allem in der Darstellung erhabener und schöner Szenerien. Wenn Edith Birkhead die Heldinnen Ann Radcliffes als „nichts weiter als eine Fotomontage, in der alle besonderen Eigenschaften in einem ausdruckslosen Typus verschmelzen"[251] entwertet, wird sie der Autorin nicht gerecht. Das *chiaroscuro* ist das ästhetische Hauptmerkmal der Romane Ann Radcliffes, doch zugleich gelingt es ihr, die äußerst verwickelten und sensiblen Gefühlsströme und Gedanken zu repräsentieren, die sich auf die Gender-Frage beziehen, also auch auf die *Mathematik des Begehrens.* Sir Walter Scott beschrieb Ann Radcliffe nach einem zeitgenössischen Biographen als eine Frau, deren Anlagen und Geschmack gleichermaßen exzellent waren:

Diese ausgezeichnete Schriftstellerin, deren ich mich von ihrem zwanzigsten Jahre her erinnere, war in ihrer Jugend, obgleich wie ihr Vater und ihre Geschwister klein von Statur, doch von besonders angenehmer Bildung. Ihr Teint war schön, wie ihr ganzes Gesicht, besonders ihre Augen, Augenbrauen und ihr Mund. Über ihre geistigen Anlagen haben ihre Werke den Ausspruch gethan. Ihre Neigungen und ihr Geschmack waren so, wie ihre Schriften es erwarten lassen. Die Pracht der Schöpfung, besonders in den grösseren Zügen, zu betrachten, war einer ihrer höchsten Genüsse, gute Musik ein andrer.[252]

Die lyrische Qualität ihrer Texte erscheint demnach schon auf Grund ihrer Vorlieben plausibel. Scott vergleicht die Wirkung des Lesens der Romane Radcliffes sogar mit jener des Opiums:

Die Lectüre solcher Werke lässt sich überhaupt mit Recht mit dem Gebrauch des Opiums vergleichen, der schädlich ist, wird er zu häufig und regelmäßig angewandt, aber von der besten Wirkung ist, in Augenblicken der Trübsal und des Harms, wo der ganze Kopf empfindlich und das ganze Herz unwohl ist. Wenn diejenigen, welche Werke dieser Art ohne Schonung verdammen, die Masse wahren Vergnügens betrachteten, die sie gewähren, und die noch grössere Masse wirklicher Noth und wahrhaften Kummers, die sie erleichtern, so würde die Menschenliebe ihren kritischen Stolz oder ihre religiöse Unduldsamkeit zu einem milderen Urtheil bewegen.[253]

Dunkelheit und Spannung sind die wichtigsten Mittel, um in *The Italian* Atmosphäre zu schaffen. Es ist dies eine Atmosphäre, welche der Heldin Ellena Schmerzen und harte Schicksalsschläge einträgt. Die Unterdrückung der Heldin und ihr unsägliches Leiden kommen nicht aus dem Ungefähr. Im Hintergrund lauern Interessen, die sich aus einem kaltsinnig rationalen Kalkül speisen. Die Unterdrückung der Liebe – und der Sexualität – symbolisiert das Schema von Macht und Zerstörung.[254]

Die Neugier der Protagonisten – und mittelbar der Leser – bezieht sich darauf, die weltlichen und geistlichen Vernetzungen von Macht und Einfluss zu erkunden und zu durchschauen.[255] Die englischen Reisenden, Besucher der Kirche Santa Maria del Pianto sind kaum von Interesse. Vielmehr geht es darum, dass der Roman mit einer feinsinnig in Perspektive gesetzten Szenerie beginnt. Am Anfang steht ein elegantes Spiel der Liebe, wie es sich in Blicken andeuten kann. Wenn der gebildete Leser an die Spielarten klassischer Kunst und englischer Literatur seit der Renaissance denkt, wird er sofort Ellenas glänzende Schönheit als Verzauberung wie als Macht der Verführung erkennen. Sexualität ist unterschwellig gegenwärtig, eine Spur des Begehrens, welche die Beziehungen der Geschlechter im Roman repräsentiert.

Weder das natürliche Gefühl der Liebe noch das Begehren werden im Text als Erfüllung dargestellt. Es ist die Romanstruktur, welche die Erfüllung unmöglich macht, weil die Liebenden in die Maschinerie anonymer Machtstrukturen geraten. Auf diese Weise entstehen für Ellena und Vivaldi, den Sohn eines angesehenen neapolitanischen Marchese, sich steigernde Schwierigkeiten. Gleichzeitig wird vor dem Auge des Lesers eine grandiose und erhabene Szenerie voller Kontraste und atemberaubender Schönheit ausgebreitet.

Der Roman zeigt, wie die Struktur der neapolitanischen Adelsgesellschaft sich mit der Macht der Römischen Kirche verbindet und schließt dabei auch eine Kritik dieser Verbindung ein. So werden die Ideale der Freiheit und Selbstbestimmung, die aus der Sicht der Liebenden notwendig sind, grundsätzlich durch aristokratischen Stolz, taktische Manöver und klerikale Spitzfindigkeiten konterkariert. Sexualität ist im Buch immer gegenwärtig, entweder als ein Argument gegen Ellena – Vivaldis Vater erkühnt sich sogar, sie zur Prostituierten zu entwürdigen – oder als ein Wunschkomplex in Form von sinnlichen Idiosynkrasien, Visionen und Intentionen, die sich im Begehren der Liebenden ausdrücken.

Für ihre Figuren fordert Ann Radcliffe eine romantische Liebesheirat und somit weist sie das Konzept der Vernunft- oder Konvenienzehe aufs Schärfste

zurück. Damit richtet sie sich gegen die „normalen" Gepflogenheiten der
Adligen wie der arrivierten bürgerlichen Klasse im England des 18. Jahrhunderts, Heiraten als rein ökonomische Angelegenheit zu betrachten.[256] Auch
dies lässt sich als Konsequenz einer *Mathematik des Begehrens* sehen, da das
Weibliche völlig domestiziert wird und folglich der Kontrolle durch die Herrschaft ausübenden Männer unterliegt. Wird überdies die Spaltung der Klassen der englischen Gesellschaft berücksichtigt, so ergibt sich ein noch viel
betrüblicheres Bild, denn die Heirat der Dienerschaft war an die Zustimmung
der Herrschaft gebunden.[257]

In ihrem Essay *On the Supernatural in Poetry*[258] unterscheidet Radcliffe
zwischen *Schrecken* und *Grauen*. Während *Schrecken* die Seele die Aktivität
der Vorstellungskraft erhöhen und die geistigen Vermögen zu einem *höheren
Lebensgefühl* erwecken, ist es das *Grauen*, welches das Ich angreift, erkalten
lässt und nahezu vernichtet. *Schrecken* steigert Unsicherheit und Dunkelheit,
Grauen ist die Vorwegnahme des gefürchteten Bösen. Burke hielt die Realsi-
tuation des Schreckens für eindrucksvoller als die literarische Verarbeitung
(z.B. Schilderung einer Hinrichtung)[259], während Ann Radcliffes Werk auf
der ästhetischen Ebene eine Entwicklung der *Gothic Novel* vom Schrecken
zum Grauen nahelegt. Ann Radcliffe gehört zur *Schule des Schreckens*, während Matthew Gregory Lewis mit *The Monk* die *Schule des Grauens* begründet.
Im Sinne Radcliffes steigert der *Schrecken* die Intensität der Vorstellungen bis
hin zur Erfahrung des Erhabenen als gesteigerte Lebensintensität, während
Grauen als Zerstörungskraft auftritt. *Grauen* prägt dem Verstand das Bewusstsein wirklicher Vernichtung und tatsächlicher Gefahr auf. Durch *Grauen* kann
das Opfer sogar erstarren, sodass sowohl die Fähigkeit zur Bewegung als auch
jene zur Selbstverteidigung verloren gehen. *Schrecken* hingegen belässt die zu
erwartenden Dinge im diffusen Licht. Radcliffes Besonderheit im Umgang
mit dem Übernatürlichen und Unheimlichen liegt darin, dass der Schrecken
– vor allem der Heldinnen –, wenn er sich anscheinend zunächst auch auf eine
übernatürliche Ursache bezieht, später eine rationale Erklärung *(explained
supernatural)* findet:

> Die rationalen Erklärungen [nach Imginationen und extravaganten Speku-
> lationen, J. K.], die später angeboten werden, unterbieten das Übernatürliche
> sowie die Erwartung des Schrecklichen und bringen Leser und Protago-
> nisten zurück zu den Konventionen des Realismus, der Vernunft und der
> Moral des 18. Jahrhunderts, welche die exzessive Leichtgläubigkeit hervor-
> gehoben haben.[260]

Ann Radcliffes Konzept des Erhabenen ist nicht „sadistisch" wie bei Sade, noch wird es mit dem *point of view* des negativen Helden verbunden. Das Erhabene erscheint als menschliche Eigenschaft im ethischen Sinn oder gar als eine ethische Steigerung im Sinne von Immanuel Kants *Kritik der Urteilskraft* (1799). Kant spricht nicht direkt vom Ethischen, bringt aber das Erhabene notwendig mit der Vernunft und mit der Vorstellung des Absoluten zusammen:

> Das gegebene Unendliche aber [...] ohne Widerspruch auch nur denken zu können, dazu wird ein Vermögen, das selbst übersinnlich ist, im menschlichen Gemüte erfordert. Denn nur durch dieses und dessen Idee des Noumenons, welches selbst keine Anschauung verstattet, aber doch der Weltanschauung, als bloßer Erscheinung, zum Substrat untergelegt wird, wird das Unendliche der Sinnenwelt in der reinen intellektuellen Größenschätzung unter einem Begriffe ganz zusammengefaßt, obzwar es in der mathematischen durch Zahlbegriffe nie ganz gedacht werden kann. [...]
>
> Erhaben ist also die Natur in derjenigen ihrer Erscheinungen, deren Anschauung die Idee ihrer Unendlichkeit bei sich führt. [...] Nun ist das eigentlich unveränderliche Grundmaß der Natur das absolute Ganze derselben, welches bei ihr, als Erscheinung, zusammengefaßte Unendlichkeit ist. Da aber dieses Grundmaß ein sich selbst widersprechender Begriff ist (wegen der Unmöglichkeit der absoluten Totalität eines Progressus ohne Ende), so muß diejenige Größe eines Naturobjekts, an welcher die Einbildungskraft ihr ganzes Vermögen der Zusammenfassung fruchtlos verwendet, den Begriff der Natur auf ein übersinnliches Substrat (welches ihr und zugleich unserem Vermögen zu denken zum Grunde liegt) führen. Welches über allen Maßstab der Sinne groß ist, und daher nicht sowohl den Gegenstand, als vielmehr die Gemütsstimmung in Schätzung desselben als erhaben beurteilen läßt.[261]

Radcliffes prächtiges Erhabenes ist meistens mit der Perspektive des weiblichen Opfers verknüpft. Der Verbrecher personifiziert das gefürchtete Böse unmittelbar; er ruft die Vorstellung des Erhabenen im Opfer hervor. Der männliche Verbrecher kennt das Erhabene nicht, weil seine extreme Willenskraft das moralische Vermögen ausblendet. Weder reflektiert er Beobachtungen zweiter Ordnung noch die ästhetischen Urteile. Daher wird sein Impuls zu handeln den Normen entgegengesetzt. Das weibliche Opfer ist aller Gradabstufungen des moralischen Gefühls fähig und reagiert zugleich differenziert auf das Erhabene. Die weibliche Sensibilität trifft zusammen mit der kulturell verinnerlichten Bereitwilligkeit, Angst zu empfinden.

Exkurs zu Heinrich von Kleist

Das Benehmen und die Haltung des weiblichen Opfers setzen Bewusstsein ebenso voraus wie emotionale Erwartungen als „Entgegenkommen" für das Handeln des Bösewichts. Diese Haltung scheint eine Verbindung mit „Empfindsamkeit" zu besitzen. Heinrich von Kleist wählte die Dialektik von männlichem Aggressor und weiblichem Opfer als Sujet seiner Novelle *Die Marquise von O.*. Er verband diese Dialektik mit zwei anderen Begriffspaaren: Freiheit und Notwendigkeit, Bewusstsein und das Unbewusste. Graf F.s *Begehren* bei der Rettung der Marquise von O. aus dem Kriegsgetümmel drängt ihn dazu, sich „mit ihr" sexuell zu vereinigen, obwohl sie durch einen Ohnmachtsanfall das Bewusstsein verloren hat. Diese Szene ereignet sich, nachdem der Graf die Marquise vor dem Überfall einiger Soldaten gerettet hat. Das ungeheuerliche Geschehen benennt Kleist lakonisch mit einem Gedankenstrich und dem Ausdruck „bald darauf":

> Vergebens rief die Marquise von der entsetzlichen, sich untereinander selbst bekämpfenden Rotte bald hier-, bald dorthin gezerrt, ihre zitternden, durch die Pforte zurückfliehenden Frauen zu Hilfe. Man schleppte sie in den hinteren Schloßhof, wo sie eben unter den schändlichen Mißhandlungen zu Boden sinken wollte, als, von dem Zetergeschrei der Dame herbeigerufen, ein russischer Offizier erschien und die Hunde, die nach solchem Raub lüstern waren, mit wütenden Hieben zerstreute. Der Marquise schien er ein Engel des Himmels zu sein. Er stieß noch dem letzten viehischen Mordknecht, der ihren schlanken Leib umfaßt hielt, mit dem Griff des Degens ins Gesicht, daß er mit aus dem Mund hervorquellenden Blut zurücktaumelte, bot dann der Dame unter einer verbindlichen französischen Anrede den Arm und führte sie, die von allen solchen Auftritten sprachlos war, in den anderen, von der Flamme noch nicht ergriffenen Flügel des Palastes, wo sie auch völlig bewußtlos niedersank. Hier traf er, da bald darauf ihre erschrockenen Frauen erschienen, Anstalten, einen Arzt zu rufen, versicherte, indem er sich den Hut aufsetzte, daß sie sich bald erholen würde, und kehrte in den Kampf zurück.[262]

Die Negativität männlicher sexueller Aggression wird gesteigert, wenn das Opfer völlig hilflos ist. Die Ohnmacht nimmt der Marquise die kleinste Chance, mit dem Mittel der Sprache, in letzter Not mit Hilfeschreien, die deutliche Zurückweisung der Bedrohung auszudrücken. Der als Folge eintretende Konflikt zwischen Naturgesetz – die Marquise von O. ist nach der ihr nicht bewussten Vergewaltigung schwanger – und dem Gesetz der Freiheit oder der Selbstbestimmung als Voraussetzung für persönliche Würde verleiht dem Portrait des Grafen F. die Doppelperspektive von *Engel* und *Teufel*.[263] Diese Dialektik ergibt sich aus dem Übermaß sexueller Leidenschaft, die ihn zu einer Vergewaltigung treibt. Die souveräne Persönlichkeit der Marquise, ihre Freiheit und Integrität werden durch den Grafen F. verletzt, denn er behandelt die Frau als Objekt.

Die *Mathematik des Begehrens* schließt zumindest eine Doppelperspektive ein: Die Aufmerksamkeit lässt sich auf den Aspekt der Quantifizierung des Begehrens beziehen als Fortschreiten zu einem Maximum oder auf die Einpassung menschlicher Bewegungen in den sozialen Raum. Der Kontrolle der Sexualität im Blick auf extreme Leidenschaft dienen geometrische Strukturen dann, wenn das Handeln mit der Breite der gesellschaftlichen Lebensform verglichen wird. Die *Mathematik des Begehrens* kann aber auch den Schnittpunkt zweier Bewegungen des Begehrens im Raum betrachten. Die Begegnung zweier Individuen gelangt augenblicklich in das Blickfeld. (*25/S. 184) Heinrich von Kleist erfand eine literarische Ästhetik, basierend auf einer Version der *Mathematik des Begehrens*, weil seine Pläne oder „Differentiale" mit einer Serie kritischer Augenblicke des Lebens verglichen werden müssen. Im Bild sind dies Kreuzungen oder Schnitte, die auftreten, wenn „Kometen" aufeinanderprallen und durch ihren momentanen Kontakt eine neue Realität oder eine Epiphanie erzeugen. (*26/S. 184) Es scheint, als ob Kleist eine endlose Serie von Punkten des Anstiegs in der Lebensgeschwindigkeit hervorheben wollte.

Wie das Gemüt ist dies Weib ein Ort, an dem sich Kraftlinien gewalttätiger Geschichte und undenkbaren Werdens kreuzen. Die Frau mit Kleistschen Zügen steht an der Grenze zur Geschlechtlichkeit. Ihr Körper, ein Verhältnis von Geschwindigkeit und Ruhe, Anmut und Wollust, ist das was jeder werden kann, der zu fliehen beginnt, auf der richtigen Linie; doch ist dies Weib wesenlos, geisterhaft.[264]

In der ausgeblendeten Präsenz der Schlüsselszene von Kleists Erzählung fallen Bewegung und Stillstand zusammen. Die Zeitraffung ruft eine Perspektive jenseits der Sentimentalität hervor. Auf der Grundlage intensiven Begehrens werden Schmerz und plötzliche Immobilität kombiniert. Es gibt keine langsam hervortretenden impliziten aristotelischen Entelechien mehr, die biologische und historische Prozesse erklären. Kleist entdeckt das Unbewusste, die Wahrheit von Schrecken, Krieg und Flucht. Wenn Held und Heldin ihren Platz in der Gesellschaft nicht finden können, ziehen sie weiter wie die Nomaden. Sie existieren wie sich bewegende Gravitationszentren, die gelegentlich Blitze und Affekte aussenden und ein Feld von unbestimmt erzeugtem Begehren hervorbringen. Heinrich von Kleist „erfand" den „Leuchtturm" viele Jahrzehnte bevor Virginia Woolf ihren faszinierenden Roman (1927) veröffentlichte.[265] Der Leuchtturm steht bei Woolf metaphorisch für das Bewusstsein, das in der Nacht der Einsamkeit Lichtsignale aussendet, die von einem anderen Ich empfangen werden können. Das klassische Gleichgewicht der Gefühle ebenso wie Goethes Symmetrie von Leben und Geschichte brechen in Kleists Konzept von Literatur und Begehren zusammen. Hier eröffnen sich ein zentrumsloses Universum und eine Gesellschaft ohne Mitte, sodass eine semantische Brücke von Giordano Bruno bis hin zur Moderne entsteht. (*27/S. 184f)

Kleist weist die klassische Idee des sozialen und emotiven Ingenieurswesens *(social engineering)* zurück. Er besteht auf der Wichtigkeit der Privatheit des Selbst als dem Bereich spontanen Ausdrucks (Liebe als „Wahnsinn für zwei").

In *Die Marquise von O.* kann es keinen Zweifel an Juliettas Isolation von Familie und Liebhaber geben. Sie weist alle Initiativen zurück, sie zu „domestizieren" und beantwortet eine Annäherung des Grafen F. mit klarer Ablehnung: „,*Ich will nichts wissen*', versetzte die Marquise, stieß ihn heftig vor die Brust zurück, eilte auf die Rampe und verschwand."[266] Juliettas Rückzug aus der Welt kann als revolutionärer Akt gelesen werden:

> Das Geheimnis ist auch Ort einer Geschwindigkeitsveränderung. [...] Das Geheimnis [...] ist die Spur des Kampfes zwischen zwei Zeit-Koordinaten: der linearen Zeit der Erzählung und der unbewußten, in der es keine Sukzessivität der Ereignisse, keine Vergangenheit und keine Zukunft gibt, sondern nur die Schlacht um die Allmacht jeder Position.[267]

Mit seinem Trauerspiel *Penthesilea* erfand Kleist das „Théâtre de la cruauté", das sich nicht ohne ein Prinzip der Relativität der Geschlechter denken lässt, das sich auf das Differential bezieht. Das Differential verbindet verschiedene Ströme der Natur auf ihrem Weg durch die Unendlichkeit. Bei Heinrich von Kleist verknüpft die Mathematik somit Liebe und Tod, fungiert also als abstrakte Linie der Poetik, die ihren Quell im Differential von Worten und Dingen hat.

Weibliche Verletzlichkeit und männliche Ängste gehören in den dunkleren Bewegungen der Literatur und Kunst am Ende des 18. Jahrhunderts zusammen. In diesem Kontext kann es zu Zusammenhängen von Traum und Gewalt kommen. Die weibliche Verletzlichkeit wurde schon im 18. Jahrhundert in den Studien zur Physiologie und Psychologie reflektiert. Erasmus Darwin erklärte die Tendenz *üppig gebauter Frauen*, Alpträume zu erleben durch den „psychischen Druck", der seinerseits von ihrer großen Blutmenge erzeugt wurde.[268] Männliche Ängste, von Frauen „besessen" zu werden, scheinen auf die weibliche Physiologie projiziert worden zu sein. So ist es nur konsequent, dass die physiologischen Prozesse, wie die Naturwissenschaft sie kennt, die systematische Unterdrückung von Frauen zu beweisen scheinen. Wie schon von Mary Wollstonecraft aufs Schärfste kritisiert, spielte sich die Unterdrückung der Frau auch auf einem ganz anderen Bedingungsfeld ab, dem Bildungssystem, das Frauen radikal ausgrenzte.

Wenn die Frau das Bewusstsein verliert, bleibt sie doch als Sexualobjekt für den Mann attraktiv, verliert aber Selbstbewusstsein und Selbstbestimmung, somit das Gefährliche der Verführerin, die in der Lage wäre, den männlichen Akteur zu versklaven. Das männliche Begehren nach sexueller Vereinigung wird sehr oft auf die Frau[269] als Objekt männlicher Lust projiziert und damit verharmlost, ja sogar entschuldigt. Psychologische Erklärungen sind vor Relativierungen nicht gefeit, denn die intellektuelle, soziale und politische männlich gewollte Irrelevanz der Frauen ist Ausdruck der *Mathematik des Begehrens*. Wenn Frauen der englischen Oberklasse und selbst der Gentry als Schmuckstücke für die Männer fungieren, hat dies damit zu tun, dass ihnen im 18. und 19. Jahrhundert alle politischen und viele soziale Rechte abgesprochen wurden. Damit ging den Frauen jede Chance verloren, individuelle, gesellschaftliche oder gar historische Bedeutung zu erlangen.

> Fröhlich, elegant und gesellschaftlich gebildet, aber gedankenlos, verloren in belanglosen Beschäftigungen, mit Ungeduld und nie zufrieden von einer Szene der Abwechslung zur anderen eilend; wie viele Frauen strömen den Lebensfluß hinab wie Blasen, auf welche die Sonne tausend fröhliche Farben malt; die wie Blasen verschwinden, früher oder später, eine nach der anderen, indem sie keine Spur der Nützlichkeit zurücklassen.[270]

In der Oberschicht und auch in arrivierten bürgerlichen Kreisen wurden Frauen als Besitz betrachtet. Ihre Unterdrückung ging so weit, dass sie dem männlichen Frauenideal entsprechend in das kapitalistische System „eingepasst" wurden. Dieses System ist nichts anderes als die Kristallisation der *Mathematik des Begehrens*. Im Strukturwandel der Gesellschaft tragen die

Frauen der unteren Schichten noch intensiver als die Männer die Arbeitslast der Gesellschaft ohne eine Mitsprache.[271]

In Ann Radcliffes Idee des Erhabenen sind die Sexualität oder aber die *Mathematik des Begehrens* eindeutige Bestandteile. Weiblichkeit gibt dem Erhabenen eine Färbung, die aus der Verletzlichkeit[271] entspringt, zugleich aber ist sie Ursprung des *aufwühlenden Schauers.* (*28/S. 185)

Die Szene der verfolgten Unschuld aus der Perspektive kultureller Androgynie zeigt, dass der *villain* versucht, sein Wissen zu nutzen, um die *angelic creature* sexuell absolut zu beherrschen. Die einseitige sexuelle Aggression als ein Symptom männlicher Willenskraft schließt die Bestimmung der (jungen) Frau zum bloßen Sexualobjekt ein. Das volle Spektrum der menschlichen Persönlichkeit wird ihr damit radikal abgesprochen. Der Konflikt zwischen Bewusstsein und Gefühl zeigt jedoch eine Doppelperspektive: Obschon die *angelic creature* im Schauerroman die Allmacht des Bösewichts fürchtet, erlebt sie nichtsdestoweniger den sensationellen Schauer als innere Spannung. Latente Sexualität bleibt in den seelischen Zustand der Heldin eingebunden.[273] Simone de Beauvoir vertritt die Auffassung, dass (junge) Frauen im Widerspruch von Angst und Begehren von Vergewaltigung träumen, ohne dass sie damit die reale Gewalthandlung wünschen.[274]

Außerdem schließt die psychosomatische Konstitution einer Jungfrau zumindest die Idee oder sogar die Vorwegnahme von Gewalt und Schmerz ein[275]. Dagegen hat die freie und uneingeschränkte Sexualität nichts mit Macht oder Herrschaft gemein: Wenn die Herr-und-Knecht-Beziehung nicht auf den weiblichen Partner begrenzt bleibt, ist auch das männliche Subjekt simultan ihr Opfer.

Auf welche Weise lässt sich diese passive, widerstandslose weibliche Sensibilität erklären? Hat sie etwas mit der weiblichen Idee des Schönen zu tun, in dem Sinne, dass die Zartheit des Opfers, die diffuse Gefühlsatmosphäre oder die latente Erotik Ängste im männlichen Täter auslösen? Der männliche Akteur versucht durch Ausübung seiner Willenskraft die Verzauberung oder die Macht zu überwinden, über welche die – schöne – Frau verfügt. Diese Reduktion bestimmt ihn dazu, seine Persönlichkeit auf seine Sexualität zu konzentrieren[276] – was nicht als instinktiver Reflex gelten sollte – obwohl Menschen eine Einheit von Soma, Psyche und Geist verkörpern. Der Aggressor ist ein *negativer* Held, ein männlicher Akteur, der Hoheit ausdrückt oder die Qualität düsterer Erhabenheit aufweist. Die Verfolgungsszene wird immer als ästhetische, zumeist dramatische Handlungssequenz gestaltet.[277] Sie setzt das erwähnte Reduktionsschema voraus, doch schließt sie auch die eindrucksvolle äußere Gestalt und die unbeeinflussbare Willensstärke des Protagonisten ein. Somit führt die verfolgte Jungfrau den Verbrecher mit ihrer Schönheit in Versuchung, wodurch er „gezwungen" ist, aggressiv zu reagieren, denn er fürchtet sich letztlich davor, seine physische Energie und seine Entschlossenheit zu verlieren, wenn der weibliche Einfluss zu stark wird.[278]

Die Frau ist immer wieder – auch in der Psychoanalyse (*29/S. 185f) – als das Ur-Element aufgefasst worden, das über eine ganze Reihe von Verzauberungen für männliche Opfer gebietet.[279] In Friedrich de la Motte Fouqués romantischer Erzählung *Undine* (1811) erklärt die Titelheldin dem geliebten Ritter ihre Eigenart:

„...was die alte Welt des also Schönen besaß, daß die heutige nicht mehr sich daran zu freuen würdig ist, das überzogen die Fluten mit ihren heimlichen Silberschleiern, und unten prangen nun die edlen Denkmale, hoch und ernst und anmutig betaut vom liebenden Gewässer, das aus ihnen schöne Moosblumen und kränzende Schilfbüschel hervorlockt. Die aber dorten wohnen, sind gar hold und lieblich anzuschauen, meist schöner als die Menschen sind. Manch einem Fischer ward es schon so gut, ein zartes Wasserweib zu belauschen, wie sie über die Fluten hervorstieg und sang. Der erzählte dann von ihrer Schöne weiter, und solche wundersame Frauen werden von den Menschen Undinen genannt. Du aber siehst jetzt wirklich eine Undine, lieber Freund.

[...]Wir wären weit besser daran als ihr anderen Menschen – denn Menschen nennen wir uns auch, wie wir es denn auch der Bildung und dem Leibe nach sind; – aber es ist ein gar Übles dabei. Wir und unsresgleichen in den andern Elementen, wir zerstieben und vergehn mit Geist und Leib, daß keine Spur von uns zurückbleibt, und wenn ihr andern dermaleinst zu einem reinern Leben erwacht, sind wir geblieben, wo Sand und Funk' und Wind und Welle blieb. Darum haben wir auch keine Seelen; das Element bewegt uns, gehorcht uns oft, solange wir leben, zerstäubt uns immer, sobald wir sterben, und wir sind lustig, ohne uns irgend zu grämen, wie es die Nachtigallen und Goldfischlein und andre hübsche Kinder der Natur ja gleichfalls sind. Aber alles will höher als es steht.[...] Eine Seele aber kann unsresgleichen nur durch den innigsten Verein der Liebe mit einem eures Geschlechtes gewinnen. Nun bin ich beseelt, dir dank ich die Seele, o du unaussprechlich Geliebter,...."[280]

Die *Mathematik des Begehrens* deutet im Kontext der Geschichte von Undine auf den Antagonismus zwischen dem *männlichen Prinzip* als einer Form teleologischer Rationalität/politischen Kalküls und dem *weiblichen Prinzip* als

Ausdifferenzierung der Empfindsamkeit. Die diskursive Einschätzung der Sexualität führt zur Analyse der männlichen, theoretischen Fähigkeit als nur einem Aspekt der bunten Fülle menschlicher Kompetenzen. Theorietraining verschafft den Männern einen „Vorsprung". Es erlaubt ihnen die Lenkung der Prozesse im gesellschaftlichen System. Daraus folgt, dass die männlichen Machtinstanzen alles daran geben, um dem weiblichen Anderssein jede Wirkmöglichkeit zu nehmen und dieses stattdessen auf „männliche Rationalität" zu reduzieren. Wenn die Frauen in eine rationale Konstruktion sozialer Muster unter männlicher Kontrolle integriert werden, verlieren sie ihre Gefährlichkeit, weil die implizierten Gender-Rollen die *Mathematik des Begehrens* über die Parameter des Geschlechts nur unzureichend in einem domestizierenden Sinne perpetuieren. Frauen bleiben somit sozial „mathematisiert", können folglich bei erstarrten Parametern den Teufelskreis nicht aufbrechen. Im patriarchalischen System fungieren Frauen als Mittel zur Normierung der Gesellschaft und sind auf Grund der Internalisierung von Zwängen zugleich Bedingungen der Möglichkeit ihres eigenen Ausschlusses. Ihre Rolle im Blick auf das Fortbestehen der Gattung Mensch bleibt unbezweifelbar – hier steht ein biologischer Rahmen gegen einen sozialen, gesellschaftlichen, kulturellen.[281]

Diese Reduktionsform im individuellen und kollektiven Sinn setzt jedoch voraus, dass die Frau von jeglicher intellektueller Ambition ferngehalten wird. Dann ist es sowohl unschicklich wie unerlaubt, Mathematik oder Naturwissenschaften zu betreiben. Sie dürfen sich nur nebenbei, in einer spielerischen Art und Weise, mit diesen harten Wissenschaften beschäftigen, mit dem Ergebnis, dass sie den theoretischen Kern nicht wirklich verstehen. Im 18. Jahrhundert publizierte man naturwissenschaftliche Informationsbücher für Frauen mit vereinfachten Darstellungen der Sachverhalte. Theoretische und methodische Ausbildung der Frauen wird von Männern auf einem defizitären Niveau gehalten – und dies war über Jahrhunderte üblich (Ausnahmen bestätigen die Regel). Folglich ist/war es schlicht unmöglich für sie, das intellektuelle Rüstzeug zu erwerben, das die Voraussetzung darstellt, komplexe wissenschaftliche Zusammenhänge sachangemessen zu durchdringen. Das System enthüllt sich letztlich selbst als eine Maschinerie, welche die Aufgabe hat, weibliche Unterlegenheit durch Bildungsstrategien zu produzieren ebenso wie durch normative Gesellschaftsstrukturen – einschließlich der Geschlechterrollen. Die weibliche Überbetonung der Liebe – nicht im Kleist'schen Sinne – in einer reichen Auffächerung bis in den sozialen und religiösen Bereich hinein hat ihre Wurzeln im Patriarchalismus, mit der Konsequenz, dass die Erweiterung und Intensivierung einer reichen und imaginativen Kultur, welche das Begehren schätzt, unmöglich oder doch zumindest durch verinnerlichte Barrieren schwierig gemacht wurde. Somit verbietet oder behindert die Vorherrschaft des rationalen oder mathematischen Paradigmas die Interdependenz von Intellekt und Emotion. Der moderne Rationalismus spiegelt die männliche Furcht vor Frauen wider:

> Die künstlerischen Forderungen und der Patriotismus, die allgemeine Sittlichkeit und die besonderen sozialen Ideen, die Gerechtigkeit des praktischen Urteils und die Objektivität des theoretischen Erkennens, die Kraft und die Vertiefung des Lebens – alle diese Kategorien sind zwar gleichsam ihrer Form und ihrem Anspruch nach allgemein menschlich, aber in ihrer tatsächlichen historischen Gestaltung durchaus männlich. Nennen wir solche als absolut auftretenden Ideen einmal das Objektive schlechthin, so gilt im geschichtlichen Leben unserer Gattung die Gleichung: objektiv = männlich.[282]

Es überrascht kaum, dass Virginia Woolf argumentierte, dass der „professorale Experte" zum Thema „die weibliche Natur" in seinen Untersuchungen nur seinen irrationalen Zorn ausdrückt, einen Zorn, der plausibel wird, wenn man ihn als die andere Seite der Furcht vor den Frauen interpretiert:

> Als der Professor womöglich ein wenig zu emphatisch auf der Unterlegenheit der Frauen bestand, befaßte er sich nicht mit ihrer Minderwertigkeit, sondern mit seiner eigenen Überlegenheit. Das war es, was er eher hitzköpfig und mit zu viel Emphase schützte, weil es für ihn ein Juwel von seltenstem Wert war. [...] daher die ungeheure Wichtigkeit eines Patriarchen, welcher erobern muß, herrschen, so- dass eine große Zahl von Menschen, ja – die Hälfte der Menschheit, ihm natürlicherweise unterlegen ist. Dies muss in der Tat eine der wichtigsten Quellen seiner Macht sein.[283]

Mathematik des Begehrens bei Ann Radcliffe

Am Schicksal von Ann Radcliffes Heldinnen lässt sich die Kritik jeglicher *Mathematik des Begehrens* veranschaulichen. Sie entwickeln sich in einer Spanne, die von der Empfänglichkeit für das Erhabene bis zur Stabilisierung des eigenen Selbstbewusstseins reichen. Die Großartigkeit der Natur ruft nicht nur das Gefühl für das Erhabene hervor, sondern regt ebenso Gedanken über die göttliche Weltordnung an. Die ästhetische Dimension berührt sich in Radcliffes

Heldinnen mit dem Areal ethischer Normativität, das heißt mit der Strenge des regulativen Aspekts. Das Bewußtsein wird zum Selbstbewusstsein gesteigert. Zugleich wächst das Bewusstsein der Verantwortlichkeit, gegen die Mächte des Dunklen anzukämpfen. Diese Entwicklung geschieht in Graden von Energie, Verstandeskraft, Mut und Tapferkeit. Auf diese Weise werden die männlichen Charakterzüge oder Haltungen durch Erfahrung erlernt. Der Widerstreit von Naturlandschaft und Seelenlandschaft kann von den weiblichen Protagonisten überwunden werden. Die Protagonisten und Opfer des italienischen religiösen und aristokratischen Systems – Vivaldi, Ellena, Marchesa, Marchese und Schedoni – sind zum Handeln gezwungen. Wenn sie nicht handeln, sind sie dem Leiden überantwortet in einer Sphäre, die durch Stolz und Vorurteil bestimmt ist. Nur das Aufbrechen der verkrusteten Herrschaftsstruktur zeigt, wie sehr Held und Heldin Liebe, Individualität und Menschlichkeit spiegeln. Ann Radcliffe bringt die *Mathematik des Begehrens* durch Verräumlichung zum Ausdruck. Wann immer die Strategien des Duos Marchesa/Schedoni, mit dem Ziel Ellena zu zerstören, um eine Verbindung mit Vivaldi unmöglich zu machen, Wirklichkeit werden, kommt den labyrinthischen Strukturen der Klöster und Kerker eine Wirkung der Komplikation und Verlangsamung zu. Die aristokratische und hierarchische Familienstruktur, der politische Einfluss und die Verhaltensmuster unterdrücken die individuelle Liebe. Deshalb versuchen die Opfer die schwarzen Machenschaften dadurch zu überwinden, dass sie auf persönlicher Freiheit, Integrität, Hoffnung und menschlichen Haltungen bestehen. Als Vivaldi von der Inquisition über sein Verhältnis zu Ellena di Rosalbá befragt wird, sagt er:

> Sie lebte mit einer Verwandten in der Villa Altieri und würde noch dort wohnen, wenn nicht die Machinationen eines Mönchs sie veranlaßt hätten, sie von zu Hause fortzureißen und sie in ein Kloster zu sperren, aus dem herauszukommen ich ihr gerade beigestanden habe, als sie ergriffen wurde auf Grund einer höchst falschen und grausamen Anklage. (*30/S. 186)

Im Blick auf die negativen und destruktiven Eigenschaften von Kirche und Staat konzentriert sich Ann Radcliffes Roman darauf, zu betonen, wie sehr Subjektivität, Individualität und Sensibilität des Begehrens durch Terrorakte in den verwickelten Labyrinthen der Macht bedroht werden, vor allem in den römischen Kerkern der Inquisition.

Es ist ein Charakteristikum ihrer Heldinnen, dass sie bewusst gegen die Machtstrukturen rebellieren, die jedes politisch und kirchlich inopportune

Begehren ausmerzen wollen, zu denen im mehrfachen Sinne auch das Kloster San Stefano gehört. Beim Gespräch mit der Äbtissin dieses Klosters, in das sie verschleppt wurde, wagt Ellena die Enthüllung von Unrecht, selbst auf die Gefahr härtester Strafen:

> „Die Freistatt ist entweiht", sagte Ellena milde, aber mit Würde: „sie ist zum Gefängnis geworden. Nur wenn die Äbtissin aufhört, die Vorschriften der heiligen Religion zu respektieren, die Vorschriften, die sie Gerechtigkeit und Güte lehren, ist sie selbst nicht mehr respektabel. Dasselbe Gefühl, das uns gebietet, ihre milden und wohltuenden Gesetze zu verehren, gebietet uns auch, die Gesetzesbrecher zurückzuweisen: Wenn Ihr mir befehlt, meine Religion zu verehren, zwingt Ihr mich, Euch zu verdammen.[284]

Ebenso entschieden weist Ellena den Novizeneid zurück, zu dessen Ablegung man sie zwingen will:

> ‚Ich protestiere in der Gegenwart dieser Versammlung', sagte sie feierlich, ‚daß ich hierher gebracht werde, um ein Gelübde abzulegen, das mein Herz verabscheut. Ich protestiere – .'[285]

Auch im Falle des Schicksals von Ellena und Vivaldi bestimmt die Opposition zwischen *Begehren* und *Macht* genau die Konflikte und die Modi der Zerstörung, aber auch das positive Spektrum des Begehrens als Verbindung von Hoffnung und Freude. Diese positive Spannung des Begehrens kann nicht bedenkenlos mit Lust identifiziert werden, denn sie öffnet ein komplexes Areal, in dem spirituelles und sinnliches Glück vorbehaltlos verschmelzen. Dies kann als Wechselbeziehung von persönlicher Identität, Würde und dem freien Spiel von Gefühlen und Wunschvorstellungen der Phantasie gesehen werden.

Selbst der Bösewicht Schedoni entwickelt sich in Ann Radcliffes Roman, wenn er zuletzt als Opfer der Verhältnisse gezeigt wird. Auch er ist abhängig von den Begriffs- und Verhaltensmustern seiner eigenen Klasse. Ann Radcliffe stellt die Inquisition als ein kompliziertes Instrumentarium dar, dessen logische wie sophistische Strategien sich in den römischen über- und unterirdischen Labyrinthen von Behörde und Gefängnis manifestieren. Echtes Gefühl und Begehren sind die Gegenkräfte zum Zerstörungs-apparat der Kirche.[286] Die Inquisition nutzt eine komplette Maschinerie, um ihre Intoleranz physisch und psychisch noch grausamer zu machen. Sie verwandelt dabei ihre eigenen verbrecherischen Normen in Gesetze für andere Menschen. Die Zerstörung der Liebe ist die Konsequenz der Anwendung dieser Methoden, denn die Inquisition erwartet, dass körperliche Schmerzen den einzigen Faktor abgeben, über den menschliches Sein definiert werden kann. Ann Radcliffes Idee der Menschlichkeit widerspricht dieser Auffassung: Psychische und intellektuelle Qualitäten definieren den Menschen. Radcliffe stellt das Inquisitionsgefängnis bei Rom als labyrinthischen Gebäudekomplex mit Piranesi–ähnlicher Düsternis und Unübersichtlichkeit vor. Die Allgewalt der Inquisition maßt sich an, die Wahrheit schon vor jeder Aussage des Angeklagten zu wissen und daher jede Unschuldserklärung notfalls durch schwere Folter in ein „Bekenntnis" umzupressen. Dabei „stellte [...] die römische Inquisition der Neuzeit eher staatliche Veranstaltungen dar und [lässt] sich eher als Behörde mit klarer Struktur und Hierarchie beschreiben."[287]

In Radcliffes Romanen kommt den Heldinnen „die Schaffung eines imaginativen Raumes" zu[288], denn ihnen bleibt häufig nur die Wahl, entweder „lebendig begraben" zu sein (etwa eingekerkert) oder sich einem „dichterischen Ausdruck" hinzugeben. Die wilde Natur gewährt den Genuss des Erhabenen. Daher erhält sie einen hohen Stellenwert, etwa in der Szene, in der Ellena den Ausblick vom Turm des Klosters San Stefano auf die düster und schrecklich-erhabene Bergszenerie erlebt:

Ellena, mit einem Wohlgefallen voller Schrecken, sah an [den Mauern des Klosters, J.K.] hinab, zerklüftet mit Lärchen wie sie waren, und häufig verdunkelt durch die Umrisse der riesigen Pinien, die sich an den Felsensimsen entlang beugten, bis ihr Auge auf dem dichten Kastaniengehölz ruhte, das sich über ihre sich windende Basis ausdehnte und welche zur Ebene hin sanfter wurde, eine Abstufung zu formen schien zwischen dem bunten Feldanbau dort und der schrecklichen Wildheit der Felsen hier oben.[289]

Das Erhabene setzt das Prinzip des Kontrasts voraus. Es wird anschaulich im Gegensatz zwischen dem Blick hinab in die Bergschründe und die Schlucht und dem Blick über die Baumgipfel in eine ungeahnt weite Landschaftsszenerie.

Psychische und intellektuelle Eigenschaften, die nach Ann Radcliffe die Menschen definieren, gelten für die männlichen Protagonisten ebenso wie für die weiblichen Charaktere. Ann Radcliffes Katalog idealer Eigenschaften von Frauen wird an ihren Heldinnen Ellena, Olivia und der Äbtissin von *Santa della Pieta* exemplifiziert. Würde, Glaube, Milde, Entschlossenheit, Festigkeit, Scharfsinn, Sanftheit und Anmut werden miteinander verbunden, um sowohl Herzensgüte als auch geistige Harmonie zu zeigen. Im Gegensatz zu den rücksichtslosen männlichen Charakteren, die ihren Willen auf Ruhm, Macht und Stolz hin ausrichten, wirken die weiblichen Figuren als Verfeinerer des Herzens und als sublime Versöhner. Die balancierte Sensibilität des Geistes ist ein bedeutendes Zeichen für eine neue Art menschlichen Seins.[290]

Die *Mathematik des Begehrens* zeigt sich in *The Italian* darin, dass Vertreter der führenden Schicht des Staates Neapel – vertreten durch die Marchesa di Vivaldi – Interessen der Aristokratie im Komplott mit der Kirche gewaltsam durchzusetzen trachten. Eine politisch inopportune und vom aristokratischen Standpunkt unmögliche Beziehung zwischen den Liebenden aus verschiedenen Klassen soll mit allen Mitteln verhindert werden. Insofern setzt Radcliffe eindeutig der genuinen Liebe und ihrer Einmaligkeit die strukturelle staatlich-kirchliche Gewalt entgegen. Der Apparat der Macht, selbst in der italienischen Form des 18. Jahrhunderts, *geometrisiert* Ellena. Der Raum wird zum Unterdrückungsgrund, denn Ellena wird gewaltsam in ein Abruzzen-Kloster gebracht. Die räumliche Entfernung von Vivaldi setzt das Prinzip der Selbstbestimmung außer Kraft. Die Verfolgung und „Bestrafung" Ellenas beweisen die gesellschaftliche Korruption in Neapel, wo „absolute Tyrannen" (Marchesa, Äbtissin) Ungerechtigkeit als Gnade verkaufen. Radcliffe zeigt also ein Netzwerk der Macht, das zugleich Netzwerk des Verderbens ist. Ellena und Olivia sind die Frauen, die die *Mathematik des Begehrens* ablehnen und deshalb aufbegehren. Doch die Agenten der Macht arbeiten Hand in Hand. Auf dieser Seite steht auch die Marchesa di Vivaldi, wenn sie die *Mathematik des Begehrens* so radikal verinnerlicht, dass sie, um die Herstellung *ihrer Ordnung* zu garantieren, die Ermordung Ellenas in Kauf nimmt. Als sie diesen Mordplan mit Schedoni bespricht, wird sie durch die Totenglocke im Kloster an ihr Vorhaben erinnert, einen Menschen aus dem vollen, warmen Leben in den kalten Tod zu befördern. Schedoni, der jeden Wunsch nach Liebe oder menschlicher Ganzheit in sich abgetötet hat, hält in einem inneren Monolog ohne Gnade Gericht über die Marchesa und damit über Frauen überhaupt. Es ist das „klassische" und „altehrwürdige" männliche negative Vorurteil, wie es schon Georg Simmel aufgezeigt hat, das von Schedoni noch einmal ausgesprochen wird. Welchen Wert hat eine Frau für Schedoni?

Die Sklavin ihrer Leidenschaften, von ihren Sinnen genarrt! Wenn Stolz und Rache in ihrer Brust sprechen, weist sie Hindernisse zurück und lacht über Verbrechen! Attackiere bloß ihre Sinne, laß zum Beispiel Musik eine zarte Saite ihres Herzens berühren und in ihrer Phantasie ein Echo auslösen, und siehe da! All ihre Vorstellungen verändern sich: – sie schreckt vor der Handlung zurück, von der sie nur einen Augenblick zuvor glaubte, sie sei verdienstlich, ergibt sich irgendeinem neuen Gefühl und sinkt – das Opfer eines Klanges! Oh, schwache und verächtliche Wesen.[292]

Ellena und Vivaldi müssen all ihre Kraft zusammen nehmen, um sich in der feindlichen Welt zu behaupten. Sie allein bleiben die Repräsentanten der positiven Werte: Wahrhaftigkeit, Ehre, echte Gefühle. Die *Mathematik des Begehrens* erhält bei Ann Radcliffe eine Doppelstruktur: Die Rebellion gegen diese Mathematik kann sich gegen die äußeren Machtstrukturen wenden, sie kann sich aber auch auf innere Konditionierung beziehen. Geht es um die Innensteuerung nach ethischen Werten und rationalen Rahmen auf der eher philosophischen Seite, oder aber um Regularien des Verhaltenssystems und Dekorums der bürgerlichen Klasse wie Klugheit, Stolz, Selbstachtung, so lässt sich dies auch als eine *Dialektik der Aufklärung* lesen. Denn die Verwirklichung der Liebe, die im Grunde von Radcliffe positiv gesehen wird, erhält hier innere Grenzen und Schranken, die auch als Reduktionsform der Subjektivität bezeichnet werden könnten. Nach Doris Sauermann geht es Ann Radcliffe „um die Verbreitung von Werten, wie sie von den „conduct-books" propagiert wurden. Die Heldinnen praktizieren

> [...] die strikte Anwendung von Handlungsanweisungen, die ihnen in ihrer Jugend eingeprägt worden waren und die realiter das ideale bürgerliche Frauenbild reflektieren. Liebeskonflikte sind deshalb nie mehr als ein Abwägen zwischen Klugheit und Gefühl.[293]

Insgesamt bleibt bei Radcliffe eine rebellische Tendenz spürbar, zumindest dann, wie Sauermann schreibt, wenn das Lebensglück der Heldin auf dem Spiel steht und es darum gehen muss, Klugheit mit dem Gefühl zu vereinigen. Dann lässt sich nicht mehr von der alleinigen Herrschaft der Vernunft über das Gefühl sprechen. Ein weiterer Gesichtspunkt verbindet sich mit dem Gesagten: Selbst wenn Radcliffes Romane die Schönheit der Landschaften betonen ebenso wie die der Heldinnen, sodass von einem reinen Ästhetizismus gesprochen werden könnte, trügt das Bild. Der zurückhaltende Ton der Romane macht sie in keiner Weise unerotisch. Und so sei eine der wenigen expliziten Stellen aus Radcliffes *The Romance of the Forest* zitiert, um ihre Gegnerschaft zur *Mathematik des Begehrens* sinnfällig zu machen:

Ihre Schönheit, gefärbt durch die matte Empfindlichkeit der Krankheit, gewann aus dem Feingefühl, was sie an Jugendfrische verloren hatte. Die Unachtsamkeit auf ihre Kleidung, gelockert, um freier atmen zu könen, enthüllte jene leuchtenden Reize, die ihre goldbraunen Locken, die verschwenderisch über ihren Busen fielen, beschatteten, aber nicht verbergen konnten.[294]

Hier zeigt sich ganz deutlich, daß Sexualität, wie sehr sie auch tabuisiert werden mag, sich nicht verdrängen läßt. Im 18. Jahrhundert kann sie noch offen oder, wie im gotischen Roman, unterschwellig mit in die Literatur einfließen, während sie im 19. Jahrhundert so tabuisiert ist, dass sie nur noch im Untergrund, in der Pornographie, Ausdruck finden kann.[295]

Selbst wenn kein Zweifel daran bestehen kann, dass Ann Radcliffe vor den „Gefahren des Exzesses" warnt[296], so kündet die Widersprüchlichkeit zwischen Stil und Romanprojekt doch von mehr als bloß der Intention, alles nach einigen

Abb. 6
Giovanni Battista Piranesi, CARCERI D'INVENZIONE (1761)
Blatt XIV, Zweiter Zustand (Gotischer Bogen), 41 x 53,5 cm
© Staatsgalerie Stuttgart.

Aufregungen wieder im Hafen von Tugend, Vernunft und häuslichem Glück enden zu lassen. Selbst wenn man dies als „ideologisches" Ziel Radcliffes festschreiben wollte, zeigen ihre Romane zweifellos – wie so oft in der Literatur – dass in ihnen mehr steckt, als die Autorin übersehen konnte.

Der zweite Teil von *The Italian* wird geprägt durch die *Mathematik des Begehrens*, wenn auch in anderer Weise. Vivaldis Begegnung mit der Inquisition liefert einen Beweis für die radikale Möglichkeit der Unterdrückung eines natürlichen und glücklichen Lebens. Diese Form der Gewalt lässt einen allgemeinmenschlichen Wahrheits- und Tugendbegriff gar nicht mehr zu und dies geschieht nach der Maßgabe dogmatisch abgestützter kirchlicher Machtausübung. Ann Radcliffe gelingt es[297], die düsteren Gewölbe und Folterkammern des Inquisitionsgefängnisses außerhalb von Rom in solch düsterem *chiaroscuro* zu beschreiben, dass selbst Piranesis *Carceri* Blätter XIV und XVI des 2. Zustandes dagegen im wahrsten Sinne des Wortes *verblassen*.

Abb. 7
Giovanni Battista Piranesi, CARCERI D'INVENZIONE (1761)
Blatt XVI, Zweiter Zustand (Pfeiler mit Ketten), 40,5 x 55 cm
© Staatsgalerie Stuttgart.

119

Das *chiaroscuro* von Blatt XIV fällt sofort ins Auge: Die gewaltigen gotischen Bogen erscheinen, wie Norbert Miller betont, „zugleich gegenwärtig und kulissenhaft distanziert." Die Bögen werden durch Holzbalken und Brücken ergänzt, welche die Stimmung noch düsterer machen. Selbst die Durchblicke zwischen den Pfeilern kommen an kein Ende, sondern indizieren die unheimliche Ausdehnung des Raumes selbst.

Das Blatt XVI belegt Piranesis Interesse an der antiken Rechtssprechung, denn die lateinischen Inschriften beziehen sich auf römische Strafgesetzgebung und gehen auf Zitate aus Livius *Ab urbe condita* zurück. Der Hintergrund dieses Blattes ist aufgebrochen, bietet ein komplexes, mehrgeschossiges Raumgefüge, Folterinstrumente, zerbrochene oder gesprengte Ketten und die schon von Giesecke 1911 benannten Schandmale. Corinna Höper hat dieses Gefängnis als Mahnmal von Verbrechensbekämpfung und gegen die Schreckensherrschaft (Nero) bezeichnet, wobei sich die Situation auf die Vergangenheit, nicht auf die Gegenwart bezieht.[298]

Das Bild vom ganzen Menschen im Konflikt mit der *Mathematik des Begehrens* lässt sich aus Ann Radcliffes Werk nicht tilgen. Ohne die *dunkleren Bewegungen* würden ihre Romane nicht interessieren und schon gar nicht fesseln. Dafür gibt der zweite Teil von *The Italian* hinreichende Anhaltspunkte:

Noch im ersten Teil des Romans erfährt der Leser, dass Ellena gekidnapt wird, um in ein Gebirgskloster verschleppt zu werden. Dort soll sie ihr Gelübde als Nonne ablegen, so dass sie für Vivaldi verloren ist. Vivaldi spürt Ellena nach und kann sie unter Gefahren aus ihrem Gefängnis befreien (II.i.).

Sobald es zum Heiratsversprechen der Liebenden kommt (II.v.), nimmt der Roman einen dramatischeren Zuschnitt an, indem Gefahren für Leib und Leben beider drohen. Die risikoreichen Wege Vivaldis und Ellenas führen durch einsame und unheimliche Gegenden. Die dräuende Erhabenheit der Landschaft wirft Verdüsterungen über Schicksale und Geschehnisse. Sicherlich hat sich die zeitgenössische Leserschaft an den imaginativ aufgeladenen Unsicherheiten ergötzt und die Neuheit von Furcht und Schrecken genossen.[299]

Die Marchesa hatte zur Vermeidung der Mésalliance Vivaldis Schedonis Plan zugestimmt, Ellena zu ermorden (II.iii.). Gleich zu Beginn des Romans tritt Schedoni als unheimliche Figur auf. Sir Walter Scott nennt ihn deshalb:

Einen stark gezeichneten, und so kräftigen Charakter, als sich je einer im Gebiet eines Romans bewegte; eben so hassenswerth, wegen der Verbrechen, die er schon beging, als wegen der, die er zu begehen bereit ist; fürchterlich um seiner Anlagen und seiner Energie willen; zugleich Heuchler und Wüstling, gefühllos, ohne Mitleiden unversöhnlich.[300]

Schedoni ist allerdings nicht im Kloster korrumpiert worden, sondern seine Untaten gehen auf das Konto seiner individuellen Schlechtigkeit.[301] Schedonis Mordplan und das Heiratsversprechen der beiden Liebenden liegen zeitlich nicht weit auseinander. Das Verderben droht ihnen, als sie sich auf ihrem Weg nach Neapel – nach Ellenas Befreiung aus dem Kloster – in einer kleinen Kapelle am See trauen lassen wollen. Soldaten, die sich als Trupp der Inquisition ausgeben, schleppen Ellena und Vivaldi fort. Die beiden werden getrennt – und damit sind zwei dramatische Lebenswege zu verfolgen. Held und Heldin leben in furchtbarster Ungewissheit im Blick auf das Schicksal des jeweils anderen (vgl. II. v.). Vivaldi und sein Diener Paolo werden in die römischen Gefängnisse der Inquisition gebracht, die in Vivaldi den Eindruck erwecken, Regionen der Hölle zu sein. Die Beschreibungen der opaken Ordnung der Gebäude, der unerwarteten Gänge und Wege sowie der unterirdischen Gewölbe sind vom *chiaroscuro* der *Carceri* erfüllt:

Während Vivaldi – wie in der vorausgehenden Nacht – durch viele Passagen geführt wurde, bemühte er sich hinsichtlich ihrer Länge und der Unmittelbarkeit der Biegungen zu entdecken, ob es dieselben waren, die er zuvor gegangen war. Plötzlich rief einer seiner Bewacher: „Stufen!" Es war das erste Wort, das Vivaldi ihn jemals äußern hörte. Er nahm sofort wahr, dass der Grund sich absenkte und er begann hinabzusteigen; als er dies tat, versuchte er die Anzahl der Stufen zu zählen, so dass er sich ein Urteil darüber bilden konnte, ob dies die Flucht war, die er zuvor durchschritten hatte. Als er den Grund erreichte, war er zu glauben geneigt, dass dies nicht so war; und die Sorgfalt, die man beachtet hatte, um ihm die Augen zu verbinden, schien anzuzeigen, dass er zu einem neuen Ort ging.

Er passierte durch verschiedene Gänge und stieg dann empor; bald danach stieg er wiederum ein langes Treppenhaus hinab, an das er keine Erinnerung besaß und sie gingen ziemlich weit über ebenen Grund. Aus den hohlen Tönen, die seinen Schritten nachhallten, schloss er, dass er über Gewölben lief. Die Fußtritte der Wachen, die ihm von der Zelle gefolgt waren, waren nicht mehr zu hören und er schien nur mit seinen Begleitern allein gelassen zu sein. Eine zweite Treppenflucht schien ihn in unterirdische Gewölbe zu führen, denn er nahm die Veränderung der Luft wahr und fühlte wie ein feuchter Dunst ihn umschloss.

Die Drohung des Mönchs, dass er ihn in den Kammern des Todes treffen würde, kam Vivaldi häufig in den Sinn.[302]

Diese Schilderung lässt sich durch einen Blick auf Piranesis *Carceri* XVI (2. Zustand) (vgl. Abb. 7) anschaulich machen, denn das Blatt zeigt Treppen, die nach oben und nach unten führen, ohne dass der Betrachter erkennen kann, ob diese Wege ein Ende haben.

Nach der erneuten Entführung Ellenas wird sie auf verschlungenen Wegen zu einem alten einsamen Haus an der Küste geführt, in dem Schedoni sie ermorden will, nachdem sein Kumpan Spalatro die Tat abgelehnt hatte. Schedoni selbst schreckt vor dem Mord zurück, als er erfährt, dass Ellena seine Tochter ist. In ihm vollzieht sich eine grundlegende Wandlung, die eine vollkommen veränderte Haltung nach sich zieht: Schedoni kehrt mit Ellena nach Neapel zurück. Sie bringt sich in einem Konvent in Sicherheit. Schedoni beschwört nunmehr die Marchesa – im Gegensatz zu seinen bisherigen Schreckensplänen – die Heirat von Ellena und Vivaldi zuzulassen.

Im Inquisitionsgefängnis trifft Vivaldi auf dem Weg in seine Zelle den unbekannten Mönch, der zum neapolitanischen Kloster von Paluzzi gehört. Dieser hatte ihn mehrmals abends in der Dunkelheit davor gewarnt, Ellena in ihrer Behausung, der Villa Altieri zu besuchen. Dieser geheimnisvolle Mönch, ein Mitgefangener, besucht Vivaldi in seiner Zelle, ohne genauere Aufschlüsse über sich selbst oder über Schedoni zu geben. Während des zweiten Verhörs Vivaldis vor dem Großinquisitor taucht der Mönch erneut auf. Vivaldi erkennt ihn als Mönch von Paluzzi. Dieser enthüllt vor dem Inquisitionsgericht die Verbrechen Schedonis, die er vor seiner Priesterzeit beging.[303] Es kommt zu einer kurzen Aussprache zwischen diesem Mönch und Vivaldi in der unheimlichen Szene des Inquisitionsgerichts. Bei einem nächtlichen Besuch fragt der Mönch Vivaldi nach Schedoni aus und enthüllt dessen Vorgeschichte und damit dessen verbrecherische Vergangenheit. Bei seiner Ankunft in Neapel hatte Schedoni dem Pater Ansaldo im Beichtstuhl seine Verbrechen bekannt. Schedoni, verwickelt in die Komplotte der Marchesa, instruierte sodann den Mönch Nicola zu seinen nächtlichen Auftritten vor der Villa Altieri.

Schedonis innere Wandlung hatte sich darin geäußert, dass er nach Rom geht, um Vivaldi für Ellena aus dem Inquisitionsgefängnis zu befreien. Es sind seine alten Verbrechen, die ihn einholen, denn er wird auf dem Wege nach Rom verhaftet. In Rom gerät Schedoni selbst in die Fänge der Inquisition. Gegen ihn wird ein Verfahren wegen Mordes eröffnet, denn er hatte vor seiner Zeit als Mönch seinen Bruder, den Grafen di Bruno, aus Eifersucht auf dessen schöne Frau Olivia ermordet. Ihm fielen der Titel und die Witwe Olivia zu, die er zur Heirat zwang, aber später ermordete. Ansaldos Bericht von Schedonis lang zurückliegender Beichte bringt den Stein ins Rollen. In diesem Zusammenhang wird für Vivaldi zunächst auch offenbar, dass Ellena Schedonis Tochter ist.

Die Szenerie der Inquisitionsverhöre erscheint so finster, weil völlige Unsicherheit darüber herrscht, wer schuldig und wer unschuldig ist und an welchem Punkt die Allgewalt der Inquisition über Leben und Tod entscheidet. Die allseitige Urteilsunsicherheit verbindet sich mit der Gefahr der Plötzlichkeit: Niemand weiß, wen die Faust der Inquisition ergreifen und zerschmettern wird. Ann Radcliffe setzt mit der Verurteilung Schedonis wegen seines Brudermords (III.viii.) einen Wendepunkt in ihrem Roman. In einem *decrescendo* finden sich Ellena und Vivaldi in Neapel.

Sir Walter Scott hat Ann Radcliffe attestiert, sie habe eine neue Art des Romans geschaffen und zwar jenseits von Tragödie und Komödie. Ihr Buch zeitige einen tiefen Effekt „durch Erregung der Leidenschaft, der Furcht nämlich, theils durch wirkliche Gefahr, theils durch solche, die auf dem Aberglauben beruht. Die Wirkung des Werkes knüpft sich also wesentlich an die Zeichnung äußerer Ereignisse…"[304] Die Figuren Radcliffes erscheinen Scott als typisiert. Den Heldinnen kommt allerdings exzessive Sensibilität zu: „Mächtige Gefühle finden legitimen Ausdruck in der Reaktion auf die Großartigkeit der Szenerie, durch welche die Heldinnen kommen."[305] Radcliffes Nebenfiguren sind besonders gelungen. Diese umgibt zumeist das Odium des Geheimnisses, wie dies bei Schedoni der Fall ist. Dessen Schilderung gilt Scott als „meisterhaft". Ann Radcliffe wendet sich „oft zu der reichhaltigsten Quelle tiefer und leidenschaftlicher Bewegung, Dunkelheit und Spannung."[306]

Damit berührt Radcliffe das Orientierungsproblem einer Geometrie und auch einer Arithmetik des Begehrens, welche an die Anschauung der Zeit gebunden sind, zu der Gier ebenso gehört wie Neugier. Es ist aber auch die Unbestimmtheit des Raumes, die zur Annahme führt, dass eine Geometrie des Begehrens einer Geometrie des Schreckens entspricht. Große Gebäudekomplexe, Schlösser, Burgen, Klöster, sind charakterisiert durch ihre Unübersichtlichkeit.[307] Radcliffe fesselt die Aufmerksamkeit des Lesers immer wieder durch eine differenzierte Anziehung all seiner Sinne, sowohl in der ästhetischen Dimension als auch hinsichtlich der archaischen Tiefen unbewusster Leidenschaften.[308]

Mathematik des Begehrens bei Johann Heinrich Füssli

Johann Heinrich Füssli wurde 1741 als Sohn des Malers und Schriftstellers Johann Caspar Füssli in Zürich geboren und zum protestantischen Pfarrer erzogen, obwohl er seit seiner Kindheit eine große Leidenschaft und auch Begabung zum Zeichnen gezeigt hatte. Nach seiner Ordination übernahm er ein Kirchenamt, interessierte sich aber schon früh für Literatur unter dem Einfluss der Kritiker Bodmer und Breitinger. Füssli geriet in Schwierigkeiten, als er zusammen mit seinem Freund J. C. Lavater gegen den despotischen Hohen Landvogt Grebel ein Plädoyer zur Verteidigung der bürgerlichen Freiheit gegen Machtmissbrauch, Korruption und Betrug schrieb. Er musste aus Zürich fliehen und reiste nach kurzem Aufenthalt in Berlin und Barth – im Kreise Johann Georg Sulzers – 1764 nach England. Dort arbeitete er zunächst als Herausgeber und Übersetzer. Unter anderem übersetzte er Werke von Rousseau sowie von Johann Joachim Winckelmann, so dessen *Geschichte der Kunst des Altertums*. Nebenbei betätigte sich Füssli künstlerisch und so vermochte Sir Joshua Reynold ihn zu überreden, zu einer gründlichen Ausbildung nach Rom zu gehen. Füssli studierte in Rom von 1770–1778 mit großer Gründlichkeit die antike Kunst, vertiefte zugleich seine philologischen und kunsthistorischen Kenntnisse. Zugleich befasste er sich mit der italienischen Malerei, besonders der Renaissance (Michelangelo) sowie mit den großen Dichtern der Antike und denen der neueren Zeit. Seine Beschäftigung mit der Kunst der Alten führte ihn in die Kreise der Neo-Klassizisten, die sich mit den Theorien Winckelmanns[309] befasst hatten. Zwei Persönlichkeiten wurden für Füssli besonders wichtig: der Maler und Kunsttheoretiker Anton Raphael Mengs (1728–1779) und der schwedische Bildhauer Johan Tobias Sergel (1740–1814).

Mengs gilt als stilbildend für die europäische Malerei des Neo-Klassizismus und als theoretischer Kopf, der den klassizistischen Kunstbegriff durch seine Abhandlung *Gedanken über die Schönheit und den Geschmack in der Malerey* (1761/62) maßgeblich beeinflusste.[310] Mengs war mit Winckelmann, aber auch mit Füsslis Vater befreundet, der die *Gedanken* in Zürich herausgab. Füssli schliesst sich in Rom Mengs an, der unter dem künstlerischen Ideal, das versteht, was man nur mit der Imagination, nicht aber mit den Augen sieht. Für ihn hängt das Ideal in der Malerei von der Auswahl der schönsten Dinge in der Natur ab, die von jeder Unvollkommenheit gereinigt sind.[311] Füssli sieht im Gegensatz zu ästhetischen Auffassungen, die jede Missgestalt ausschließen, in der Natur das allgemeine Prinzip visueller Gegenstände. Füssli und sein Freund

Sergel erkennen in der Kunst der Alten einen Wegweiser, der ihnen helfen konnte, ihre eigene Kunstvorstellung zu entwickeln. Die Wirkung von Winckelmann und Mengs war beachtlich. Während Winckelmann das klassische Schönheitsideal des Harmonischen betonte, öffnete sich Mengs schon dem Anspruch der Phantasie. Füssli und Sergel vollziehen in der Kunst den Übergang zur dramatischen Dynamik. Damit gelingt es, die Gemessenheit des Klassizismus zu überschreiten und Kunstformen des Expressiven zu schaffen.[312]

Lavater schreibt an Herder über Füsslis Rom-Aufenthalt:

> Füssli in Rom ist eine der grössten Imaginationen. Er ist in allem Extrem – immer Original: Shakespeares Maler – nichts als Engländer und Zürcher, Poet und Maler. Er war mein Mitstreiter gegen Grebel. Ein hartmannischer Geist. Einmal send ich dir seine originalen Briefe: Windsturm und Ungewitter. Reynolds weissagt ihn zum grössten Maler seiner Zeit. Er verachtet alles. Er hat mich, der erste, mit Klopstock bekannt gemacht. Sein Witz ist grenzenlos. Er handelt wenig ohne Bleistift und Pinsel – aber wenn er handelt, so muß er hundert Schritte Raum haben, sonst würd er alles zertreten. Alle griechischen, lateinischen, italienischen und englischen Poeten hat er verschlungen. Sein Blick ist Blitz, sein Wort ein Wetter – sein Scherz Tod und seine Rache Hölle: in der Nähe ist er nicht zu ertragen. Er kann nicht einen gemeinen Odem schöpfen. Er zeichnet kein Porträt – aber alle seine Züge sind Wahrheit und dennoch Karikatur. Von seinen Schriften hab ich keine Zeile. Stolz und Nonchalance machen jeden Mund ferne verstummen, der etwas von ihm bitten will; aber er gibt sich in einem Augenblick arm, wenn er ungebeten gibt. (*31/S. 186)

Bei seiner Rückkehr nach England fand Füssli einen Patron in Boydell, für dessen *Shakespeare Gallery* er Werke beisteuerte. Er gab eine Ausgabe von Lavaters *Physiognomie* heraus, half Cowper bei seinem *Homer* und stellte seine Gemälde zu John Milton aus (*Milton Gallery*). 1790 wurde er in die *Royal Academy* berufen, 1799 dort zum Professor für Zeichnen ernannt und später zum *Keeper* der Akademie.

Berühmt wurde er mit seinem Gemälde *Der Nachtmahr*, das die charakteristische Verzerrung in seinem Stil zeigt, besonders in der leicht erotisch präsentierten Frauenfigur. An seiner hohen Begabung, vor allem an seiner Kraft, seine Figuren dynamisch zu zeigen, gibt es keinen Zweifel.

Füssli hatte einen unleugbaren Zugang zu tiefenpsychologischen Einsichten, die sich auch auf die dunkleren Mächte einschließlich der Sexualität beziehen.[313]

Der geometrische Mensch in Füsslis Zeichnungen und Radierungen

Füssli hat in vielen seiner Zeichnungen und Drucke das Thema der *Geometrisie-rung* des menschlichen Körpers aufgegriffen.[314] Er zeigt Menschen – entweder Individuen oder Gruppen – in zerstörerischen oder erotischen Handlungen begriffen. In seinen Werken besitzt der Gegensatz von Freiheit und Notwendigkeit immer eine ästhetische Funktion, die sich in der Spannungsstruktur der Bilder niederschlägt. Extreme Momente nennt Füssli „Momente der Mitte", in denen Tod oder sexuelle Aggression unmittelbar bevorstehen:

> Der mittlere Augenblick, der Augenblick der Spannung, die Krise, ist der wesentliche Augenblick, schwanger mit der Vergangenheit und der Zukunft noch nicht entbunden ...[315]

Dieser mittlere Augenblick kann exakt mit dem Mittelteil einer Geschichte verglichen werden. Nach Füssli muss das Kunstwerk einen bestimmten Augenblick formulieren, der den Höhepunkt der Spannung und damit den größten Effekt zum Ausdruck bringt:

ABBILDUNG BACCHANAL:
Diese Szene des Bacchanals ist als Beispiel für den Mittleren Augenblick sinn-fällig, da die Debütantin in der Mitte zwischen Leben und Tod schwebt. Der zurückweisenden Geste gegenüber der Frau, die rechts am „Eingang" zur Szene sitzt, kann die schlimmste Strafe nach sich ziehen, die links durch die Axt auf dem Block angedeutet wird.

Der mittlere Augenblick, der das Wesen jeder Erzählung bestimmt, setzt das Bewusstsein des Künstlers für die Dramaturgie der Geschichte voraus. Seine Subjektivität fungiert als Spiegel, in dem das Thema reflektiert wird, um als Muster im Kunstwerk selbst transformiert zu werden. Füssli versucht immer, die dramatischen Augenblicke durch körperliche Spannungen und gegenläufige Kräfte auszudrücken. Gegensätze wie offen – geschlossen, Schlaf/Trance – Bewusstsein, weich – hart, „rund – eckig/bizarr sind Elemente seiner künstlerischen Sprache oder ein Inventar seiner Produktionen. Die Gesten seiner Figuren treten als Momente einer Handlungsdynamik und einer geistig/emotionalen Erhöhung auf, als ob sie ein Symbol des Erhabenen anbieten würden.

Dramatische Veränderungen ähneln den Maxima und Wendepunkten im Differentialkalkül. Entsprechend werden Macht und Freiheit wechselseitig

Abb. 8
Szene aus den Bacchanalien, Livius XXXIX, 8. 1812
Bleistift, Farbe, 406 x 319 mm
Zürich, Kunsthaus.

aufeinander bezogen durch Füsslis sexuelle *ars combinatoria* oder durch seine „Fünf-Punkte-Methode", bei der der Körper einer menschlichen Figur so gestreckt werden muss, dass fünf geometrische Punkte miteinander verbunden werden können, die vorher willkürlich festgelegt wurden (Abb. 9–11). Dabei handelt es sich um Füsslis Proportionsexperimente, die er mit dem Bildhauer Thomas Banks durchführte. Es mussten dabei Figuren um fünf Punkte gezeichnet werden, welche die Positionen von Kopf, Händen und Füßen bezeichnen. Daraus ergaben sich seltsame Haltungen der Figuren, die schwer mit den anatomischen Erfordernissen in Einklang gebracht werden konnten. Es ist typisch für Füssli, dass solche rein theoretisch-fiktionalen Versuche an die Stelle des direkten Naturstudiums traten[316].

In der Darstellung des Körpers wandte man sich in der Folge der Kunst des „Gothic"
mit ihrer Raumauffassung und ihren narrativen Bezügen zu. Die Formen verdich-
teten sich oder waren gelängt und verzerrt, wurden in weite Bildräume gesetzt oder
auf bedrückende Enge zusammengedrängt, erschienen verstümmelt und zerstört,
abwechselnd unverständlich und impulsiv, übertrieben und überspannt. Es waren
„unmögliche Körper", die keinen sozial relevanten Bezugspunkt hatten (indem sie
Beispiele für eine Körper- oder Charakterhaltung oder eine bestimmte Handlung
darstellten), sondern vielmehr künstliche, rein rhetorische Ausdrucksmittel, die
eine eigene Welt bevölkerten. Das innerste Wesen dieser Körperästhetik entsprach
Füsslis sogenannten „Fünf-Punkte-Zeichnungen" (...) aus der römischen Zeit, die
nun in die Sprache der öffentlichen Kunst übertragen wurden.[317]

Wie Werner Hofmann überzeugend dargelegt hat, verleiht Füssli durch dieses
Verfahren der Spannung von Freiheit und Zwang, von freier Entäußerung
mentaler und physischer Fähigkeiten vs. Macht und Unterdrückung künstlerischen Ausdruck.

Abb. 9
Johann Heinrich Füssli, Akt eines Gefesselten (1770-71)
Bleistift, Farbe, 14 x 20,5 cm
Zürich, Kunsthaus.

128

Zwang und Freiheit werden so in eine dialektische Beziehung gebracht. Dies führt zu zwei Dingen: erstens, der Künstler findet, dass er selbst die außerordentlichsten Posen entwickelt, deren die menschliche Anatomie fähig ist. Indem er sein Wissen um die Form nutzt, fängt er an im Rahmen von Prozessen zu denken. Eine zweite Konsequenz dieser rein technischen Aspekte ist, daß das Thema – das menschliche Wesen – aufgesplittert wird in viele Variationen, die dann zu selbständigen Themen werden.[319]

In seinen erotischen Zeichnungen nutzt Füssli sehr häufig auch mathematische Schemata, denn seine sexuelle Neugier untersucht „jede mögliche Variation" des Sexualaktes. Füssli entwickelt eine bildliche *ars combinatoria* (*32/S.186f), welche die Möglichkeit von scheinbar endlosen Variationen impliziert (Abb. 15 und 16)[319]:

Hier kommt Füsslis Modus des Sehens den komplizierten sexuellen Spielen de Sades sehr nahe, weil diese nichts mehr mit dem natürlichen Vollzug der Sexualität zu tun haben und schon gar nichts mit dem Fortbestand der Gattung. Bei de Sade geht es um dynamische Muster sexueller Betätigungen

Abb. 10
Johann Heinrich Füssli, Prometheus (ca. 1770-71)
Feder, Tinte und Pinsel, 15 x 22,6 cm
Basel, Öffentliche Kunstsammlung.

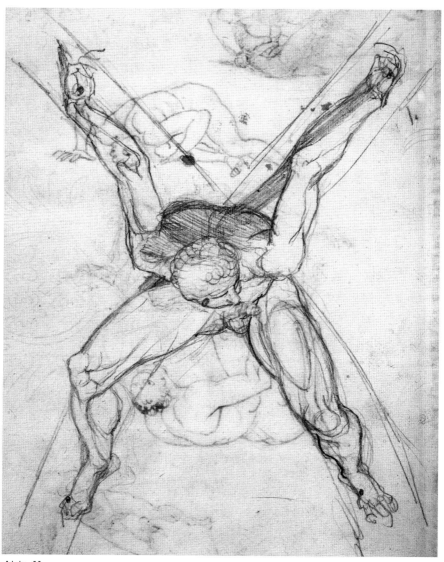

Abb. 11
Johann Heinrich Füssli, Männerakt am Andreaskreuz (1770-78)
Schwarze Kreide, 21,3 x 15,5 cm
Stockholm, Nationalmuseum.

Abb. 12
Johann Heinrich Füssli, Amore pianoforte, 1819
Schwarze Kreide, 24,7 x 20 cm
Zürich, Kunsthaus.

und Abweichungen nach der Vorgabe einer artistischen Choreographie. Damit werden privateste und intimste menschliche Beziehungen ästhetisch organisiert, also der kalten Distanzierung überantwortet. Werden solche Formen der Mathematisierung als *Mathematik des Begehrens bezeichnet*, so taucht unweigerlich das Problem der Beziehung von Verzweiflung und Begehren auf. Die Kälte der ästhetischen Distanz konvergiert mit der Abwesenheit von Liebe und folglich mit Verzweiflung. Die unbeantwortete Frage nach dem Sinn der Weiterexistenz der Menschheit hat mit der Verabsolutierung des unendlichen und unerfüllbaren Begehrens zu tun. In seiner *Phänomenologie des Geistes* erklärte Hegel das Phänomen der menschlichen Verzweiflung als *unglückliches Bewußtsein* einer Vereinigung zwischen dem dauerhaften Wesen des Selbstbewusstseins und dem variablen Verstand:

> Das Bewußtseyn des Lebens, seines Daseyns und Thuns ist nur der Schmerz über dieses Daseyn und Thun, denn es hat darin nur das Bewußtseyn seines Gegentheils als des Wesens, und der eigenen Nichtigkeit.[320]

Füssli hat den Horror als Sujet der schönen Künste immer kritisiert. Er sah sich als Repräsentanten des „ästhetischen Terrors", weil Terror die Quelle und möglicher Ausdruck des Erhabenen ist. In dieser Hinsicht teilen Füssli und Ann Radcliffe denselben ästhetischen Ansatz.[321] Er schrieb in der *Analytical Review* (Oktober 1792: 165) über Hickeys *History of Painting and Sculpture:*

> Die Wahrheit ist, dass Grauen und Widerwärtigkeit in all ihren Bereichen gleichermaßen aus dem Reich des Malers und Dichters verbannt werden. Terror als Hauptbestandteil des Erhabenen stellt in allen Fällen und in der äußersten Wortbedeutung das geeignete Material für beides…[322]

Auf Grund der unhintergehbaren Tatsache menschlicher Endlichkeit können unendliche Variationen/Fortschreibung von Handlungen, die zur Lust führen, niemals Wirklichkeit werden – sie bleiben immer nur eine Idee. Die Idee eines reichen und vollen Lebens verkümmert jedoch paradoxerweise zu einer Absurdität, wenn Menschen versuchen, ihre Endlichkeit durch systematisches Denken und Handeln zu kompensieren. Das Systemdenken suggeriert ewige Rahmen oder Formen, denen die Endlichkeit des einzelnen Menschen nicht entsprechen kann. So geht auch die Faszination des spontanen Augenblicks verloren, wenn dieser Augenblick ein Element einer Sequenz oder einer Variation in einem arithmetisch-geometrischen Muster ist.

Die Dekomposition oder die Befreiung aus engen sozialen Kontexten im späten 18. Jahrhundert zugunsten der urbanen Avantgarde öffnet Räume für Handlungen, Intentionen und Ideen, exponiert aber zugleich den *libertin* als einsame Figur, dessen Einsamkeit die Quittung für all seine Neuerungen und Abweichungen vom Normalen (auch: dem Klassischen) ausdrückt. Dieser Standpunkt ist wichtig, vor allem mit Blick auf die Debatte zwischen Füssli und Schiller darüber, in welcher Weise der Charakter und Aufgabe der Bildenden Künste ernst zu nehmen seien.

Der Mangel an Mythen in der Moderne, der von Friedrich Schlegel zutiefst beklagt wurde, führte zu der Idee, eine neue Mythologie zu konstruieren:

Es fehlt, behaupte ich, unsrer Poesie an einem Mittelpunkt, wie es die Mythologie für die Alten war, und alles Wesentliche, worin die moderne Dichtkunst der antiken nachsteht, läßt sich in die Worte zusammenfassen: Wir haben keine Mythologie. Aber setze ich hinzu, wir sind nahe daran eine zu erhalten, oder

Abb. 13
Johann Heinrich Füssli
Szene, Feder und Tinte, 32,8 x 45 cm
London, British Museum, Roman Album.

133

vielmehr es wird Zeit, daß wir ensthaft dazu mitwirken sollten, eine hervorzu-
bringen.[323]

Füssli integrierte das Mythologische in seine Kunst, machte aber keine Vor-
schläge, um die Mythen zu „überwinden" oder zu akkulturieren. Seine künstlerische Wirklichkeit zeigt die „Arbeit am Mythos", weil seine Themen des
Indirekten und des *Monumentalen* eine weite Skala psychischer Bewegungen
ausdrücken, welche die emotionalen Muster von Aufklärung und Klassizismus
hinter sich lassen. Daher sind Füsslis Gedanken ebenso wie seine Werke von
einem Charakterzug des „menschlich-übermenschlich" Unendlichen getönt,
und zwar durch die intellektuell-psychische wie durch die physische Unersättlichkeit des Strebens. Dieses Streben kann als eine Weiterentwicklung von
Schillers Begriff des *Sentimentalischen* angesehen werden — folglich hat hier
die Unterdrückung heroischen Strebens keinen Platz. Schiller hat das, was er
unter dem *Sentimentalischen* versteht, u. a. so erläutert:

Jene [die naiven Dichter, J. K.] rühren uns durch Natur, durch sinnliche Wahrheit, durch lebendige Gegenwart; diese [die sentimentalischen Dichter, J. K.]
rühren uns durch Ideen. Dieser Weg, den die neuern Dichter gehen, ist übri-
gens derselbe, den der Mensch überhaupt sowohl im Einzelnen als im Ganzen
einschlagen muß. Die Natur macht ihn mit sich Eins, die Kunst trennt und
entzweiet ihn, durch das Ideal kehrt er zur Einheit zurück. Weil aber das Ideal
ein Unendliches ist, das er niemals erreicht, so kann der kultivierte Mensch in
s e i n e r Art niemals vollkommen werden, wie doch der natürliche Mensch es
in der seinigen zu werden vermag. Er müßte also dem letztern an Vollkommenheit
unendlich nachstehen, wenn bloß auf das Verhältniß, in welchem beide zu ihrer
Art und zu ihrem Maximum stehen, geachtet wird. Vergleicht man hingegen die
Arten selbst miteinander, so zeigt sich, daß das Ziel, zu welchem der Mensch
durch Kultur s t r e b t, demjenigen, welches er durch Natur e r r e i c h t,
unendlich vorzuziehen ist. Der eine erhält also seinen Werth durch absolute
Erreichung einer endlichen, der andere erlangt ihn durch Annäherung zu einer
unendlichen Größe. Weil aber nur die letztere G r a d e und einen F o r t -
s c h r i t t hat, so ist der relative Werth des Menschen, der in der Kultur
begriffen ist, im Ganzen genommen, niemals bestimmbar, obgleich derselbe, im
Einzelnen betrachtet, sich in einem nothwendigen Nachtheil gegen denjenigen
befindet, in welchem die Natur in ihrer ganzen Vollkommenheit wirkt. Insofern
aber das letzte Ziel der Menschheit nicht anders als durch jene Fortschreitung zu
erreichen ist, und der letztere nicht anders fortschreiten kann, als indem er sich

kultiviert und folglich in den erstern übergeht, so ist keine Frage, welchem von beiden in Rücksicht auf jenes letzte Ziel der Vorzug gebühre.[324]

Diese Zähmung der menschlichen Anstrengung ist ein grundlegender Aspekt von Schillers Anwendung der Kantschen Ethik in seinen theoretischen Werken. Füssli vertritt dagegen stets die These, dass die Künste von der Ethik scharf und entschieden getrennt werden müssen. Dies zeigt Füsslis Abkehr von Schillers Begriff der *Sentimentalität*, hatte doch Schiller gerade eine Verbindung von Ethik und Ästhetik gefordert, nicht nur in seiner späten Abhandlung *Die Schaubühne als moralische Anstalt betrachtet* (1802), sondern bereits in den frühen theoretischen Schriften zum Erhabenen oder in *Ueber die ästhetische Erziehung des Menschen, in einer Reihe von Briefen* (1795).

Das Streben des romantischen Individuums braucht einen Freiraum, es benötigt die Ausdehnung hinauf zum Areal des Absoluten. Das ist in Füsslis Werken sichtbar. Seine Trennung von *Ästhetik* und *Ethik* signalisiert eine revolutionäre Bewegung innerhalb der abendländischen Zivilisation, welche über den Symbolismus hinaus bis in die Moderne wirkt. Die Kluft zwischen einer ästhetischen und einer ethischen Auffassung des Gegenstands von Begehren/Sexualität in Füsslis Werk regt Zweifel im Blick auf Geschlechterrollen an. Diese Zweifel erstrecken sich aber auch auf mentale wie handlungsbezogene Muster bei Männern und Frauen. In seiner experimentellen Ästhetik hat Füssli bereits das traditionelle Konzept absoluter männlicher Subjektivität durch die Inversion des männlich-weiblichen „Subjekt-Objekt-Verhältnisses" in der weiblich-männlichen Beziehung aufgelöst. Wenn er auch noch die weibliche Omnipotenz als Verkehrung männlicher Macht fürchtet – seine Werke, die mächtige Frauen wie Kriemhild oder Brünhild zeigen, belegen dies – kritisiert er implizit die Familienstruktur der bürgerlichen Gesellschaft. Das mag der Grund für die Tatsache sein, dass seine Frauen zärtlich und feminin oder maskulin und muskulös sein können: Die drei Frauen mit Körben wirken durch die weichen, fließenden Formen im Unterschied zum Kriemhild – Bild[325] ausgesprochen feminin. Tomory sieht in den Frauen Nymphen verkörpert.[326]

Füssli hat keine Theorie des Androgynen formuliert, obwohl seine relativierende Sicht des Geschlechter-Verhältnisses dies außerordentlich nahe gelegt hätte. Er durchbricht den patriarchalen Code durch die Umkehrung traditioneller Männlichkeits-Weiblichkeits-Muster. Dagegen hat Schiller eine konservative Weltsicht in Bezug auf Subjektivität, Frauen und Ethik. Die Allmacht der männlichen Subjekte wird bei Schiller nicht relativiert, weder in seiner Erkenntnistheorie noch in seiner Ethik, aber auch nicht in der Ästhe-

Abb. 14
Johann Heinrich Füssli
Drei Frauen mit Körben eine Treppe heruntersteigend (1789-1800)
Feder und Sepia, laviert, 37,5 x 23,2 cm
Nottingham, Castle Museum.

tik. Bei Schiller sind Frauen den Männern gleichberechtigt, wenn sie über politisches Genie verfügen, wie z. B. Gräfin Terzky, Maria Stuart und Königin Elisabeth von England. Schiller verknüpft die Basis für eine Gleichheit der Geschlechter mit dem aufklärerischen Prinzip der Vernunft. Das „Andere der Vernunft"[327] wird aus Schillers Frauenbild ausgeschlossen. Seine Frauengestalten bleiben meistens passiv, sind aber durch ihre hochentwickelte Sensibilität oder Empfindsamkeit bestimmt, doch es mangelt ihnen an Abstraktionsvermögen.[328] Wenn die „weiblichen politischen Genies" wegen ihrer Begabung für Strategie und auf Grund ihres politischen Kalküls geschätzt werden, so müssen sie notwendigerweise ihre Gefühle strikt kontrollieren. Als „aufgeklärte" Frauen teilen sie die Verstandeskultur ihrer männlichen Prototypen. Unter dieser Voraussetzung sind Emanzipationsprogramme absurd, die eine *natürliche* weibliche Unterlegenheit nahelegen. Andererseits – dies reflektiert die wahre Bedeutung des weiblichen Prinzips – ist die empfindsame Frau als literarisches Sujet viel bedeutender als der Typus der weiblichen Gelehrten. Während Einbildungskraft und Sensibilität als interdependente Fähigkeiten vieler Heldinnen der Literatur des 18. Jahrhunderts gesehen werden, erreichte der *Typus der gelehrten Frau* weder literarischen Ruhm noch gesellschaftliche Relevanz.[329] Das 18. Jahrhundert verbreitete das Vorurteil, demzufolge intelligente Frauen keine weibliche Attraktivität besitzen. Selbst die Gräfin Ossina in Gotthold Ephraim Lessings Trauerspiel *Emilia Galotti* gibt paradoxerweise die zeitgenössische Auffassung über die Frau wieder:

Wie kann ein Mann ein Ding lieben, das ihm zum Trotze auch denken will? Ein Frauenzimmer, das denkt, ist ebenso eckel als ein Mann, der sich schminkt. Lachen soll es, nichts als lachen, um immerdar den gestrengen Herrn der Schöpfung bei guter Laune zu halten.[330]

In Füsslis Werken wird die ambivalente Spiegelung des Weiblichen beibehalten, obwohl klar erkennbar bleibt, dass sich ein Wandel in der Philosophie der Geschlechter abzeichnet. In vielen seiner Ölgemälde, Zeichnungen und Kupferstiche formuliert Füssli die Steigerung der Lust und der Macht. Hier geht es um die Lust, andere zu zwingen. Diese Lust bedeutet, eine „Grenzsituation" zu erleben. Zum Begriff der *Grenzsituation* führt Karl Jaspers aus:

Situationen wie die, daß ich immer in Situation bin, daß ich nicht ohne Kampf und ohne Leid leben kann, daß ich unvermeidlich Schuld auf mich nehme, daß ich sterben muß, nenne ich Grenzsituationen. Sie *wandeln sich nicht*, sondern nur in ihrer Erscheinung; sie sind, auf unser Dasein bezogen, endgültig. Sie sind *nicht überschaubar;* in unserem Dasein sehen wir hinter ihnen nichts anderes mehr. Sie sind wie eine Wand, an die wir stoßen, an der wir scheitern. Sie sind durch uns nicht zu verändern, sondern nur zur Klarheit zu bringen, ohne sie aus einem Anderen erklären und ableiten zu können. Sie sind mit dem Dasein selbst. *Grenze* drückt aus: es gibt ein anderes, aber zugleich: dies andere ist nicht für das Bewußtsein im Dasein. Grenzsituation ist nicht mehr Situation für das Bewußtsein überhaupt, weil das Bewußtsein als wissendes und zweckhaft handelndes sie nur objektiv nimmt, oder sie nur meidet, ignoriert und vergißt; es bleibt innerhalb der Grenzen und ist unfähig, sich ihrem Ursprung auch nur fragend zu nähern. Denn das Dasein als Bewußtsein begreift nicht den Unterschied: es wird von den Grenzsituationen entweder nicht betroffen oder als Dasein ohne Erhellung zu dumpfem Brüten in der Hilflosigkeit niedergeschla-

Abb. 15
Johann Heinrich Füssli, Symplegma eines Mannes mit drei Frauen, 1809-1810
Bleistift, grau und rosa getönt, 19 x 24,8 cm
London, Victoria & Albert Museum.

gen. Die Grenzsituation gehört zur Existenz, wie die Situationen zum immanent bleibenden Bewußtsein.[331]

Die *Geometrie des Begehrens* bringt somit das Verhältnis von Möglichem und Unmöglichem, von unterschiedlichen Gesichtspunkten zum Ausdruck. Füsslis Arbeiten kombinieren die Idee menschlicher Unersättlichkeit sehr oft mit dem Bild der Langeweile. Dies geschieht immer dann, wenn die erotischen Spiele enden und wiederholt werden müssen. Die Definition von Langeweile als Umkehrung der Wiederholung beinhaltet ein gewisses Maß an Plausibilität. Das Begehren ist ersetzt worden durch ein verinnerlichtes Funktionieren – eine Wiederkehr des Immergleichen ohne jede Anteilnahme – , während die Wiederholung kein destruktives Phänomen sein muss. In seiner Schrift *Die Wiederholung* bemerkt Sören Kierkegaard eingangs:

Abb.16

Johann Heinrich Füssli, Erotische Szene mit einem Mann und zwei Frauen ca. 1770–8, grau aquarelliert, Feder und Tinte, 26,8 x 33,3 cm Museo Horne, Florenz.

Wer aber nicht faßt, daß das Leben Wiederholung ist, und daß das gerade des Lebens Schönheit ist: der hat sich selbst das Urteil gesprochen und verdient die Strafe, der er nicht entgehen wird: daß er zugrunde geht. Denn die Hoffnung ist eine lockende Frucht, die nicht sättigt; die Wiederholung aber ist das tägliche Brot, auf dem der Segen ruht daß es den Menschen sättigt. Hat man das Dasein umsegelt, so wird sich zeigen, ob man den Mut hat das Leben als Wiederholung zu verstehen, und Lust hat sich der Wiederholung zu freuen.[332]

Wenn Wiederholung und Routine jedoch im Verein mit einem Kommunikationsmangel oder Schweigen auftreten, wird der destruktive Faktor offenbar.[333] Es gibt einen unvermeidbaren Nexus zwischen der Tragik der menschlichen Natur, der Langeweile und der Notwendigkeit der Wiederholung. In seinen Symplegma-Zeichnungen zeigt Füssli entweder die geometrische Komplexität sexueller Spiele oder er verleiht Visionen und Begehren künstlerischen Ausdruck. In diesen Bildern ist der Wechsel von Entspannung und Bestrebung sichtbar, und zwar in der Gestik seiner Figuren. Die Beziehung von Raum und Zeit findet damit eine dramatische oder lyrische Form. Besonders in seinen Fensterbildern (Zeichnungen) charakterisiert Füssli weibliches Begehren (davor oder danach) in der Begegnung mit dem erwarteten/unerwarteten/enteilenden Liebhaber. Der Blick in die Landschaft schafft eine Offenheit für erhabene Einflüsse, Schauder der Erwartung und sexuelle Spannung. Vielen Werken fehlt die direkte dramatische Szene. In ihrer offenen Geometrie liefert die Perspektive das vorherrschende strukturelle Mittel, aber nicht die Vernetzung der Bewegungen. (*33/S. 187)

Füsslis Gemälde „Der Nachtmahr"

Füssli hat mit seinen Frauengestalten, häufig durch Haartrachten, in seinen Graphiken, Zeichnungen und Gemälden eine sexuelle Atmosphäre erzeugt. Die dargestellte Sexualität veranschaulicht die Dialektik von Unterwerfung und Aggression. Diese Spannung ist mit der Frage verknüpft, wie die eigene Identität gesichert und geschützt werden kann.

Füssli berührt in seinem Werk auch die Tiefenebene des Mythologischen und Symbolischen. Obwohl er sich der klassizistischen Formgebung verschrieben hat, werden Grundkonflikte der menschlichen Seele offenbar, die für die harmonisierende Kunstgesinnung seiner Zeitgenossen kein Thema bieten. Füssli hingegen stellt die psychischen Kräfte in ihren Grundformen dar. Es handelt sich um elementare Kämpfe – um die „mittleren Situationen"[334] – um

Abb. 17
Johann Heinrich Füssli
Der Nachtmahr, 1790–91
Öl auf Leinwand, 77,5 x 64 cm
Frankfurt am Main, Goethe-Museum.

tiefreichende Ängste, die aus dem Sexuellen stammen. Diese Motive, Hintergründe und Tiefenstrukturen sind für das berühmteste Gemälde Füsslis – *Der Nachtmahr* – grundlegend. Füssli hat zwei Fassungen des *Nachtmahr* gemalt, die erste 1781, die bei ihrer Austellung in London Aufsehen erregte und nun als die Detroit-Version[335] im Querformat bekannt ist. Die erste Fassung – in demselben Jahr entstanden wie *Die Räuber* und die *Kritik der reinen Vernunft* – wurde von Füssli im Frühjahr 1782 in der Royal Academy ausgestellt und machte ihn sofort berühmt. Das Gemälde wirkte als Sensation, sodass sich die Kenntnis des Bildes durch eine Reihe von Nachstichen rasch über ganz Europa verbreitete.[336] Knapp zehn Jahre später nahm Füssli das Thema erneut auf (1790) und schuf die Hochformat-Version des *Nachtmahr*, die weltberühmt geworden ist und zur Sammlung des Goethe-Museums in Frankfurt am Main gehört.[337]

Die ersten Betrachter des *Nachtmahrs* sahen in dem Bild die Macht des Dämonischen zum Ausdruck gebracht. Die Zeitgenossen wussten, dass Füsslis Kenntnis der germanischen Mythologie seine Werke beeinflusste. Es war die Dichtung des Nordens, die nicht nur von Herder entdeckt wurde, sondern auch Bodmer und Breitinger setzten sich damit auseinander. Dichterischen Ausdruck fand diese kulturelle Orientierung nach Norden auch in Bischof Percys *Reliques of Ancient English Poetry*[338] sowie in Gottfried August Bürgers *Lenore* (1773).[339]

Das Bild mit dem Sujet der liegenden, schlafenden oder in Traum – oder gar Trance – befindlichen Frau, der ein Incubus auf der Brust hockt, während ein Pferd mit glühenden Augen aus einem Vorhang heraus auf die Szene blickt, spricht Phänomene an, die zum Bereich des Unsichtbaren gehören.

In dieser zweiten Fassung [von 1790, J. K.] dominiert ein fahles, bläulichweiß oszillierendes Kolorit, das die gespenstische Wirkung unterstreicht. Der Betrachter wird unmittelbar in den engen, dunklen Raum eines Alkovens geführt, in dem bildparallel auf einem schmalen, niedrigen Bett eine blonde junge Frau auf dem Rücken liegend schläft, Kopf und Arme in gequälter Haltung nach hinten über die Bettkante gebogen. Die Blässe des Inkarnats korrespondiert mit dem gebrochenen Weiß des dünnen Negligés und des Lakens. Ein Toilettentisch mit Spiegel auf der rechten Seite nimmt die Tönung auf, ebenso der unwirkliche Pferdekopf mit der züngelnden Mähne, der mit blicklosen, glosenden Augen durch den Spalt der schweren dunklen Vorhänge in den Alkoven dringt. Auf der Brust der Schläferin hockt ein affen- oder katzenartiger Unhold, der sie quält und den Nachtmahr in ihre Träume einläßt. Das Bildlicht ist den Gestalten immanent und läßt sie auf irreale Weise in fahlem Glanz erscheinen.[340]

Die These, dass das Bild eine Geschichte erzählt, gibt keinen Anhaltspunkt über die Beziehung zwischen den dargestellten Figuren – Frau, Incubus, Pferd – und dem Interieur. Dieser Mangel an Klarheit steigert die Wirkung des Bildes, sodass gerade daran sowohl das Geheimnis als auch die innere Spannung des Bildes offenbar werden. Es lässt sich nicht auf Anhieb sagen, worin das Geheimnis besteht. Füssli selbst hatte in seiner Dritten Vorlesung über Malerei aus dem Jahre 1801 das Thema des Unheimlichen und Visionären oder auch des Traumes angesprochen:

> Der Begriff Erfindung sollte niemals so fehlkonstruiert werden, daß er mit dem der Schöpfung in einen Topf geworfen wird...[er ist] nur zulässig, wenn wir Allmacht erwähnen: erfinden heißt finden: ... das sichtbare Universum und sein Gegenstück, das unsichtbare, das unseren Geist in Bewegung setzt mit Visionen, erzeugt aus den Sinnen durch die Phantasie, sind das Element und das Reich der Erfindung: es entdeckt, wählt aus, kombiniert das Mögliche, das Wahrscheinliche, das Bekannte, in einer Weise, die schlagend ist mit einem Hauch von Wahrheit und Neuheit zugleich.[341]

Die göttliche Schöpfung lehnt Füssli zwar für die Ausfüllung des Begriffs Erfindung ab, doch schreibt er sich als Künstler die Fähigkeit zu, das Sichtbare, aber auch das Unsichtbare zu finden. Dieses Finden geschieht durch Visionen – und so lässt sich auch das Bild *Der Nachtmahr* als Vision betrachten, die aus dem Bereich des Möglichen heraus mit ganz bestimmten künstlerischen Mitteln konkretisiert wurde.

Die für Füssli typische Verzerrung der Figuren (Fünf-Punkte-Methode) ist im *Nachtmahr* ein wichtiges Kompositionselement. Offenbar hat der Künstler sich einer eigens kreierten symbolischen Körpersprache bedient, welche die Bildinhalte mit der Position der dargestellten Figuren verbindet. Auf diese Weise können Aktion und Passivität (Trägheit, Schlaf, Traum) bzw. differente Bedeutungen zum Ausdruck gebracht werden, die mit dem Sexuellen verbunden sind. Im Rahmen solcher „Körpersprache" wird deutlich, dass die von Füssli abgetrennten Teile des Körpers, etwa einzelne Arme oder Beine[342], den Bildausschnitt sprengen können, indem sie in Richtungen verweisen, die sich durchaus als Regionen des Unsichtbaren bezeichnen lassen wie etwa das Erdinnere, Himmel oder Hölle.

Von besonderem Gewicht für die Analyse des Gemäldes ist die symbolische Bildersprache, wenn sie zwischen Aggression und Entspannung unterscheidet: im Falle der bewussten Aktion, des Angriffs, des erhöhten Interesses durch

Leidenschaft oder Willensanstrengung werden die Figuren in konzentrierten und kräftigen Positionen gezeigt. Weisende Hände sind bei Willenskundgebungen zu Fäusten geballt, die Knöchel von der Kraft- und Willensanstrengung weiß. Vor allem die Arm-, Hand- und Beinstellungen betonen Festigkeit der Position, Kontrolle der Gestik und deutliche Zielrichtung, angezeigt durch Beanspruchung von gerichtetem Ausdruck in Weisung, Blick, Muskelanspannung. Im Gegensatz dazu sind Körperhaltungen, die nicht von starken Leidenschaften oder vom Willen geprägt sind, locker und offen, und zeigen damit Wehrlosigkeit gegenüber Aggressionen an. Dies ist der Fall bei den Schläfern, den Trägen oder den Träumern. Die Beine etwa oder die Arme hängen herab, sie teilen sich in der Schlafstellung: Muskelspiel ist nicht zu gewärtigen. Entspannung und die Gefahr der Angreifbarkeit fallen zusammen – und da der Wille nicht angespannt, die Intentionaliät des Bewusstseins ausfällt oder eingeklammert ist, so können Einwirkungen von außen das Ich gefährden. Die Schlafende kann aber ebensosehr von Ausgeburten der Imagination, der Phantasie, des Traumes bedrängt werden, denn die Notwendigkeit der teleologischen Intentionalität des Alltagslebens ist geschwunden. So sind Schlaf, Traum und Entspannung Zeiten der Vision. Alle drei Arten der Vision sind Phasen hereinströmender Bilder. Die Vorstellung vermag all das vor das innere Auge zu malen, was in wachen Gedanken, Handlungen, Intentionen keinen Platz findet. Dieser Gegensatz in Füsslis Bildern ist der Beachtung wert – und diese ist auch ein Schlüssel zum Verständnis des *Nachtmahr*.

Die Visionen Füsslis bezogen sich oft auf Frauen. So überfielen ihn bei seiner Ankunft in England heftige sexuelle Träume von Anna Landolt, einer schönen Zürcherin, die ihn nicht erhört hatte. Seinem Freunde Lavater hat er diese Liebesbesessenheit in seinen Briefen offenbart. Füssli war so sehr von Frauen fasziniert, dass er sie immer wieder zeichnete und malte. Er schuf eine Serie von Frauendarstellungen: „ein[en] Zyklus in dem Sinne, dass der Künstler in einer Varietät von Kontexten das ganze Spektrum der Entwicklung der Frau erforscht, vom Wildfang zur Heldin, von der Jungfrau zur Mutter."[343] Dabei wird das Thema der Sexualität in der Variation unterschiedlicher Frauentypen immer wieder angesprochen, denn auch diese Unterschiedlichkeit[344] deutet auf die Spanne vom *Opfer* bis zur *grausamen Geliebten*. In seinen *Bemerkungen über die Schriften von J.-J. Rousseau* schrieb Füssli über die Problematik der Entwicklung von *maiden* zu *mother*:

Was wird daraus folgen, daß die Mädchen wissen, dass es Küsse auch außerhalb der Familie gibt ... Daß sie wissen, wie das Leibchen dem Adlerauge der Liebe hier die Üppigkeit des Busens und die milchigen Kugeln des Entzückens malt, dort den schlanken Gürtel, die schwellenden Hüften; daß die Düfte ihrer Toilette Ansteckung verbreiten, dass Schürzen Hamlet dazu einladen werden, Tabernakel zu bauen zwischen den Beinen der Schönheit ... Was wird aus alledem folgen? Sie werden sie öffnen – ja und zugleich träumen, daß die Jungfernschaft den Hymen wegwerfen darf, weil der Ehestand ihn aufheben wird: ... eure Tochter mag zur Hure werden – sehr wohl – und hat vielleicht Héloise gelesen.[345]

Als eines der eindrucksvollsten Blätter zu diesem Thema sei Füsslis *amore pianoforte* (1819)[346] erwähnt, ein Blatt, das den Übergang von *Unschuld* zu *Erfahrung* in einem ähnlichen Sinne verdeutlicht wie der Rousseau-Kommentar von 1767. Der Gegensatz von Kontrolle und Verletzlichkeit wird auch in diesem Blatt anschaulich, sodass sich eine strukturelle Ähnlichkeit mit dem *Nachtmahr* andeutet, allerdings mit dem Unterschied, dass sich die Szene am Klavier bei Tage abspielt. Die Musik erleichtert eine Steigerung des Begehrens, sodass der Widerstand der Frau gegen den potentiellen Verführer gemindert wird. (*34/S. 187) Dabei entspräche der *actio* das Klavierspielen, der *reactio* die Steigerung des Begehrens im männlichen Zuhörer. Diese Akzeleration oder Intensivierung des Begehrens, das sich in einer raschen Folge von Handlungen ausdrücken kann, ist eindeutig ein Grenzwertphänomen, das sich nur durch Approximation denken lässt. Auch hier geht es um den mittleren Augenblick – es ließe sich auch von einem Wendepunkt sprechen – und wird diese Analyse der actio-reactio-Beziehung weiter getrieben, so stößt man an Wechselwirkungsprozesse: es ist dann gar nicht klar, *wer es denn gewesen ist*.[347]

Doch auch mit der enttäuschten und verzweifelten Liebe, die in den Wahnsinn treibt, hat sich Füssli befasst, wie das Beispiel seines Gemäldes *Mad Kate* zeigt. (*35/S. 187) Es handelt sich um die Geschichte einer Dienstmagd, deren Geliebter auf See verschollen ist. Kate verliert aus Trauer den Verstand und irrt im Lande umher, um ihn wieder zu finden. Füssli stellt Kate auf einem Felsen an der Küste sitzend dar, die aufgerissenen Augen starr auf den Betrachter gerichtet, das Haar im Sturmwind zerzaust. Die tragische Geschichte stammt aus William Cowpers Gedicht *The Task*.[348]

Was aber geschieht im *Nachtmahr* – und wenn nichts geschieht, was ist geschehen, was ist sichtbar, was ist unsichtbar? Die Beziehung zwischen der schlafenden Frau, dem Pferd und dem Monster ist unklar. Die Beziehungen zwischen, dem was wir sehen und dem, was wir nicht sehen, ist oft bedeutend in Füsslis Arbeiten. So gibt es etwa Bilder von Füssli, die ein junges Mädchen/eine junge Frau zeigen, das/die am Fenster sitzt in Erwartung der Liebe[349], z. B.

A Woman looking out of the window (1803; Abb. 20). Es ist gar nicht ausgemacht, auf wen oder auf was gewartet wird. Dann gibt es Fensterbilder, die zeigen, wie ein Incubus zwei schlafende Frauen verlässt.[350]

Füsslis Gemälde *Der Nachtmahr* gehört nicht zu den Fensterbildern. Doch auch hier weist die bildliche Darstellung auf seelische Prozesse hin. Das Wachbewusstsein kann ebenso in den Tagtraum übergehen wie der Schlafzustand in den Nachttraum. Diesen Punkt hat Erasmus Darwin unterstrichen, für dessen Werk Füssli Illustrationen lieferte:

> Sie werden zugestehen, dass wir in unseren Träumen vollkommen getäuscht werden: und dass wir selbst in unseren Tagträumen oft so in die Kontemplation dessen versunken sind, was in unserer Imagination an uns vorbeizieht, dass wir für eine Weile nicht auf den Verlauf der Zeit oder unseren eigenen Aufenthalt achten; und so erleiden wir eine ähnliche Art von Täuschung wie in unseren Träumen.[351]

Der Nachtmahr als Gegenstand des Volksglaubens wurde noch im 18. Jahrhundert als Alb oder Incubus aufgefasst, der auf der Brust des Schläfers sitzt und ihn so bedrückt und bedrängt. Über Füsslis Gemälde dieses Themas sind Verse von Erasmus Darwin überliefert:

> O'er her fair limbs convulsive tremors fleet
> Stark in her hands, and struggle in her feet;
> In vain to scream with quivering lips she tries,
> And Strains in palsy's (Paralyse) lids her tremulous eyes;
> In vain she <u>wills</u> to run, fly, swim, walk, creep;
> The WILL presides not in the realms of SLEEP
> On her fair bosom sits the Demon-Ape
> Erect, and balances his bloated shape.[352]

In Füsslis *Nachtmahr* ist ganz entsprechend der Beschreibung Erasmus Darwins eine auf dem Bett hingestreckte Frau dargestellt, die sich in einem ungeklärten Zustand befindet. Ist sie in Trance? Liegt sie in tiefstem Schlafe? Ist sie ohnmächtig oder gar tot? Ihr Kopf und ihre Arme hängen ähnlich wie das drapierte Bettuch nach unten. Ihr weißes Gewand weist fließende Formen auf. Der Alb oder Incubus, der auf ihrer Brust sitzt, ebenso wie das Pferd mit den glühenden Augen, können ihre Traumvisionen sein. Es ist aber auch nicht ausgeschlossen, dass die gesamte Konfiguration des Bildes einen Traum des Künstlers darstellt, in welchem er eine Frau so gesehen hat, wobei sich mannigfaltige Interpretationsmöglichkeiten ergeben würden, die von verschiedenen Identifikationen herrühren mögen. Relevant ist an diesem Bilde nun überhaupt, dass *Unsichtbares sichtbar gemacht wird*, sei es, dass es sich um die Vision der Schläferin auf dem Bilde oder um die des Künstlers handelt.

> Es ist wie die Erzählung eines Traums, den ein Anderer geträumt hat, eine Erzählung, die zugleich dem Träumenden und seinen mehr oder weniger deutlich empfundenen Visionen Form und Namen gibt. Der Maler hält den Traum einer Drittperson auf der Leinwand fest. Übt die Kunst des Malers jedoch genügend Wirkungskraft aus, so gerät das Gefühl der Objektivierung ins Schwanken: es ist nicht mehr nur das Portrait eines schlafenden *Anderen* mit dem Abbild seiner Träume. Es ist ja auch ein Traum des Malers, in dem eine Schlafende und der sie quälende Schrecken erscheint: ein für den Künstler und den sich in das Bild versetzenden Betrachter beängstigendes wie lustvolles Schauspiel. Der Traum verlegt sich in uns, macht uns zu seiner Urbehausung.[353]

Die Situation der Schläferin erzeugt eine besondere Stimmung, weil der Betrachter zum Voyeur wird, der das Bild der wehrlosen Frau mit seinem Begehren verbindet. *Der Nachtmahr* ist außerdem als Verkörperung masochistischer Ängste der Schläferin gedeutet worden, doch liegt die Vieldeutigkeit der Konfigurationen zuletzt in der Frage begründet: *Wer träumt?*

Die Tatsache, dass Menschen von düsteren, unheimlichen Begebenheiten und Erlebnissen träumen, hat in der Psychoanalyse (Sigmund Freud, *Traumdeutung*, 1900) dazu geführt, von der These der Unsinnigkeit von Träumen Abstand zu nehmen, sie zu erforschen und bei der Behandlung von Neurosen zu nutzen. Als Pforten zum Reich dessen, was Menschen nicht bewusst ist und doch zu ihnen gehört, entdeckten die Künstler der *Schwarzen Romantik* die Träume, die in den Schreckensvisionen der Schauerromane auftauchen. Träumer träumen sich als „Helden", wobei Oppositionen zur eigenen Person in Form von Widersachern eine wichtige Rolle spielen. Freud zitiert Schelling über das Unheimliche: es handele sich dabei um „etwas, was im Verborgenen hätte bleiben sollen und hervorgetreten ist."[354] Oftmals sind Träume mit ausufernder Imagination verbunden, möglicherweise ein Index für Kreativität. Sigmund Freud hat betont, dass – im Falle ein Affekt von einer Gefühlsregung verdrängt wird – Angst entsteht. Dabei erklärt er Angst als wiederkehrendes Verdrängtes, das sich als das Unheimliche erweist.[355] Das Unheimliche steht im Verbund mit den dunkleren Seiten des Menschen und wurde im 18. Jahrhundert bekanntlich als literarisches und künstlerisches Sujet entdeckt. Das Unheimliche tritt dann auf, „wenn die Grenze zwischen Phantasie und Wirklichkeit verwischt wird."[356] Freud unterscheidet hier das Unheimliche des Erlebens vom Unheimlichen der Vorstellung (oder: Fiktion). Ersteres führt auf Altvertrautes zurück. Dabei wurde als Folge eines animistischen Weltbildes „dereinst" das Mögliche für wirklich gehalten. Ereignet sich etwas in unserem Leben „was diesen alten abgelegten Überzeugungen eine Bestätigung zuzuführen scheint, haben wir das Gefühl des Unheimlichen,..."[357] Beim Unheimlichen der Vorstellung geht es darum, dass dieses Unheimliche von verdrängten infantilen Komplexen ausgeht – hier in erster Linie vom Kastrationskomplex und von der Mutterleibsphantasie. Es handelt sich hier um die „wirkliche Verdrängung eines Inhalts und ... Wiederkehr des Verdrängten."[358] So kommt es beim Gefühl des Unheimlichen zum Schwanken des Bewusstseins, weil in Frage steht, was davon zu halten ist. Diese Unentschiedenheit darüber, was die Schreckensvision darstellt oder woher das Unheimliche kommt, führt zu einer Unentschiedenheit bei der Auslegung. Dies hat Sigmund Freud 1919 als *Urteilsunsicherheit* bezeichnet:

für die Entstehung des unheimlichen Gefühls ist, ..., der Urteilsstreit erforderlich, ob das überwundene Unglaubwürdige nicht doch real möglich ist, eine Frage, die durch die Voraussetzungen der Märchenwelt überhaupt aus dem Wege geräumt ist. (*36/S. 187 f)

Füsslis *An Incubus Leaving Two Sleeping Girls* (Schiff 1445/929; Abb. 18) ist ein Bild, das im Vorfeld des *Nachtmahr* steht. Füssli verweist auf Homer, Ilias X. 496, wo es heißt: „Stöhnend lag er zuvor; ihm stand ein drückendes Traumbild gerade zu den Häupten die Nacht..."[359]

Dieser Hinweis besagt, dass der Alptraum von einem Bewusstsein geträumt wurde, das sich außerhalb des Bildes befindet – dies lässt sich auch vom *Nachtmahr* sagen. Der Alp, der die beiden in Trance befindlichen Frauen zu Pferde durch einen Sprung aus dem Fenster verlässt, evoziert deutlich sexuelle Konnotationen bis hin zur Szene sexueller Initiation.[360] Doch noch mehr wird am Gemälde von 1791 deutlich: etwa die mögliche Verwandlung von bedrückenden Figuren: das Pferd wird durch Metamorphose zum affenartigen Alp – beide sind synchron auf dem *Nachtmahr*-Bild zu sehen. Starobinski verweist in seinen wort- und ideengeschichtlichen Untersuchungen auf das Krankheitsbild des *nightmare* als „psychisches Druckphänomen"[361], d.h. erhöhten Blutdruck auf Grund der Traumtätigkeit, Visionen und Ängste. Vom Druckphänomen schloss die Medizin des späten 18. Jahrhunderts bei fülligen Frauen mit entsprechender Blutmenge auf eine Alpanfälligkeit. Und in der Tat: das Frankfurter Gemälde[362] zeigt eine füllige Frau, die sich in tiefstem Schlaf – oder tiefster Ohnmacht –, auf jeden Fall in nicht bewusstem Zustand befindet. Anders als auf der *Nachtmahr*-Version von Detroit wird die Vision durch den Kontrast des angezogenen Beins zu den schlaff heruntergesunkenen Armen noch intensiviert – als Hinweis auf die Stärke der inneren Vorgänge. Das Verhältnis von Traum, Schlaf und körperlicher Entspannung, damit Nachlassen des Willens und Vulnerabilität im Gegensatz zu den intentionsgeladenen, bewussten oder zornigen Handlungen prägt sich in den beiden Nachtmahr-Versionen verschieden aus. Schon Erasmus Darwin hatte in diesem Zusammenhang über den Incubus nachgedacht:

Abb. 18
Johann Heinrich Füssli, Der Alp verlässt das Lager zweier schlafender Frauen,
1810, Bleistift, laviert und aquarelliert, 31,8 x 40,8 cm
Kunsthaus Zürich.

Der naturalistische Poet [gemeint ist Erasmus Darwin, J. K.] beschreibt ausführlich die während des Schlafs unterbundene „Macht des Willens über unsere Muskelbewegungen sowie über unsere Gedanken", indem gleichzeitig „interne Reizungen und Empfindungen" bestehen bleiben, die das „vegetative Leben und die mechanischen Empfindungen" erhalten. „Taucht im Schlaf das schmerzhafte Verlangen nach willensgesteuerten Bewegungen auf, so nennt man das Alptraum oder Inkubus." Daher ordnet Erasmus Darwin in seiner „Zoonomia" (1794–1796) den Inkubus in die Kategorie der „Krankheiten der Willensäußerungen" ein, und in der Abteilung II dieser Kategorie heißt es: *Mit verminderter Muskelbetätigung.* Für den, der das Bild Füßlis betrachtet, unterliegt es keinem Zweifel, daß die Lage des Kopfes und der Arme, die entspannte Haltung der Hand bei der Schlafenden eine Unbeweglichkeit im höchsten Grade bezeugen: sie ist wehrlos dem übernatürlichen Besucher ausgeliefert.[363]

Eine Parallele zu dieser Situation findet sich in Heinrich von Kleists Novelle *Die Marquise von O.*: dort wird die Verletzlichkeit oder Angreifbarkeit einer in tiefer Bewusstlosigkeit befindlichen Frau von einem „natürlichen Besucher" ausgenutzt. Damit ist deutlich, dass die schlafende Frau eine deutliche sexuelle Anziehung ausübt – nicht zuletzt auf Grund der arretierten Willenspräsenz, die sich an verminderter Muskelbetätigung zeigt. Es trifft genau den Punkt des Visionären, das in diesem Fall als Dialektik von Bewusstlosigkeit und sexueller Aggression erscheint, wenn Kleist seine Novelle mit den Worten schliesst:

Und da der Graf in einer glücklichen Stunde seine Frau einst fragte, warum sie an jenem fürchterlichen Dritten, da sie auf jeden Lasterhaften gefaßt schien [vgl. das Zeitungsinserat, J. K.], vor ihm gleich einem Teufel geflohen wäre, antwortete sie, indem sie ihm um den Hals fiel: er würde ihr damals nicht wie ein Teufel erschienen sein, wenn er ihr nicht bei seiner ersten Erscheinung wie ein Engel vorgekommen wäre.[364]

Doch bei Füssli ist die Situation mysteriöser und visionär, nicht in eine Realität übertragbar, wie sie Kleist behandelt. Das Bild zeigt allerdings auch Momente eines möglichen Kampfes, wenn man das Bett, die Gegenstände auf dem Tisch und die von Starobinski bemerkten unerklärlichen roten Flecken auf dem Fußboden berücksichtigt. Das Bild bringt Verdrängtes zum Ausdruck:

Je intensiver und zwingender der Anteil der Gefühle des Unbehagens in den Traumgedanken ist, desto mehr werden die am stärksten verdrängten Wunsch-

regungen in Erscheinung zu treten versuchen, denn das Unbehagen, das sie vor-
finden, und das sie sonst von selbst hervorrufen müßten, verhilft ihnen entscheidend dazu, sich mit aller Kraft in die Welt der Vorstellung vorzudrängen.[365]

Wie bei Edmund Burke ist es in Füsslis Gemälde die Mischung von Schrecken
und Wohlgefallen am *Erhabenen*[366], die den Genuss des Betrachters ausmacht.

Ich würde im Falle Füsslis gar nicht so sehr die Angst des Alptraums, sondern
eher das voyeuristische Vergnügen des Zuschauers im Augenblick der heftigsten
Qual vermuten. Er sieht das Leiden; er erregt das Leiden. Er beobachtet den
Zerfall der raffinierten Kunstgriffe, die die schöne Verführerin zu Eroberungs-
zwecken vor dem Spiegel verfertigt hatte. Er sieht sie in einer Notlage, die dem
Tod nahe ist: diese Situation erhält erst ihren ganzen Sinn, wenn man die Schlafende mit all den reich geschmückten und verzierten Frauengestalten vergleicht,
die vor dem Spiegel perverse oder triumphierende Positionen einnehmen: es
sind Kurtisanen, Kaiserinnen, Walküren.[367]

Das Erhabene als ästhetischer Begriff setzt voraus, dass das Leiden aus der
Distanz gesehen wird. Das Leiden erscheint ästhetisch medialisiert oder transformiert: in der Literatur oder einem Werk der bildenden Kunst. Füssli stellt
sich nach diesen Erörterungen als Genie der Relativierung dar: die Fassaden
von Klassizismus und Aufklärung werden über das Hinabsteigen ins tiefste
Subjektive als solche entlarvt. Damit wird die klassizistische Formensprache
in Spannung gesetzt und zugleich über die semantische Dimension des Harmonischen, Idealen und Vollkommenen weit hinausgeführt. Dazu gehört dann
auch, dass Füssli sich schon in seiner Zürcher Zeit intensiv mit der Folklore
und der Mythologie des Nordens befasst hat. Volksglaube und Märchen spielen
für ihn eine Rolle, wie sich an seinem Interesse für Shakespeare und seinen
Arbeiten zum Undine-Thema ablesen lässt. Für den *Nachtmahr* ist auf eine
Anregung hingewiesen worden, die Füssli aus Shakespeares *Romeo und Julia* gezogen haben mag. In dem Stück spricht Mercutio geheimnisvoll von der
Queen Mab, „der Feenwelt Entbinderin":

> Eben diese Mab
> Verwirrt der Pferde Mähnen in der Nacht,
> Und flicht in strupp'ges Haar die Weichselzöpfe,
> Die, wiederum entwirrt, auf Unglück deuten.
> Dies ist die Hexe, welche Mädchen drückt,

Die auf dem Rücken ruhn, und ihnen lehrt,
Als Weiber einst die Männer zu ertragen.
Dies ist sie – [368]

Füsslis Kunst ist ohne den Klassizismus nicht denkbar, aber sie lässt sich
auf dessen Ideen- und Formenwelt nicht festlegen. Die geordneten Figuren-
gruppen, der harmonische Wandaufriss in der Architektur – all dies glättet
die symbolisch vermittelbaren Grundkonflikte des Menschen, die sich auf
mythischer Ebene abspielen und die aller Kultivierung ungeachtet wirksam
bleiben. Füsslis Kunst ermöglicht selbst über die räumliche und ästhetische
Distanz den Schauer des Unheimlichen. Es gelingt ihm, Unsichtbares sichtbar
zu machen, Unaussprechliches auszusprechen. Im Bild veranschaulicht sich,
wie Männer von Frauen fasziniert werden, aber so, dass in diesem Fall der
Wille, den Mann zu beherrschen[369], die tradierten Geschlechterrollen relativiert. Brunhilde ist als kräftige, ja muskulöse Frau gezeichnet, als Muster an
Kraft, die aufrecht im Bett sitzend, gleichsam genüsslich Gunther betrachtet,
den sie gefesselt und an die Wand gehängt hat. Die Gegenbewegung tritt aber
durch die Bedrängung der Frau ein, wenn ihrem Willen durch eine höhere
Macht widersprochen wird. Schlaf und Traum machen die weibliche Gestalt
zum Spielball der Phantasie: der Zauber der Hörigkeit ist aufgehoben und
der faszinierte Beobachter vermag sich in die Rolle des Bedrückers oder des
Opfers hineinzuversetzen. Es ist gerade diese Ambivalenz, welche die Stär-
ken des *Nachtmahr* ausmacht. Das Bild arbeitet mit mannigfachen Relationen
und Akzentumbesetzungen – es steigert die Unsicherheit ins Ästhetische, ins
Schreckliche, sowohl ins Schöne als auch in das Erhaben-Unheimliche. Dass
der *Nachtmahr* bei seiner Ausstellung im Jahre 1782 als Kulturschock wirkte,
lässt sich somit noch heute begreifen.

4. De Sade
oder die Quantifizierung des Begehrens

Überlegungen darüber, ob Begehren quantifiziert werden kann, lassen sich auf verschiedene Ansätze oder Gesichtspunkte zurückführen. Dabei erhebt sich vor allem die Frage, ob die Quantifizierung endlich oder unendlich ist. Ist die Quantifizierung des Begehrens endlich, so wird damit das Shakespeare-Motto dieses Buches nur bestätigt: das Wesen des Menschen ist bestimmt durch die Asymmetrie des Verhältnisses von Begehren (unendlich) und Erfüllung (endlich). Wenn die Quantifizierung jedoch im Bereich endlicher Zahlen oder geometrischer Variationen bleibt, ist eine Reflexion über die konstruktiven und destruktiven Aspekte der Quantifizierung als Methode oder Systematisierung wünschenswert.

Auch wenn die Quantifizierung des Begehrens sowohl auf Beckford als auch auf M. G. Lewis bezogen werden kann, überzeugt es am ehesten, diese Thematik am Beispiel des „göttlichen Marquis" zu diskutieren. De Sades Spiele mit Sexualität und Mord demonstrieren mit Blick auf „Normalität" (wenn es sie denn gibt und es sich hierbei nicht eher um eine Fiktion handelt) einen umgekehrten Gebrauch des Verstandes, um die Welt der pragmatischen und praktischen Prozesse zu kritisieren, die auf der Vernunft gründen.[370] Grausamkeit bei de Sade ist als Mittel für die Befreiung von negativen Konsequenzen der Rationalität zu verstehen. Die Mathematisierung der Liebe als des letzten Zufluchtsortes menschlicher Individualität lässt sich als Warnung verstehen, derzufolge die rationale Gesellschaft nicht zu weit voranschreiten möge. In der Literatur des 20. Jahrhunderts ist das

> Problem der personalen Identität als Möglichkeit persönlicher Ganzheit wieder auf[gegriffen worden], läßt aber, um das Argument ad absurdum zu führen, im elektronischen Zeitalter die Funktionen der menschlichen Erinnerung von elektronischen Speichern, die jederzeit abrufbar sind, übernehmen.[371]

In seinem Werk *La philosophie dans le boudoir* befiehlt de Sades Protagonistin Madame de Saint-Ange, den Plan für die Orgien im Voraus auszuarbeiten: „Doch lass uns ein wenig Ordnung in diese Orgien bringen; Ordnung ist sogar notwendig auf dem Höhepunkt der Ekstase und der Schamlosigkeit".[372] De Sades sexuelle Choreographien oder sein sexuelles Theater setzen eine radikale „dissociation of sensibilities" voraus. Die intellektuelle Präsenz muss so stark sein, dass die Emotionen und das Gefühl des Wohlgefallens absolut kontrolliert werden können. Die Tatsache, dass de Sade seine Texte als Mischungen aus sexueller Dramaturgie und philosophischer Debatte schrieb, macht deutlich, dass er die Position der Kälte und Distanz bevorzugt.

Die gesellschaftliche Verdammung, die Sades sexueller Egozentrik widerfuhr, macht ihn zum paradigmatischen Fall, an dem deutlich wird, dass ein methodisches und mathematisches Begehren die intime und angenehme menschliche Kommunikation nur zerstören kann. Der einsame sexuelle Aggressor antizipiert die strukturelle Isolation oder Vernichtung des Individuums als Bedingung der schwindenden Kommunikation in der zeitgenössischen Massengesellschaft. Buchhalterische Zwangserotik zeigt eine Gesellschaft, in der Freiheit ebenso unbekannt wie Entfremdung allgemeines Prinzip ist. Das erscheint in der Tat aktuell: Die Zerstörung der Freiheit und die Steigerung der Entfremdung heute, wenn auch unsichtbar gemacht, durch „newspeak" verschleiert, kennzeichnen Herrschaft so absolut wie nie zuvor. Die fiktive Sadesche Gesellschaft ist so konzipiert, dass die Libertins und ihre Opfer eine komplexe Konstruktion der ordentlich geregelten Ausschweifung erdenken und in die Praxis umsetzen. Dabei ist zu beachten, dass die Verdammung de Sades einen grundsätzlichen Punkt nicht zur Kenntnis nimmt. „[...]bei Sade [gibt es] niemals ein anderes Reales [...] als die Erzählung,..."[373]

John Bergers moderne Analyse menschlicher Weisen des Sehens (*37/S. 188) belegt diese Aussage: die Austauschbarkeit sexueller Stimuli in von Medien weitgehend determinierten Gesellschaften erzeugt die völlige Zersetzung und Zerstörung des Individuums. Dies geschieht durch die extreme Stereotypisierung der zumeist weiblichen „Sexualobjekte" sowie durch die Mechanisierung von „Choreographien" und Handlungsabläufen. Die Mitglieder der Gesellschaft werden – vor allem als Konsumenten – zu bloßen Zählelementen reduziert. Sie sind nur noch Einheiten eines marktwirtschaftlichen Systems, dem es nicht allein darum geht, Waren zu produzieren und zu verkaufen, sondern auch Slogans, Moden, Bilder, Verhaltensmuster, Sprachgebrauch, Gefühlsreaktionen, eingeschränktes wie manipuliertes Begehren.[374] Berger hat diese Käuflichkeit und Verkaufbarkeit sexueller Stimuli als wichtiges Thema für die Gesellschaftskritik bestimmt. (*38/S. 188) Schon bei de Sade – im Frankreich des späten 18. Jahrhunderts – provozierte erotische Individualität als eine besondere Form der Selbstbestimmung die Vertreter von Recht und Ordnung. Seine Konstruktionen sexueller Lustpaläste *(pleasure-domes)*[375] bezogen sich auf die fiktive Subjektivität und reflektierten die Muster und Verfahren der Gesellschaft in doppelter Weise, im Rahmen imaginativer Rebellion und Spiegelung.

Während der Französischen Revolution bewies de Sade, dass er Machtmissbrauch ablehnte. Er verwarf die Gewalt gegen Menschen, während andere ihre neu gewonnene Macht nutzten, um zu zerstören und zu morden. Sades „Grausamkeit in privaten Dingen" fehlt die Entsprechung in seinem öffentlichen Wirken: Seine „Grausamkeit" hängt ab vom Begehren, die eigene Existenz und die anderer als Selbstbewusstsein und Freiheit zu erfahren, aber auch als Fleischlichkeit.[376] Die Ästhetisierung der Sexualität durch artifizielle Arrangements erhält die Funktion eines Filters, bzw. einer Vorrichtung zur Abkühlung der Gefühle. Damit erhält die Perfektion der Verfahrensweise einen Vorrang vor dem Genuss. Der kalte Liebhaber ist voll und ganz durch seine intellektuellen Vermögen gesteuert. Das Andere dessen, was de Sade erzählt, kann nur das sein, was das Leben menschlich machen würde.

Er sehnt das Vergnügen herbei, das er durch sein Objekt der Begierde erlebt und versucht, die Individuation und Isolation abzuschaffen – durch bewusste sexuelle Tyrannei.[377] Die Erotik de Sades ist von seiner Phantasie abhängig, wenn diese ein komplexes System sexueller Praktiken erfindet:

Der Augenblick des Pläneschmiedens ist für den Libertin ein ganz besonderer Augenblick, weil er die unweigerliche Widerlegung seiner Pläne durch die Wirklichkeit noch außer acht lassen kann. Gespräche über Sexuelles, wodurch mühelos Sinne gereizt werden können, auf die Objekte aus Fleisch und Blut nicht mehr einwirken, spielen bei Sades Orgien deshalb eine so große Rolle, weil die realen Objekte nur in ihrer Abwesenheit voll und ganz ergriffen werden können. Es gibt nur eine Art, durch die von der Ausschweifung geschaffenen Trugbilder Befriedigung zu finden: man muß sie in ihrer Irrealität belassen. Sade hat mit der Erotik das Imaginäre gewählt: nur im Imaginären kann er sich in Sicherheit niederlassen, ohne Gefahr zu laufen, enttäuscht zu werden. Diesen Gedanken hat er in seinen Schriften unaufhörlich wiederholt: "Der Sinnengenuß hängt stets von der Phantasie ab. Der Mensch kann die Glückseligkeit nur anstreben, indem er sich aller Launen seiner Einbildungskraft bedient." Seine Phantasie enthebt ihn dem Raum, der Zeit, dem Gefängnis, der Polizei, der Leere der Abwesenheit, den undurchsichtigen Gegenwärtigkeiten, den Konflikten des Daseins, dem Tod, dem Leben und allen Widersprüchlichkeiten. Sades Erotik gipfelt nicht im Mord, sondern in der Literatur.[378]

Sades Orgien haben damit auch zum Ziel, den Anspruch der Familie als Vorbild der bürgerlichen Gesellschaft zu zerstören. Er führt einen Antifamiliendiskurs[379] in Form von imaginären Gleichungen, Operatoren, Potenzen, welche den simplen Inzest durch Arithmetik ins Undenkbare transformieren. Das Kalkül des Bösen wird in de Sades Werk als System präsentiert.

5. Gemischte Formen bei Matthew Gregory Lewis

Matthew Gregory Lewis (1775–1817) ist ein spektakulärer Fall in der englischen Literaturgeschichte. Lewis ist wie Laurence Sterne oder Robert Burton als Ein-Buch-Autor berühmt geworden, nämlich durch den zunächst anonym erschienenen Roman *The Monk* (1796), der ihm einen sensationellen Erfolg[380] und den Namen „Monk" Lewis einbrachte. Als Lewis der zweiten Auflage, die bereits im Oktober 1796 erschien, seinem Namen die Abkürzung M. P. zufügte (=Member of Parliament), kam es zum Skandal:

> Nachdem die Identität des Autors enthüllt und seine Position als Unterhaus-abgeordneter bekanntgeworden war, formierten sich die Kritiker, die in seinem Roman einen unverhohlenen Angriff auf die Grundlagen von Religion und Moral sahen und deshalb ein Publikationsverbot befürworteten.[381]

Autor und Verleger wurden zum Court of King's Bench vorgeladen und dazu verurteilt, „die anstößigen Stellen auszumerzen."[382] Der Roman machte Lewis so bekannt, dass er sich frei in Schriftsteller- und Adelskreisen bewegen konnte. Lewis war mit Sir Walter Scott und Lord Byron befreundet.

Er wurde 1775 in London als Sohn reicher Eltern geboren, erhielt eine in der englischen Oberklasse übliche Public School- und Universitätsausbildung (Westminster School; Christ Church College, Oxford). Er bereitete sich auf eine diplomatische Laufbahn vor, war aber schon sehr früh am Theater und an Literatur interessiert. Lewis kam 1791 nach Paris und lernte 1792 in Weimar Goethe, Schiller, Wieland und Kotzebue kennen. 1794 wurde er Kulturattaché des britischen Botschafters in Den Haag, nahm aber 1796 (bis 1802) einen Sitz im englischen Unterhaus ein und zwar für den Wahlkreis von William Beckford. Obwohl seine Familie durch Sklavenhalterei reich geworden war, stimmte Lewis im Parlament für die Abschaffung der Sklaverei. Da er auf Grund reicher Besitztümer in Jamaica über genügend Einkommen verfügte, gab er den Parlamentssitz auf. 1815 besuchte er seine großen Güter auf Jamaica, traf auf seiner Rückreise Byron und Shelley in der Villa Diodati am Genfer See und kehrte 1817 nach Jamaica zurück. Dort erkrankte er am Gelbfieber und starb 1817 auf der Rückreise.

Sein berühmt-berüchtigter Roman *The Monk* spielt in Spanien zur Zeit der Inquisition, zum Teil aber auch in Deutschland. *The Monk* ist ein Panoramaroman und stellt daher ein ganzes Netz von Beziehungen zwischen den Protagonisten her. Eines der wichtigsten Charakteristika des Romans ist die Sensibilität, welche die Heldinnen Antonia und Matilda[383] auszeichnet und sie zu erhabenen und schönen Gefühlen befähigt. Andererseits werden Antonias Wärme und Sensibiltät als gefährlich erachtet, denn ihre beeinflussbare Phantasie erzeugt Illusionen über die wirkliche Niedrigkeit des Menschen.[384] Immer wieder kommt es in Lewis' Buch zur Kritik am geschlossenen System der katholischen Kirche. Besonders betont wird die Kritik am Zölibat, eine Kritik, die bis heute nicht verstummt ist. Die Weltflucht der Nonnen und Mönche wird im Roman als Restriktion der menschlichen Natur durch kirchliche Gewalt und Autorität angesehen. Dabei handelt es sich nicht nur um die rationalisierende politische Macht der Außenwelt, sondern ebenso um die strikte kircheninterne Disziplin durch Kasteiung und Selbstkontrolle als Basis eines Gottesreichs. Beiden Fällen, dem des weltlichen auf Rationalismus errichteten Fortschrittsdenkens wie auf dem kirchlichen Glaubensdogmatismus gründenden Weltverzicht liegt eine *Mathematik des Begehrens* zugrunde. Das Begehren wird in beiden Ansätzen eingeschränkt oder tabuisiert, um Herrschaft ausüben zu können. Lewis macht die Widersprüche der kirchlichen Lebensnormen für die Geistlichen – auch für Mönche und Nonnen – am Beispiel seines Protagonisten Ambrosio anschaulich, der durch den Verzicht auf ein normales Leben extrem gefährdet ist, dem *Anderen*, dem, was er nicht kennt, zu erliegen. Der Roman lebt denn auch in erster Linie von der Umwertung der christlichen oder kirchlich-monastischen Werte: Die Transformation reicht vom absoluten Triebverzicht bis zur radikalen sexuellen Ausschweifung.

In *The Monk*[385] lassen sich gemischte Formen einer *Mathematik des Begehrens* in den *dunkleren Bewegungen* entdecken. Diese Formen entstehen, weil die Intensivierung der sexuellen Aktivität der Titelfigur des Romans – des Mönchs Ambrosio – innerhalb der bizarren Szenerie des Klosters auf einen mechanischen Prozess reduziert wird; sein Begehren führt zunächst zu endlosen Wiederholungen und schließlich zu einem beschleunigten Untergang. Lewis kombiniert Raum mit Fortsetzung wie auch Variationen gelegentlich seltsamer sexueller Praktiken. Ambrosios Ende fällt mit seinem moralischen Niedergang zusammen – der Teufel stürzt ihn von einem Felsen in die Tiefe. Letztlich zerstört Ambrosios absolutes Begehren die Ich-Du-Beziehung und ruft durch seine *desire machine*[386] nur Angst, Hoffnungslosigkeit und Tod hervor.

Strukturell betrachtet werden unterschiedliche Geschichten in *The Monk* zu einem extrem vieldeutigen Roman des späten 18. Jahrhunderts verschmolzen. „Nichts in *The Monk* ist, was es zu sein scheint, da jeder Zustand in die Unterdrückung seines Gegenteils gleiten kann."[387] In der voreingenommenen und bigotten Madrider Gesellschaft (*39/S. 188) ist Ambrosio eine prominente Persönlichkeit: Man sieht in ihm geradezu das Ideal des religiösen Weisen. Er ist ungeachtet dessen der negative Held des Romans. Auch wenn er seine Karriere als vorbildlicher Mönch und heiligmäßiger Abt beginnt, holt ihn die *Mathematik des Begehrens* ein. Zu Beginn des Romans wird Ambrosio als männlicher Idealtyp eingeführt, in dem Schönheit und Moral vereint sind, sodass die Neugier des Lesers angefacht wird. Obwohl er zum geistlichen Stande gehört, sind Spekulationen über mögliche Liebesbeziehungen unausweichlich. Im Roman wird offenbar, dass Ambrosios Hybris, Eitelkeit und Stolz Indizien seiner Affinität zu einer *Mathematik des Begehrens* sind, zu „gefährlichen und gewalttätigen Exzessen der erotischen Imagination"[388]. Denn er entdeckt sein unersättliches Streben nach sexueller Lust, was ihn dazu führt, seine Opfer erbarmungslos zu verfolgen. Der Mönch wird zum Bösewicht durch die gesellschaftliche und kirchliche Unterdrückung sexueller Triebe, deren Ausbruch Lewis in aller Konsequenz darstellt;[389] Gewissenlosigkeit verbindet sich mit unüberbietbarer Hemmungslosigkeit. Hier werden im kirchlichen Kontext einer vom Alltagsleben losgelösten Gesellschaft sexuelle Verfolgungen gezeigt, die der englische bürgerliche Roman schon zum Jahrhundertbeginn kannte.[390]

Das Modell für die Verfolgung der weiblichen Opfer ist von Richardsons *Clarissa* abgeleitet. In Richardsons Roman von 1748 geht es um die Verfolgung und Zerstörung einer jungen Frau durch einen aristokratischen Liebhaber, der die Moralvorstellungen der aufsteigenden bürgerlichen Klasse verachtet. In einem Wechselspiel von Erotik, sexueller Verfolgung und Gewalt, zu deren Anwendung es letztlich kommt, schafft Richardson eine klaustrophobische Atmosphäre. Die Vergewaltigung Clarissas durch Lovelace führt zur Frage der Irreversibilität der physischen und seelischen Verletzung, d. h. zum Problem der Vergebung und der Wiederfindung des Selbstbewusstseins. In beiden Fragen scheitert Clarissa, aber auch Lovelace ist durch diese mit Verbrechen gepaarte Liebe auf immer zerstört.

Die Betonung der klerikalen Erziehung zusammen mit ihren negativen Folgen für die Charakterentwicklung beinhaltet eine starke anti-katholische Tendenz, die traditionell in England populär war.[391] Ambrosio kennt nichts anderes als das Klosterleben. Als Findelkind wird er von den Kapuzinern aufgezogen und bringt es auf Grund seiner stupenden Begabungen mit dreißig Jahren bis zum Abt. Seine Herkunft ist also dunkel. Unter der Voraussetzung, dass er in einer freien Umgebung aufgewachsen wäre, hätten sich für ihn gravierende Charakterprobleme wohl kaum ergeben:

Der Erzähler ist bemüht, die Charakterschwächen Ambrosios mit der klöster-
lichen Erziehung, die er genoß, zu begründen. Gute Anlagen des Knaben sind
unterdrückt, andere gestärkt worden. Die noble Offenheit seines Wesens ist
zur Unterwürfigkeit verkommen und die ständigen Drohungen mit den Qualen
des Höllenfeuers haben aus dem mutigen und furchtlosen Zögling einen ängst-
lichen und scheuen Mann gemacht; unversöhnlich, wenn er sich beleidigt fühlt,
streng in der Ahndung von Verstößen gegen die Disziplin.[392]

Verschiedene Stellen in Lewis' Roman enthüllen Aberglauben als eine
Geisteshaltung von Leuten, die durch die Kirche erzogen und manipuliert
worden sind. Hier findet sich die Perspektive der „philosophes" – vor allem
der Enzyklopädisten – die wie Lewis eine scharfe und skeptische Kritik an der
Religion äußerten.[393] Die Geschehnisse in *The Monk* zeigen in den repressiven
Handlungen der Kirche und damit in der Etablierung und Fixierung ihrer
strukturellen Gewalt eine Tendenz, die in völliger Opposition zur Aufklärung
und damit zur Ordnung der Vernunft steht.[394]

Die Hauptgestalt des Romans ist alles andere als frei von Hybris. Ambrosio
nimmt gewaltige Anstrengungen auf sich, die ihm entgegen schlagende Vereh-
rung kaltsinnig entgegenzunehmen:

An Frömmigkeit tut es mir keiner gleich! Wie hat mein Wort die Gläubigen
bezwungen, wie haben sie sich rings um mich geschart! Mit Segenswünschen
ward ich überschüttet – der Heiligen Kirche einzig feste Stütze, so hat man mich
genannt! Was also bliebe mir nach allem noch zu wünschen und zu tun? Nun gilt
es nur mehr, auf die Observanz der Bruderschaft ein waches Aug' zu haben, ganz
so, wie ich's bislang bei mir getan. Doch halt! Wird es mich nicht vom Pfad der
Tugend ziehn, von dem kein Fußbreit ich noch abgewichen? Bin nicht auch ich
ein schwacher, sündiger Mensch, anfällig von Natur, geneigt, zu straucheln? Nun
gilt's ja, sich der schnöden Welt zu stellen! Die hochgebor'nen Schönen ganz
Madrids besuchen täglich mich in diesen Mauern und woll'n Ambrosio nur zum
Beichtiger haben! Mein Aug' muß an Verlockung sich gewöhnen, mein Sinn an
Prachtentfaltung und Begier! Und ist's mir vorbestimmt, in jener Welt, die zu
betreten ich gezwungen bin, ein weiblich Wesen anzutreffen – eines, das lieblich
ist wie Du, oh Königin – ![395]

All seiner Fähigkeiten zum Trotz ist sich Ambrosio aber unglücklicherweise
nicht über die Stärke seiner Sexualität im Klaren und er weiß auch nicht,
wie schlecht seine Vergangenheit ihn ausgestattet hat, mit diesem Problem

fertig zu werden. Besonders wichtig ist die Komplexität von Ambrosios Charakter: Auf der einen Seite ist er ein Mann von glänzenden Geistesgaben, auf der anderen Seite sind diese verwuchert mit entgegengesetzten, mit zerstörerischen Qualitäten.[396] Damit ist die Tiefenstruktur des Romans berührt: „In ihr erweist sich das Drama Ambrosios als Drama seines Bewußtseins, eines zwiespältigen Bewußtseins, in dem natürliche Tugenden und erworbene Untugenden ebenso einander widerstreiten, wie bewußte Intellektualität und unbewußte Triebnatur."[397]

Ambrosios Kloster ist nicht allein ein Ort des Schreckens. Die Grausamkeit, die Ambrosio ausagiert, bekommt ein noch unheimlicheres Gegenstück durch die Priorin des Konvents Santa Clara. Agnes de Medinas Tragödie, die Tragödie einer jungen Frau, die sich in einen der menschlich vorbildlichsten und ritterlichsten Aristokraten Madrids, Marquis de las Cisternas, verliebt hat, aber von ihrer Familie wegen des Verbots dieser Beziehung ins Kloster verbannt wird, besteht im Erleiden der strengen Verfolgung durch die abergläubische und fanatische Priorin. Die Priorin besteht – unterstützt durch Ambrosios Fanatismus – unerbittlich auf der strikten Observanz der Ordensregeln. Das Thema einer *Mathematik des Begehrens* ist in die Komplexität des Geschehens einbezogen, wenn auch in einer geheimnisvollen und fremdartigen Weise. Dies erfährt Agnes, deren Lebendigkeit in den Fängen der Kirche völlig unterdrückt wird. Versucht die Institution ihre Liebe zu zerstören, so drohen ihr zugleich aus diesem ihr fremden und düsteren Kontext ungeahnte Gefahren. Die unterdrückte Sexualität des strengen Abtes und der Priorin werden implizit als Konsequenz des strikten Musters religiöser Normen erklärt, die in den hierarchischen Strukturen von Mönchs- und Nonnenkloster gespiegelt werden. Agnes rechnet in ihrer Verzweiflung hart mit Ambrosio und seinem menschenverachtenden System ab:

„[...] Wo bist du, Raymond? Hilf mir, rette mich!" Danach maß sie den Abt mit wildem Blick. „Ihr aber hört mich an!" so fuhr sie fort. „Ja, hört mich an, oh Mann des harten Herzens, so stolz und streng und grausam wie Ihr seid! An Euch war's, mich zu retten, Ihr auch hättet mir Glück und Tugend wiedergeben können – doch habt Ihr's nicht getan. Vielmehr habt Ihr voll Grausamkeit die Seele mir zertreten! Ihr seid mein Mörder und auf Euer Haupt fall' nun mein Tod zurück sowie auch jener des ungeborenen Kindes, das ich trage! Bislang in Eurer Tugend unversehrt, habt Ihr die arme Sünderin verstoßen! Doch wird mir Gott an Eurer statt verzeihn! Wo hat sich Eure Tugend schon bewährt, welcher Versuchung habt Ihr widerstanden? In meinen Augen seid Ihr bloß ein Feigling, so der Verführung nie die Stirn geboten, nein, stets vor ihr die Flucht ergriffen hat! Doch wird auch Euch die Lockung überkommen: dann werdet Ihr der Leidenschaft erliegen! Und spürt Ihr erst den Pfahl im eignen Fleische, erkennt Ihr erst, wie sündig Euer Leib ist, blickt Ihr auf Eure eigenen Verbrechen voll Schaudern erst zurück, und klappern Euch die Zähne erst, sobald Ihr Gott herberiruft –" [398]

Die Mathematik des mönchischen Lebens verbietet Liebe und Sexualität und unterdrückt damit beide Formen wesentlichen menschlichen Ausdrucks. Andererseits lässt sich tiefer Neid in der Priorin ebenso wie im Abt annehmen, weil beide unbewusst unter ihrem Leben der Entsagung leiden. Das geschlossene System dieser religiösen Gemeinschaften beweist, dass jede Form der *Mathematik des Begehrens*, sei sie nun von arithmetischer Promiskuität oder von geometrischer Verfolgung und Leiden gekennzeichnet, die Möglichkeit eines menschlichen und kommunikativen Lebens zerstört. Die zerstörerische Kraft einer religiösen Gemeinschaft wird als Konflikt zwischen persönlicher Freiheit und absoluter innerer und äußerer Kontrolle demonstriert. Wenn aggressive Akte gegen ungehorsame Mitglieder der Kongregation vorkommen, üben die bigotten Kleriker ihre Macht im Geheimen aus. Zugleich wollen die Kleriker ihren Ruf und ihre Anerkennung beim Volke bewahren, sodass sie als wertvolle oder gar vollkommene Mitglieder der Gesellschaft anerkannt bleiben.

Für den Niedergang von Ambrosio weist der Roman vier aufeinander folgende Stufen auf, die der Protagonist heruntersteigen muss, um schließlich bei seiner Verdammung und seiner Zerstörung durch den Teufel zu enden: erstens die Versuchung und Verführung durch Matilda, zweitens die versuchte Vergewaltigung Antonias und Ermordung ihrer Mutter, drittens die Vergewaltigung Antonias und ihre Ermordung sowie viertens der Pakt mit dem Teufel. [399]

Die beklagenswerteste Tragödie ist die der Antonia, die von Ambrosio völlig ruiniert und am Ende von ihm erstochen wird, während Matilda als Satans Werkzeug und in der Verkleidung des Novizen Rosario Ambrosio verführt und ihn alle Raffinessen der Lust lehrt. Im Laufe der Erzählung gewinnt Matilda mehr und mehr Einfluss auf Ambrosio, der geradezu vernarrt ist in ihre Schönheit und ihren Zauber. Sie scheint anfangs noch nicht die *femme fatale* schlechthin zu sein, die Ambrosio in sein Verderben führt, weil es so aussieht, als ob ihre Wünsche und Bestrebungen noch widersprüchlich seien. Matilda ähnelt auf dem Gemälde, das Ambrosio in seine Zelle gehängt hat, der Jungfrau Maria. Später bekennt sie, dass das Gemälde zu dem Zweck gemalt wurde, damit es von Ambrosio in doppelter Hinsicht verehrt würde [400].

Ein „Seelenkampf" zwischen Ambrosio und Matilda ist die Folge dieser Situation. Mit der Anbetung der Jungfrau Maria soll zugleich das fatale Gift der Schönheit Matildas kontinuierlich in Ambrosio eindringen. Die Protagonisten erfinden Strategien, um die Psyche des jeweils anderen zu beeinflussen, um Intentionen, Wünsche und Hoffnungen zu lenken. Dieses Muster beweist, dass Lewis' Roman auf die Innenwelt fokussiert ist. Der Roman insgesamt lässt Protagonisten und Leser im Zuge eines Erkenntnisprozesses entdecken, dass unendliche Gefahren in oder unter dem liegen, was sicher und vertraut schien.[401] Matilda geht es nicht um die schnelle Befriedigung ihrer sexuellen Bedürfnisse, sondern sie möchte „nur" Ambrosios Seele erobern, sich für ihn unentbehrlich machen. Die Prozesse einer *Mathematik des Begehrens* werden bei Lewis verständlich, weil er einen besonderen Typus der schönen Frau schafft, der eine Vielzahl exquisiter Eigenschaften, einschließlich geistiger und körperlicher Qualitäten umfasst[402]. Die Relation der beiden Frauen Matilda und Antonia spielt im Roman eine entscheidende Rolle. Ambrosio wird durch den Anblick Antonias, die um einen Beichtvater für ihre sterbende Mutter bittet, so fasziniert, dass er über dem Wunsch, diese schöne und unschuldige junge Frau zu besitzen, Matilda vernachlässigt. Lewis beschreibt Antonia mit den Worten: "Symmetrie und Schönheit", „Mediceische Venus", „blendendes Weiß", „Locken ihres langen blonden Haars", „feinste Proportionen", „die sanften blaue Augen schienen eines ganzen Himmels Süße in sich zu tragen, und das Kristall, in dem sie sich bewegten glitzerte in der Helligkeit von Diamanten".

Matilda gibt vor, auf Ambrosio verzichtet zu haben und sie will ihm den Besitz Antonias durch Schwarze Magie verschaffen. Dies beweist schon, dass Matilda mit dem Teufel im Bunde ist. Ihre Wandlungsfähigkeit ist geradezu unheimlich: vom Novizen Rosario und vom Bild der Muttergottes aus schlüpft sie in die Form der schönen und verführerischen Matilda. Von der Geliebten Ambrosios wandelt sie sich zur teuflischen Freundin, die das Verderben des Mönchs herbeiführt.[403] Der Vorschlag zur Anwendung der Schwarzen Magie bewirkt in Ambrosio einen Seelenkampf, wenn er sich zunächst gegen dieses Ansinnen auflehnt, weil er die mögliche Verzeihung Gottes nicht verspielen will:

> „Oh Aberwitz, Matilda! Du bist dir nicht bewußt, was du getan! Der Ewigen Verdammnis hast du dich geweiht! Für einen Augenblick der Macht hast du dein Seelenheil dahingegeben! Hängt aber die Erfüllung meiner Wünsche allein von deiner Schwarzkunst ab, so weis' ich solche Hilfe aufs Entschiedenste von mir! Die Folgen wären gar zu fürchterlich!

[...]

„Du wagst es nicht? Wie hast du mich getäuscht! Als Hasenfuß erweist sich nun, was ich für großherzig und kühn gehalten – [...] „Wie! Im Angesicht so tödlicher Gefahr soll ich aus freien Stücken mich den Verführungskünsten der Hölle überlassen? Mich meines Anspruchs auf das Paradies begeben? Mich einem Dämon stellen, von dem ich weiß, daß schon sein Anblick mich erblinden macht? Oh nein, Matilda – mit Gottes Erzfeind will ich nichts zu schaffen haben!"[404]

Hier wird Ambrosios Unfähigkeit offenbar, entweder die alten Werte zu akzeptieren oder vollständig mit ihnen zu brechen. Er zieht aber das Unmögliche vor, wenn er beides haben will: Ambrosio möchte in eine neue Welt ungehinderter individueller Freiheit eintreten ohne seinen Ruf in der Gesellschaft aufzugeben.[405] Der Seelenkampf Ambrosios und seine schwindende Standhaftigkeit angesichts der dunklen Mächte stellen ein Paradestück einer Szene der *Mathematik des Begehrens* dar. Die Szene der Teufelsbeschwörung spricht für sich:

Ungesehen erreichten sie den Kirchhof, schlossen sie die Pforte zu den Grüften auf und fanden sich am obern Ende der unterirdischen Wendeltreppe. Bislang hatte das Licht des vollen Monds ihren Schritten geleuchtet, doch nun war's hinter ihnen zurückgeblieben.[406]
Überglücklich wär' er gewesen, ins Kloster zurückkehren zu können: doch er hatte so unzählige Gewölbe und gewundene Gänge durchschritten, daß jeder Versuch, die Treppe wiederzufinden, zur Aussichtslosigkeit verdammt war. Sein Los schien besiegelt; nun gab es keine Möglichkeit mehr, zu entrinnen![407]
[...]
Zunächst zog sie einen Kreis um Ambrosio, danach einen zweiten um sich selbst. Hierauf entnahm sie ihrem Korbe ein Fläschchen und träufelte daraus einige Tropfen vor sich auf den Boden. Sie beugte sich darüber und murmelte ein paar unverständliche Sätze. Sogleich schoß eine fahle, schweflichte Flamme empor, die sich nach und nach zu einem Feuer ausbreitete, das den gesamten Boden bedeckte, mit Ausnahme der beiden Kreise, darin Matilda und der Mönch Aufstellung genommen. Schon auch leckte dies Feuer an den gewaltigen, ungefüg behauenen Säulen empor, verbreitete sich über die gesamte Decke und verwandelte dergestalt die Felsenkammer in ein einziges, bläulich sprühendes Flammengewölbe. Indes, die Flammen erzeugten keinerlei Hitze: im Gegenteil, die Eiseskälte dieses Raums schien sich mit jeder weiteren Sekunde zu verstärken. Mittlerweile fuhr Matilda in ihrer Beschwörung fort, [...] Urplötzlich aber

stieß sie einen lauten, gellenden Schrei aus und schien vom Fieberwahne überkommen: sie raufte sich das Haar, schlug mit Fäusten gegen ihre Brust, voll-
führte die aberwitzigsten Gebärden, ja riß den Dolch aus ihrem Gürtel und
stach sich damit in den linken Arm! Ein Blutstrom schoß aus der Wunde, und
Matilda, die nunmehr am Rand des Zauberkreises stand, war darauf bedacht,
keinen Tropfen ihres Blutes in den Kreis fallen zu lassen. Alsbald wichen die
Flammen vor der blutbefleckten Stelle zurück, düsteres Rauchgewölk erhob sich
nun aus dem getränkten Boden [...] Im nämlichen Momente erdröhnte ein Donnerschlag, [...] „Er kommt, er kommt!" rief jetzt Matilda freudvoll. [...] der Mönch
ward einer Gestalt von solcher Schönheit ansichtig, wie sie auch der Zeichenstift
der kühnsten Phantasie noch nie entworfen! [...] Allein, wie engelsschön derselbe sich auch darstellen mochte – Ambrosio konnte doch nicht die Wildheit
übersehen, welche aus jenen Augen flammte, und auch nicht die geheimnisvolle
Schwermut, von welcher dies Antlitz überschattet war. All das verriet ja den
Gefallenen Engel und erfüllte den Beschauer mit einem geheimen, ehrfürch-
tigen Grauen.[408]

Das Ergebnis der Teufelsbeschwörung besteht darin, dass Matilda Ambrosio
die Mittel verschafft, mit deren Hilfe er Zugang zu Antonia erhält, um sie im
bewusstlosen Zustand vergewaltigen zu können:

Nimm diese Zaubermyrte: trägst du sie in der Hand, so wird sich jede Pforte vor
dir auftun. Auf solche Weise erhältst du morgen nacht Zutritt zum Schlafgemach
Antoniens. Danach behauch zu dreien Malen diesen Zweig, sprich der Geliebten
Namen aus und leg die Myrte auf des Mädchens Kissen. Ein totengleicher Schlaf
wird sich sogleich auf sie herniedersenken und sie der Kraft berauben, dir zu
wehren. Erst mit dem Morgendämmer wird die Betäubung von ihr weichen. So-
lang das Mädchen schläft, magst deine fleischliche Begierde du an ihr stillen und
mußt nicht fürchten, über deinem Tun entdeckt zu werden. Erst wenn des Tages Licht den Zauberbann zerstört, wird Antonia ihrer Schande gewahr werden,
doch nimmer wissen, wer's denn war, der sie entehrt hat.[409]

Dieser Plan besitzt an Perfidie kaum seinesgleichen. Die Situation in *The Monk*
unterscheidet sich völlig von der in Heinrich von Kleists Novelle *Die Marquise
von O.* und doch ist die Ohnmacht der Frau – die dem Vergewaltiger ausgeliefert ist, beraubt aller Mittel der Abwehr und vor allem der Selbstbestimmung
– das grausame Element der Vergleichbarkeit. Ambrosios verbrecherisches
Vorhaben scheitert an Donna Elvira, Antonias Mutter, die ihn stellt und seine

Untat vor aller Welt öffentlich machen will. Doch da dem ehrlosen Mönch nichts wichtiger ist als sein Ruf, erwürgt er Antonias Mutter und entflieht. „Nach der Tat befallen ihn Abscheu und Ekel vor sich selbst und namenlose Angst vor Entdeckung."[410] Ambrosio ist sich über seine eigene Herkunft nicht im Klaren und so kann er zu diesem Zeitpunkt nicht wissen, dass er mit Donna Elvira seine eigene Mutter umgebracht hat.[411]

Klassizistische Ethik und Ästhetik können nicht dauerhaft in einer Welt erhalten werden, die eine Relativität des Innen ebenso zulässt wie Relativität des Außen. Menschen sind komplexer in ihrem Handeln und Fühlen, in ihren Vorstellungen und Gedanken als sich dies in der Gemessenheit der klassizistischen Form ausdrücken lässt. Damit verschwimmen auch die Grenzen zwischen den intellektuellen und begrifflichen Konstruktionen und der äußeren Wirklichkeit. In den *dunkleren Bewegungen* wurde der Optimismus eines Alexander Pope obsolet. Die Basis für das „whatever is, is right" war verloren ebenso wie die Orientierung an der von Gott eingerichteten *Goldenen Kette des Seins*. Die hierarchische und als permanent betrachtete Gesellschaftsordnung konnte in dieser revolutionären Phase der europäischen Geschichte am Ende des 18. Jahrhunderts nie mehr eine allgemeine Zustimmung erlangen. Die neue Epoche kritisiert die Schrecken der Gewalt von Herrschaft und Krieg, so dass die Künstler häufig einen pessimistischen Blick auf das Dasein des Menschen sowie auf seine Zukunft werfen.[412] Eindrucksvolle Beispiele geben Goyas berühmtes Gemälde von Kronos, der seine eigenen Kinder verschlingt oder aber seine Radierung *Der Traum der Vernunft gebiert Ungeheuer (El sueño de la razon produce monstaros)*. Die moderne Welt ist keine Angelegenheit des 20. oder 21. Jahrhunderts. Sie beginnt mindestens im 18. Jahrhundert.

Kontrolle ist eine Metapher des reduzierten Lebens in der Gesellschaft der Moderne, in der die mentale und soziale Unterdrückung sich zum Generalmuster verdichtet. Die fremdartige Isomorphie zwischen traditionellen religiösen Gesellschaften und der Modernisierung[413] verdeutlicht sich in der Extrapolation von Regeln und Ritualen der Öffentlichkeit, welche zugleich die Privatsphäre einschränken und unterdrücken. Wenn Menschen im Gefängnis gehalten werden, so kann – metaphorisch gesprochen – „ [ihre] Leidenschaft keinen sicheren Ort finden, an dem Zärtlichkeit und Sexualität blühen und Leben schaffen könnten"[414]. In Lewis' Roman wird die Kirche als lebensfeindliche „Zwingburg" dargestellt, die denen, welche in ihrer Gewalt sind, keine Luft zum Atmen belässt. Die Unterdrückung der Sexualität ruft also keine Blüte hervor, sondern verzerrt positive Fähigkeiten und Eigenschaften. Die Vernichtung oder Projektion der Liebe wie des Begehrens ist das Resultat *struktureller Gewalt.* (*40/S. 188) Liebe regt die Imagination an, steigert die Kraft, Visionen und Entzückungen zusammenzufügen. Damit erhöht sie das Lebensglück, im Unterschied zu welchem Lust als bloße Reduktion auf physisches Wohlgefallen erscheint. Durch letztere wird der innere Horizont jedoch nicht erweitert. Somit kann keine Befriedigung den Augenblick des Paroxysmus transzendieren.[415] Unterdrückung als „Knechtung" des Subjekts kann nur scheinbar ausbalanciert werden, wenn diese individuelle Folter auf andere Personen projiziert wird, die damit zu Objekten bloßer Verfügung gemacht werden. Der Verlust der inneren Freiheit des Selbst führt daher zur Selbstzerstörung und zur Zerstörung anderer.

Die *Mathematik des Begehrens* in *The Monk* als gemischter Modus beinhaltet eine Quantifizierung. Sie ist eine Reduktionsform von Handlungs- und Denkmustern und hat damit den Verlust der Fähigkeit zur Folge, einen Menschen in seiner facettenreichen Persönlichkeitsstruktur und Individualität zu akzeptieren. Diese Reduktion erhält eine noch negativere Bestimmung durch die Ablösung der Leidenschaft in eine Idiosynkrasie, die jede Komplexität des Individuums unerfahrbar macht. Lewis verbindet die *Arithmetik des Begehrens* mit der *Geometrie des Begehrens*. Während sich die arithmetische Variante auf die Intensivierung der Lust bezieht als Folge, die auf ein Maximum hinstrebt, konzentriert sich die Geometrie auf das externe Feld der Handlung. Letztere zielt auf die Variabilität in den Grenzen des Raumes und damit auf Prozesse, die sicherstellen, dass die Lust immer wieder erfahren werden kann. Innerhalb dieses Zweiges der *Mathematik des Begehrens* lässt sich zwischen der räumlichen Dimension im Sinne der Verfolgung durch weiträumige und komplizierte unterirdische Gewölbe und Gänge sowie dem Feld körperlicher Aktion selbst unterscheiden, weil die *Geometrie des Begehrens* im engeren Sinne angesprochen ist. „Klosterzellen, Grabgewölbe und unterirdische Gänge stellen ein beängstigendes und ausgedehntes Areal für die peinvolle Erkundung verbotener Gefühle dar."[416]

Es besteht kein Zweifel an der Tatsache, dass in *The Monk*, wie auch in Ann Radcliffes *The Italian* oder Walpoles *The Castle of Otranto*, die dunklen Seiten der menschlichen Psyche die Tragödien repräsentieren, die sich in der Unterwelt abspielen. Für den Leser als auch für die Protagonisten bestehen Orientierungsschwierigkeiten: „Der Leser eines gotischen Romans hat das Gefühl, niemals genau zu wissen, wo er sich befindet, wohin er sich bewegt oder was vor sich geht, ... Das Gotische beschreibt eine Situation, in der niemand des anderen Motive oder Handlungen verstehen oder ermessen kann"[417]. Wenn die wachsende innere Spannung der *Arithmetik des Begehrens* auf die geometrische Ebene übertragen wird, vermischen sich räumlich und mental quantifizierte Begehrungen. Für Ambrosio existiert noch eine dritte Ebene: Dies ist die Aufhebung oder der Verlust des Begehrens, nachdem er sein Ziel erreicht hat, weil er sodann eine andere Grenze erreichen möchte, nämlich die Umkehrung des Höhepunkts der Lust, die das Minimum des Verlustes oder die Negation ist.[418] „Ambrosio hatte seine Lust gebüßt. Die Wonne floh, und Scham nahm deren Sitz im Busen ein."[419] Die beklagenswerte Situation, die Ambrosio erfährt, wenn er anschließend ins Nachdenken gerät, verbindet Schuld und Schande:

> „Ein Unrecht kann immer dann Schuld verursachen, wenn andere in irgendeiner Weise geschädigt oder deren Rechte verletzt werden. Somit reflektieren Schuld und Schande die Sorge um andere und um die eigene Person, die in der gesamten moralischen Lebensführung präsent sein muss"[420]. Der wachsende Hass in diesen Situationen führt paradoxerweise zu einer Erinnerung an das Bessere. Dieser „Reinigungswunsch" treibt dann den Mönch unmittelbar dazu, seine Schuld auf die weibliche Partnerin zu projizieren. Ambrosios psychische Verarmung könnte nicht überzeugender dargelegt sein: „In ihm kann das Begehren nur in Vergewaltigung und Mord in den Grabgewölben eines Klosters vollzogen werden – eine schreckliche Metapher entmenschlichter Sexualität, die aber nicht ihrer instinktiven Energie beraubt ist"[421].

Sexualität ohne Liebe zwingt Ambrosio in den Abgrund innerer Einsamkeit. Er kann keinen Sinn in seinem Leben finden. *Die Mathematik des Begehrens* als eine Intensivierung der Lust versperrt Ambrosio den Weg zur Balance seiner Gefühle und Gedanken. Seine mentale Verfassung nimmt eine nihilistische Färbung an, welche der Depression Vatheks ähnelt. Die sexuelle Unersättlichkeit Ambrosios verkennt ebenso die Grenzen, die Menschen gesetzt sind, wie Vatheks Unersättlichkeit nach Schätzen und Luxus. Der Grund der Depression liegt im Missverhältnis von Begehren und Erleben, von erfüllter Wiederholung und unendlicher Addition oder Komplikation. Dieser psychophysische und damit mentale Gestaltwandel könnte als Wendepunkt für die Klimax des Begehrens bestimmt werden. Je attraktiver und passender ein Mann oder eine Frau als Partner erscheinen, desto „gefährlicher" sind sie.[422] Schönheit und Gesundheit („blühendes Leben") sind evolutionär begünstigt und ziehen, erscheinen sie in einem Individuum vereinigt, viele mögliche Partner des jeweils anderen Geschlechts an. Lewis' Spiel mit den verschiedenen Zweigen der *Mathematik des Begehrens* neigt dazu, den Leser zu verwirren, „es ist zudem die zermürbende Mischung aus Inadäquatheit und Abscheu des Lesers, die Lewis absichtlich zu produzieren unternimmt und der Sinn, den der Leser gewinnt, ist, dass er selbst der Hauptgegenstand der wilden Animosität des Autors ist."[423]

Wenn Ambrosios Persönlichkeit verfällt, distanziert er sich mehr und mehr von der Welt voller Bäume, Pflanzen, Sonnenlicht und der erfüllten menschlichen Gemeinschaft. Seine Reise durch die unterirdischen Gewölbe führt Ambrosio zuletzt in die Gefängnisse der Inquisition. Räumlicher Abstieg und moralische Korruption konvergieren. Das Labyrinth erzeugt das Wanken des Urteilsvermögens mit dem Ergebnis, dass der Mönch in einer Welt voranstolpern kann, die jede Durchschaubarkeit verbietet. Der Mönch endet damit, dass er in der Sierra Morena in „tausend Stücke" zerschlagen wird. Dies ist der „degré zéro".[424] Der Sturz vom Felsvorsprung in den Abgrund symbolisiert die Unmittelbarkeit der Höllenfahrt.[425] Auch hier gibt es im Negativbereich einen Grenzwert, der mit der *Mathematik des Begehrens* und mit der Geometrie des Begehrens zusammenhängt.

M. G. Lewis Roman *The Monk* ist also ein Roman der Grenzen und der Grenzwerte:

„Mit deinem Blut hast du den Pakt besiegelt, den Anspruch auf Erlösung aufgegeben: nichts kann dir wieder jene Rechte sichern, die du in deiner Narrheit von dir warfst! Meinst du mir blieb verborgen, worauf du insgeheim hinausgewollt? Es war mir wohlbekannt! Du bautest drauf, daß dir noch Zeit genug zu Reue bliebe. Doch ich durchschaute alle deine Ränke und freu' mich des betrogenen Betrügers! Mein bist du ohne jeden Widerruf: ich brenne vor Begierde auf mein Recht, und dergestalt wirst du mir dies Gebirge nie wieder als ein Lebender verlassen!"

Ob solcher Rede des Erzfeinds war Ambrosio vor Entsetzen und Überraschung schier gelähmt gewesen. Erst die allerletzten Worte brachten ihn wieder zu sich.

„Nie wieder als ein Lebender?" so rief er. „Nichtswürdiger – was hast du mit mir vor? Denkst du denn nicht an unseren Kontrakt?"

Der Teufel schlug ein Hohngelächter an.

„An den Kontrakt? Hab' ich mich nicht daran gehalten? Was hab' ich anderes versprochen, als dich aus deinem Kerker zu befrei'n? Hab' ich dies nicht getan? Bist du vor der Inquisition nicht sicher – vor jedem Feind in Sicherheit, nur nicht vor mir? Du Narr, der sich dem Satan anvertraut hat! Warum hast du nicht Macht dir ausbedungen und Glück und langes Leben? Gern hätt' ich all dem zugestimmt! Doch nun ist es zu spät. Bereite dich auf deinen Tod, Verruchter: es bleibt dir nur mehr eine kurze Frist!"

Welch ein Entsetzen packte da den Todgeweihten, als er dies Urteil hören mußte! Er warf sich auf die Knie, er rang die Hände und hob sie auf zum Himmel. Der Erzfeind aber merkte solche Absicht und kam ihm zuvor...

„Was fällt dir ein!" so schrie er wutentbrannten Blicks. „Noch immer wagst du es, des Himmels Gnade anzurufen? Gibst dir den Anschein, als bereutest du, verfluchter Heuchler? Verworfener, gib jede Hoffnung auf! Im Augenblick sollst du sehn, wie ich mir nehme, was mir rechtens zusteht!"

Mit diesen Worten schlug er seine Krallen in des Mönches kahlgeschornes Haupt und stürzte mit dem Frevler sich vom Felsen. Die Schluchten wie die Berge hallten wieder von Ambrosios gellendem Geheul! Doch höher schwang der Dämon sich gen Himmel – stieg höher – höher – unermeßlich hoch! Ganz oben erst ließ er den Todgeweihten los! Kopfüber sauste nun der Mönch ins Leere, riß sich an scharfen Felsenschründen blutig, vom einen Abgrund fiel er in den andern, bis er zerschunden und verstümmelt, an jenes Flusses Ufer liegenblieb![426]

Marquis de Sade schätzte Lewis' Romane. *The Monk* war für ihn ein wichtiges literarisches Zeugnis, weil es den religiösen und sozialen Wandel in Europa am Ende des 18. Jahrhunderts reflektiert. In seinem kritischen Essay *Idées sur les romans* (1800) sagt er über *The Monk:* „Er war das zwangsläufige Ergebnis der revolutionären Erschütterungen, unter denen ganz Europa litt." Lewis vergleicht die relative Freiheit der Lebensweise in der Karibik mit der starren Atmosphäre der Mittel- und Oberklassen in der britischen Gesellschaft. Die englischen Normen und Rituale mit ihrem destruktiven Potential unterdrücken jede Abweichung in Liebe und Sexualität. Es verwundert deshalb nicht, dass Menschen wie Byron und Shelley ihr Heimatland für immer verlassen haben.[427] Byron flüchtete vor der Verfolgung wegen Inzests, Lewis wusste zu genau um die Strafbarkeit der Homosexualität und Shelley hatte das Gesetz wegen der Entführung der minderjährigen Mary Godwin zu fürchten. Das *andere Leben* in nicht-europäischen Gesellschaften wurde von Intellektuellen und Schriftstellern des späten 18. Jahrhunderts als befreiend betrachtet, relativierte es doch absolut gesetzte Ordnungen.

Bereits Diderot hatte in seiner kleinen Schrift *Nachtrag zu Bougainvilles Reise* auf diese wichtige Kritik europäischer Normen und Sitten hingewiesen. Der Tahitianer betont in Diderots Text:

Hier gehört alles allen; ... Du bist kein Sklave; du würdest lieber den Tod erleiden, als Sklave zu werden, und willst uns doch versklaven! ... Derjenige, den du in Besitz nehmen willst wie ein Stück Vieh, der Tahitianer, ist dein Bruder. Beide seid ihr Söhne der Natur. ... Laß uns unsere Sitten; sie sind vernünftiger und ehrlicher als deine Sitten. Wir wollen das, was du unsere Unwissenheit nennst, nicht gegen dein unnützes Wissen eintauschen. ... Wir haben die Summe unserer jährlichen und alltäglichen Mühen möglichst klein gehalten, weil unserer Meinung nach nichts der Ruhe vorzuziehen ist. ... Noch vor kurzem gab die junge Tahitianerin sich den leidenschaftlichen Regungen und glühenden Umarmungen des jungen Tahitianers ohne weiteres hin. Ungeduldig wartete sie darauf, daß ihre Mutter – ermächtigt durch das heiratsfähige Alter – sie entschleiere und ihren Busen entblöße. Sie war stolz darauf, Begierden zu erregen und die verliebten Blicke des Unbekannten, aber auch ihrer Eltern und ihres Bruders auf sich zu ziehen. Ohne Furcht und Scham, in unserer Gegenwart, inmitten eines Kreises von unschuldigen Tahitianern, beim Klang der Flöten und bei Tänzen, nahm sie die Liebkosungen desjenigen hin, für den ihr junges Herz und der heimliche Ruf der Sinnlichkeit sie bestimmten. Mit dir [Europäer, J.K.] ist die Vorstellung des Verbrechens, mit dir die Gefahr der Krankheit zu uns gekommen. Unsere Genüsse, früher so hold, sind jetzt von Reue und Angst begleitet. Der Mann in Schwarz, der neben dir steht und mir zuhört, hat zu unseren Jünglingen gesprochen. Ich weiß nicht, was er unseren Mädchen eingeredet hat; aber seitdem zögern unsere Jünglinge und erröten unsere Mädchen. Verstecke dich, wenn du willst, im dunklen Wald mit der verdorbenen Gefährtin deiner Freunde; aber gewähre den guten und einfältigen Tahitianern das Recht, sich ohne Scham fortzupflanzen, unter freiem Himmel und am hellen Tag.[428]

The Monk ist ein Roman, der psychologische Tendenzen und soziale Zustände durch symbolische Strukturen verbindet. Die sozialen Bedingungen schließen Ängste vor gesellschaftlichen Institutionen wie z.B. Familie und Kirche ein, die beide für ihre Mitglieder als Gefängnisse fungieren. Der Mangel an psychologischer Ausgewogenheit dieser Lebensformen definiert exakt den Ausgangspunkt für die Philosophie des Marquis de Sade, die er in theoretischen Kapiteln seiner *La philosophie dans le boudoir* (1795) dargelegt hat. Die experimentellen Widersprüche von Lewis' Roman werden nicht unmittelbar thematisiert, sondern durch einen Sublimationsprozess zum Ausdruck gebracht. Der Transfer dieser Widersprüche in andere Bedeutungssysteme – die Wohlgefallen an der düsteren Imagination gewähren – erinnert den modernen Leser an Freuds psychoanalytische Theorien.[429]

Das Situieren der Handlung von *The Monk* in die Vergangenheit und in ein anderes Land – hier Spanien und in der Parallelhandlung Deutschland – schafft einen Rahmen, der dazu genutzt werden kann, die Ahndung der Verbrechen und Normverletzungen durch göttliche Strafen plausibel zu machen.

Die Verwendung eines christlichen, konservativen, wenn nicht dogmatischen Weltbildes macht den Roman in seiner fiktionalen Immanenz auf eine unangreifbare Weise geschlossen und stimmig. Dadurch kann Lewis dem Vorwurf einer massiven Kritik an den Lebensspielräumen im England seiner Zeit entgehen, die sich gegen eine *Mathematik des Begehrens* richten muss. Die anglikanischen und puritanischen Tendenzen der englischen Gesellschaft mit ihren moralischen Normvorgaben und sozialen Barrieren sind letztlich von Macht durchsetzte Komplexe, die individuellem Lebensglück und der freien Entfaltung der Persönlichkeit nicht nur keinen Spielraum lassen, sondern Wünsche nach erfülltem Leben eigentlich unterdrücken oder gar inkriminieren. Die anthropologische Struktur des Menschen bedingt aber bei Unterdrückung und struktureller Reduktion des unmittelbaren Lebensausdrucks Ausbrüche, die jenseits der Herr- und Knecht- Konstellation und auch jenseits jeder *Mathematik des Begehrens* die natürliche Forderung nach Ur-Gleichzeitigkeit zum Ausdruck bringen. Mit Lewis' Roman sind für den Leser aber auch simultan Reflexionsanreize gegeben, die im Roman noch funktionierenden ideologischen Muster oder Modelle grundsätzlich in Frage zu stellen.

6. Schluss

Die Dehumanisierung der Sexualität bewirkt Distanz und Kälte in der Gesellschaft *und* zerstört so die Möglichkeit enger menschlicher Bindung.[430] In seiner Zeichnung *Half-length Figure of a Courtesan with Feathers, a Bow and a Veil in Her Hair* (1800–1810)[431] hat Johann Heinrich Füssli ein glänzendes Beispiel der Kälte als ästhetischer Qualität gegeben.[432]

Die Kurtisane, die Schauspielerin und die grausame Geliebte sind Füsslis drei Modi des Virago-Typus. Diese drei Personifikationen der Grausamkeit werden durch Kälte, Distanz, die Subjekt-Objekt-Differenz und Künstlichkeit charakterisiert. Diese Charakteristika als Elemente eines negativen Ideals erinnern an Marquis de Sades künstliche, kalte und intellektuelle sexuelle Choreographien. Künstlichkeit, besonders in Bezug auf die Kurtisane, liefert das Modell einer doppelten Distanz. Wird sie als Objekt derer gesehen, die ihre Dienste in Anspruch nehmen, so kehrt die Kurtisane selbst den Akt des Zum-Objekt-gemacht-werdens durch die Distanz und die Künstlichkeit um. Beim Blick auf die Schauspielerin ist die Angst darin begründet, dass ihre Gefühle und Leidenschaften, die sie auf der Bühne zum Ausdruck bringt, Kunstprodukt und deshalb fiktional sind – distanziert von der Wirklichkeit. Wird dieses Argument um einen Schritt weiter verfolgt, so spiegelt es den Typus der Schauspielerin als Geliebte: ein Mann kann seine Liebe einer Frau opfern, deren Handlungen und Leidenschaften nicht wahrhaftig gewesen sind, sondern eher mechanisch und hinter einer Maske versteckt. Der Liebhaber erhält den Eindruck, von einem Schatten begleitet worden zu sein, der es extrem schwierig macht, zwischen Wahrheit und Illusion zu unterscheiden. Folglich fürchtet der Liebhaber die Fiktion der Liebe, die er für echt halten könnte. Er lebt somit in einer unsicheren Spannung und in einem Mangel an Freiheit, die nicht zur Harmonie gebracht werden kann wie am Ende von Beckfords *Vathek* und Lewis' *Monk*[433].

Mit Vatheks und Nouronihars Ankunft im Königreich von Eblis (= Satan) endet des Kalifen Streben nach dem Absoluten. Sein und Nouronihars Verbrennen der Herzen symbolisiert eine Art spirituellen und emotionalen Tod. Ihr Auf- und Abschreiten in den luxuriösen Hallen der Hölle umschreibt die ewige und negativ besetzte Wiederholung desselben.

Menschen verlieren die gegenseitige Anerkennung geistiger und körperlicher Ganzheit und Komplexität, indem sie zu „Liebes-Maschinen" reduziert wer-

Abb. 19
Johann Heinrich Füssli
Halbfigur einer Kurtisane mit Federbusch, Schleife und Schleier im Haar, 1800–1810.
Bleistift, laviert und aquarelliert, 28,3 x 20,0 cm
Kunsthaus Zürich.

den.[434] Ambrosios extremes Aufgebot an sexueller Energie in *The Monk* treibt ihn zu Vergewaltigung, weiterer Verbrechen und sogar zum Mord, Untaten, die zu seinem Ausschluss aus der menschlichen Gemeinschaft führen. Weiterhin endet die destruktive Spannung zwischen seinem eigenen subjektiven Willen und den Mustern der Gesellschaft in seinem schrecklichen Tod.

In der Literatur wird der Teufel gemeinhin als kalt charakterisiert: so in Goethes *Faust* wie auch in Thomas Manns *Doktor Faustus* und in Updikes *The Witches of Eastwick*.

Zugleich warnt uns die dunklere Seite der menschlichen Psyche, diese Reduktion der Subjektivität aufzuheben, rückgängig zu machen. Diese Warnung kann daher als eine substantielle Kulturkritik der Autoren und Künstler des 18. Jahrhunderts gelesen werden. Die künstlerischen Szenarien der *dunkleren Bewegungen* zeigen Prozesse der Vernichtung. Zerstörungen und radikale Vernichtungen führen dann zur Frage nach der Möglichkeit von Sinnkonstruktion. Die Determinierung der modernen wissenschaftlichen und ökonomischen Gesellschaft wird auch durch die *Mathematik des Begehrens* sichtbar. Diese Art der Mathematisierung durchdringt den intimen Bereich des privaten Lebens, der sexuellen Gemeinschaft sowie der psychischen und geistigen Kommunikation. Sie stellt ein Symbol der menschlichen Verarmung dar.

Somit bieten alle *dunkleren Bewegungen* in der Literatur und den Schönen Künsten des 18. Jahrhunderts einen Einblick in das moderne Selbst mit all seinen Schwierigkeiten, z. B. den Paradoxien der Quantität, des Selbst, von Sinn und Bedeutung. Der Verlust der ewigen Glückseligkeit bedeutet den Beginn der Zeit; die Illusion, dass die Menschheit durch die Ausdehnung des Raumes und die Variation und Serialisierung der *dunkleren Bewegungen* das Paradies wiedererlangen könnte, muss zur Enttäuschung führen, weil der Begriff des Menschen auf Solipsismus, Isolation und Selbstzerstörung reduziert wird. Es kann keine Muster für ein reiches und erfülltes Leben geben, wenn die von Menschen und ihren Interessen installierten funktionalen Erfordernisse mechanistischer Komplexitäten nur unkritisch angenommen werden. Dass sie als die exklusiven existierenden Formen der Rationalität ausgegeben werden, gehört zu den Manipulationen der Gesellschaft. Derek Parfit hat vorgeschla-

Abb. 20
Johann Heinrich Füssli, Evening Thou Bringest All, 1802
Lithographie, 31,5 x 20 cm
London, British Museum.

gen, dass unsere Gedanken über Anfänge und Enden in Handlungen jeden Menschen als eine komplexe Einheit akzeptieren sollten. Diese Akzeptanz ist die Voraussetzung für jede Sinnkonstruktion, obwohl diese Konstruktionen immer an den jeweiligen Standpunkt des Betrachters gebunden bleiben. Dennoch können und sollten sie vollkommene Rücksicht auf die anderen Menschen in ihren Situationen sowie hinsichtlich ihrer Potentiale und Möglichkeiten einschließen[435].

Die *dunkleren Welten* in der Kunst und Literatur des 18. Jahrhunderts, bei Marquis de Sade, Johann Heinrich Füssli und Giovanni Battista Piranesi sowie bei den Autoren der *Gothic Novel* sind allesamt ein wichtiger Indikator für das Heraufkommen der modernen Welt. Am Ende des 18. Jahrhunderts wurde in der industriellen, politischen und gesellschaftlichen Modernisierung die Verarmung des Menschen durch Verabsolutierung des Rationalen ebenso entdeckt wie die dunklen Dimensionen menschlicher Träume,

Phantasien, Wünsche und Gestaltungen. Zugleich erkannte man, dass die rationalen Geltungssysteme der Moderne in einer *Mathematik des Begehrens* einerseits die Grenzwerte menschlicher Existenz zum Ausdruck zu bringen verstanden, dass sie andererseits aber auch die Gefahr der Reduktionsmechanismen für menschliche Ganzheit in sich bargen. Unter der Voraussetzung der schwindenden philosophischen, moralischen und religiösen Normen am Ende des 18. Jahrhunderts bei zunehmender Rationalisierung konnte kaum noch ein Zweifel daran bestehen, dass die Beschränkung des Menschen auf Fortschritt, Profit, damit Materialität und Geld eine seelische und kulturelle Verarmung mit sich bringen würde.

Sind dann nicht die *dunkleren Bewegungen* dringliche ästhetische Formulierungen, die auch die eigene Phantasie und das Nachdenken des Rezipienten anregen? Kann nicht die Entdeckung von Natur, Tod, Traum, Sexualität einen neuen Aufbruch für die Menschen hervorbringen? Kann nicht die Auslotung von Extremen menschlichen Fühlens und die Erkenntnis von dessen Mangel auf eine neu zu gewinnende Harmonie deuten? Würde sich diese Harmonie nicht einstellen, wenn sich die menschliche Natur in ihrer Doppeltheit von den Exzessen der Rationalität und des Materialismus ebenso entfernen würde wie von der totalisierenden Hingabe an die Affekte? Nur unter solcher Voraussetzung erzählen die möglichen *dunkleren Welten* des englischen 18. Jahrhunderts im Bild oder im Roman eine lange und interessante Geschichte über den metaphysischen Status des Menschen, der auch die intellektuellen Möglichkeiten der Metaphysik transzendiert.

Erläuterungen

* 1: (→ S. 14) In seinem Buch *Die politische Theorie des Besitzindividualismus*, Frankfurt/Main 1973: Suhrkamp, hat C. B. Macpherson aufgezeigt, dass der liberaldemokratische englische Staat in seiner politischen Theoriebildung von Hobbes bis Locke einen auf Besitz gegründeten und am Besitz orientierten Individualismus als Fundament nutzt. „Das Individuum wurde weder als ein sittliches Ganzes noch als Teil einer größeren gesellschaftlichen Einheit aufgefaßt, sondern als Eigentümer seiner selbst. Die Beziehung zum Besitzen [...] wurde in die Natur des Individuums zurückinterpretiert. Das Individuum ist, so meinte man, insoweit frei, als es Eigentümer seiner Person und seiner Fähigkeiten ist. Das menschliche Wesen ist Freiheit von der Abhängigkeit anderer, und Freiheit ist Funktion des Eigentums. Die Gesellschaft wird zu einer Anzahl freier und gleicher Individuen, die zueinander in Beziehung stehen als Eigentümer ihrer eigenen Fähigkeiten und dessen, was sie durch Anwendung erwerben. Die Gesellschaft besteht aus Tauschbeziehungen zwischen Eigentümern. Der Staat wird zu einem kalkulierten Mittel zum Schutz dieses Eigentums und der Aufrechterhaltung einer geordneten Tauschbeziehung." (Macpherson, S. 15).

* 2: (→ S. 16) Die Dampfmaschinen wurden erst effektiv, d. h. sie konnten mit gesteigerter Leistungsfähigkeit verwendet werden, nachdem James Watt 1765 den Kondensator erfunden hatte. Vgl. J. D. Bernal, *Die Wissenschaft in der Geschichte*. Übersetzt von Ludwig Boll, Berlin 1961: VEB Deutscher Verlag der Wissenschaften, S. 415f; siehe auch: Hans L. Sittauer, *James Watt*. Leipzig 1981: BSB B. G. Teubner Verlagsgesellschaft.

* 3: (→ S. 24) Die Gefahr der Festschreibung von ‚basic personality types' in der amerikanischen Soziologie der frühen Nachkriegszeit (David Riesman) besteht darin, gesellschaftliche Verhältnisse eines status quo als zementierte Strukturen zu betrachten, für welche die positivistische, bzw. „naturgesetzliche" Erklärung schon gefunden ist. Vgl. Heinz Maus, *A Short History of Sociology*, London 1961: Routledge, S. 132ff.

* 4: (→ S. 31) Vgl. Jürgen Klein, *Der Gotische Roman* (1975), S. 21–84. In den vergangenen Jahren hat man die Notwendigkeit hervorgehoben, Burkes Gier nach Effekten durch die Reflexion psychoanalytischer Implikationen wie

Angst, Schrecken, Zerstörung und Sexualität zu transzendieren. Es scheint heute nur noch wenig Sinn zu machen, die *Gothic Novel* aus einer einzigen Quelle heraus erklären zu wollen, ganz gleich, ob man sich auf Burke oder auf den Marquis de Sade beruft. Klaus Theweleit kritisiert die einseitige Dokumentation über das negative Konzept des Weiblichen bei Mario Praz, welches dieser von de Sade abgeleitet hat. Vgl. Theweleit, *Männerphantasien 1*. Reinbek 1987: Rowohlt, S. 496.

* 5: (→ S. 34) Dies hat Lawrence Durrell in seinen Romanen *Tunc* und *Nunquam* besonders hervorgehoben: „*Tunc* und *Nunquam* gehören in die Tradition der Moderne als eines „Waste Land", in dem die Fruchtbarkeit verlorengegangen ist und die Individuen auf ein Minimum an gesellschaftlichen und ökonomischen Funktionen reduziert sind und keine Identität und Individualität mehr in dem Sinne besitzen, daß sie die potentielle Vielseitigkeit von Rationalität, Imagination, Sensualität etc. kultivieren und in einer Gesamtpersönlichkeit vereinbaren und harmonisieren können." (Lothar Fietz, *Fragmentarisches Existieren*. Tübingen 1974: Niemeyer, S. 272 f.).

* 6: (→ S. 38) Vgl. Julian Hochberg, Art. „Gestalt Theory", in: *The Oxford Companion of the Mind*, ed. by Richard L. Gregory. Oxford 1987: OUP, S. 288–291. Die Form gilt als einfachste Wahrnehmungseinheit, die ihre Eigenschaften von unterliegenden Gehirnprozessen (Feldern) erhält. Diese Hirnprozesse verstehen die Gestalttheoretiker als direkte Reaktionen auf strukturierte Energien, die auf das sensorische Nervensystem wirkten.

* 7: (→ S. 47) Vgl. W. Schiering, Art. „Labyrinth", *Lexikon der Alten Welt*, Band 2. Darmstadt 1991: WBG, Sp. 1665–1666. Die Baugeschichte hat das kretische Labyrinth neuerdings als „Formkanon der Palastarchitektur" bezeichnet (mit Bezug zum Palast von Knossos), aber auch als Typus der offenen Palaststadt. Vgl. Werner Müller / Gunther Vogel, *dtv-Atlas zur Baukunst 1*. München 1983, S. 127; S. 133–4.

* 8: (→ S. 51) Vgl. Ludwig Curtius, „Begegnung beim Apoll von Belvedere", in: Ludwig Curtius, *Humanistisches und Humanes. Fünf Essays und Vorträge*. Basel 1954: Benno Schwabe & Co (Sammlung Klosterberg), S. 13–38. Curtius betont die „Leichtigkeit" des Apollo, „die Beschwingtheit des Körpers durch den Geist" (S. 24); Ernst Buschor, „Das Mädchen von Antium", in: Ernst Buschor, *Von griechischer Kunst. Ausgewählte Schriften*. München 1956: R. Piper & Co, S. 166–171;

Eckhard Kessler, „Die Proportionen der Schönheit", in: Cathrin Gutwald, Raimar Zons (Hrsg.), *Die Macht der Schönheit*. München 2007: Wilhelm Fink, S. 134–160.

* 9: (→ S.54) Die Tradition der klassischen Kunst von der Antike über die Renaissance bis zu neoklassizistischen Formationen des 18. und frühen 19. Jahrhunderts setzt die bereits bei den Griechen als ästhetisches Prinzip umgesetzte Harmonie von Körper und Geist voraus, die sich besonders in der bewegungsfreien Leichtigkeit der griechischen Skulpturen zeigt (dazu: Ludwig Curtius, Ernst Buschor, Karl Schefold).

*10: (→ S.54) In *Paideia. Die Formung des griechischen Menschen*. Berlin, New York 1989: de Gruyter hat Werner Jaeger zur griechischen Erziehung grundsätzlich gesagt: „Das umwälzende und Epochemachende[:] [...] die Bildung des griechischen Menschen, die Paideia, [...] ist nicht ein bloßer Inbegriff abstrakter Ideen, sondern sie ist die griechische Geschichte selbst in der konkreten Wirklichkeit des erlebten Schicksals. Aber diese erlebte Geschichte wäre längst verschollen, wenn nicht der griechische Mensch aus ihr bleibende Form geschaffen hätte. Er schuf sie als den Ausdruck eines höchsten Wollens, mit dem er dem Schicksal standhielt. Für dieses Wollen fehlte ihm auf der frühesten Stufe seiner Entwicklung noch jeder Begriff. Aber je sehender er auf seinem Wege weiterschritt, um so klarer prägte sich in seinem Bewußtsein das immer gegenwärtige Ziel aus, unter das er sich und sein Leben stellte: die Formung eines höheren Menschen." (Jaeger, S.5)

*11: (→ S.58) Burke führt in einem kurzen Abschnitt über Terror (Vgl. Burke, *Philosophical Enquiry* (1967), S.57) aus, dass Furcht als Gewärtigung von Schmerz und Tod dem Menschen die Kraft zu denken und zu handeln nimmt. Furcht ähnelt dem akuten Schmerz. Schreckliches, das sichtbar ist, ist auch erhaben und damit eine Ursache von Terror. Die Größe allein spielt beim Objekt des Schreckens keine Rolle, denn es gibt auch Schlangen und giftige Tiere verschiedener Größe, welche die Idee des Terrors hervorrufen.

*12: (→ S.59) Richard Hamann, *Geschichte der Kunst*. Berlin 1933: Th. Knaur Nachf., S.740. Vgl. auch: Werner Hofmann, *Die gespaltene Moderne*. München 2004: C.H.Beck, S.140ff. Hofmann zitiert im Kontext mit Goya (S.141) eine wichtige Stelle aus Jean Pauls *Vorschule der Ästhetik:* „Wo einer Zeit Gott, wie die Sonne, untergehet, da tritt bald darauf auch die Welt in das Dunkel; der Verächter des All achtet nichts weiter als sich und fürchtet sich in der Nacht vor nichts weiter als vor seinen Geschöpfen."

*13: (→ S. 60) Alain Finkielkraut hat im Rückbezug auf Hannah Arendts Totalitarismus-Studie betont, dass in einem Geschichtsverständnis, das den Bezug zur Teleologie verloren hat, die Zerstörung des absoluten (wenn auch fiktiven) Feindes als Rettung der Menschheit ausgegeben wird. „Nachdem einmal die Stärke, Subtilität und Ubiquität des Feindes festgestellt war, schloß Hitler logisch, daß er ohne weiteres zum Handeln übergehen müsse: ‚Mit dem Juden gibt es kein Paktieren, sondern nur das harte Entweder-Oder. Ich aber beschloß Politiker zu werden.‘ " (Hitler, *Mein Kampf*, zitiert nach: Alain Finkielkraut, *Verlust der Menschlichkeit. Versuch über das 20. Jahrhundert.* Stuttgart 1999: Klett-Cotta, S. 79 f und passim.

*14: (→ S. 63) Vgl. Friedrich Albert Lange, *Geschichte des Materialismus I*, Einl. Hermann Cohen. Leipzig 1898: J. Baedeker, S. 326–358. Lamettrie, Mediziner und „postdoc" von Boerhaave in Leiden, wurde im 19. Jahrhundert wegen seiner Angriffe auf die christliche Moral verketzert. Wichtig ist seine rein empirische Position: Er behauptete, man könne nichts über die menschliche Seele aussagen, wenn man nicht zuvor die Eigenschaften des Körpers gründlich studiert habe. Für sein späteres Werk sind Untersuchungen über die Beziehung von Materie und Bewegung (sowie Empfindung) grundlegend.

*15: (→ S. 64) „So will ich denn annehmen, nicht der allgütige Gott, die Quelle der Wahrheit, sondern irgendein böser Geist, der zugleich allmächtig und verschlagen ist, habe all seinen Fleiß daran gewandt, mich zu täuschen; ich will glauben, Himmel, Luft, Erde, Farben, Gestalten, Töne und alle Außendinge seien nichts als das täuschende Spiel von Träumen, durch die er meiner Leichtgläubigkeit Fallen stellt; mich selbst will ich so ansehen, als hätte ich keine Hände, keine Augen, kein Fleisch, kein Blut, überhaupt keine Sinne, sondern glaubte nur fälschlich das alles zu besitzen." (René Descartes, *Meditationes de prima philosophia*, Lateinisch-Deutsch, hrsg. von Lüder Gäbe. Hamburg 1959: Meiner, S. 39/41).

*16: (→ S. 64) Vgl. Bernard Mandeville, *The Fable of the Bees*, hrsg. von Phillip Harth. Harmondsworth 1970: Penguin. Es lässt sich hier auch an Machiavellis Relativierung der christlichen Moralnormen denken. Siehe Niccoló Machiavelli,

Il Principe / Der Fürst, Italienisch-Deutsch, übersetzt und hrsg. von Philipp Rippel. Ditzingen 2009: Reclam.

*17: (→ S. 64) Vgl. Immanuel Kant, *Kritik der reinen Vernunft*, hrsg. von Raymund Schmidt. Hamburg 1956: Meiner, S. 298-99: „Erscheinungen, sofern sie als Gegenstände nach der Einheit der Kategorien gedacht werden, heißen Phänomena. Wenn ich aber Dinge annehme, die bloß Gegenstände des Verstandes sind, und gleichwohl als solche, einer Anschauung, obgleich nicht der sinnlichen (als) coram intuitu intellectuali), gegeben werden können; so würden dergleichen Dinge Noumena (Intelligibilia) heißen. [...] hier stände ein ganz anderes Feld vor uns offen, gleichsam eine Welt im Geiste gedacht, (vielleicht auch gar angeschaut) die nicht minder, ja noch weit edler unseren reinen Verstand beschäftigen könnte.“

*18: (→ S. 65) Vgl. Philippe Ariès/André Béjin/Michel Foucault, *Sexualtés occidentales*. Paris 1982 : Seuil, Kap. 7–8, 10. Jean Delumeau, *Angst im Abendland. Die Geschichte kollektiver Ängste im Europa des 14. bis 18. Jahrhunderts*. Reinbek 1985: Rowohlt, Kulturen und Ideen, Band 2 (frz. Orig.: *La Peur en Occident: XIVe–XVIIe siécles*. Paris 1978). Siehe dazu auch: Vito Fumagalli, *Wenn der Himmel sich verdunkelt. Lebensgefühl im Mittelalter*. Aus dem Italienischen von Renate Heimbucher-Bengs. Berlin 1988: Wagenbach, S. 53–58. Fumagalli zitiert Odo von Cluny, um zu zeigen, dass ein mittelalterlicher Kleriker sich negativ, ja völlig ablehnend über die Körperlichkeit des Menschen auslässt.

*19: (→ S. 71) Unter *Virago* versteht das AT Eva, da sie vom Mann genommen ist und die Renaissance assoziierte mit dem Wort die kriegerische Frau. Das Mittelalter kennt eine negative Bedeutung. Chaucer (*Man of Law's Tale*, ll. 358–61) nennt Semiramis ehrgeizig, verräterisch und voller sexueller Begierde. Auch das Symbol der Schlange wurde mit der Virago verknüpft. Vgl. Michelangelo, *Ideal head of a Woman*, British Museum, London (Wilde 42); Mario Praz, "Die Schönheit der Medusa", in: M. Praz, *Liebe, Tod und Teufel 1* (1970), S. 43–65. Goethe berichtet über seine römische Abgusssammlung: „Noch einige kleinere Junonen standen zur Vergleichung neben ihr [neben der Juno Ludovisi (sic!), J. K.], vorzüglich Büsten Jupiters und, um anderes zu übergehen, *ein guter alter Abguß der Medusa Rondanini; ein wundersames Werk, das, den Zwiespalt zwischen Tod und Leben, zwischen Schmerz und Wollust ausdrückend, einen unnennbaren Reiz wie irgend ein anderes Problem über uns ausübt.“* (*Goethes Italienische Reise,* hrsg. von G. v. Gravenitz. Berlin o. J.: S. Fischer, Dritter Band, S. 316. Hervorhebung J. K.).

*20: (→ S. 71) Dies verweist implizit auf Studien, die sich ausführlich mit dem männlichen Hass auf die Frauen in der europäischen Kulturgeschichte beschäftigen. Vgl. Delumeau, *Angst im Abendland*, Band 2 (1985), S. 456–510 (über Hexen); S. 511–571. Siehe auch: Lyndal Roper, *Hexenwahn. Geschichte einer Verfolgung.* Aus dem Englischen von Holger Fock und Sabine Müller. München 2007: C. H. Beck.

*21: (→ S. 72) In seinem Buch *Die Geburt der Tragödie aus dem Geiste der Musik* (1870/71) beschreibt Friedrich Nietzsche den Kontrast zwischen Wildheit und Zivilisation als den Gegensatz von Apollo und Dionysos. F. Nietzsche, Leipzig 1906: Naumann, Band 1, S. 142.

*22: (→ S. 72) Vgl. Dürr, *Traumzeit* (1980), S. 56–61. Vgl. Delumeau, *Angst im Abendland* (1985), Bd. 2, passim. Zum Problem des Wahnsinns innerhalb und außerhalb der Gesellschaft als eines weiteren fundamentalen Aspekts der Modernisierung siehe: Michel Foucault, *Madness and Civilization. A History of Insanity in the Age of Reason*. London 1975: Tavistock; Jacques Derrida, „Cogito et histoire de la Folie", in: *Revue de métaphysique et de morale* (1964).

*23: (→ S. 72) Vgl. Virginia Woolfs frühe Bemühungen um eine Theorie der Androgynie. Schon in ihrem zweiten Roman *Night and Day* (London 1919: Hogarth Press) versuchte sie, ein dialektisches Prinzip der Androgynie jenseits der Männlich-Weiblich-Opposition zu entdecken. Weitere Schritte in dieser Richtung unternahm sie in *A Room of One's Own* (London 1929: Hogarth Press) und in *Orlando* (London 1928: Hogarth Press). Siehe: Jürgen Klein, *Virginia Woolf. Genie-Tragik-Emanzipation*. München 1984: Heyne.

*24: (→ S. 73) Ein Giaur ist nach persischem und türkischem Verständnis ein Nicht-Moslem. Siehe auch: *The Works of Lord Byron* (1866), vol. 2, S. 247–292 (*The Giaour; A Fragment of a Turkish Tale*). In einer Note zu seinem Text weist Byron darauf hin, dass er Anregungen für sein *Turkish Tale* aus "Caliph Vathek" empfangen habe und er fährt fort: "for correctness of costume, beauty of description, and power of imagination, it far surpasses all European imitations; and bears such marks of originality, that those who have visited the East will find some difficulty in believing it to be more than a translation. As an Eastern tale, even Rasselas must bow before it; his "Happy Valley" will not bear a comparison with the "Hall of Eblis." (Byron, op. cit., S. 292). Siehe dazu: Samuel Johnson, *The History of Rasselas, Prince of Abyssinia* (1759), in: Samuel Johnson, *'Rasselas' and Essays*, ed. by Charles Peake. London 1969: Routledge, S. 1–105. Vgl. zum Verhältnis des Westens zum Orient: Edward W. Said, *Orientalism* (1978), S. 167–8. Vgl. auch: Ulrich Haarmann (Hrsg.), *Geschichte der arabischen Welt*. 4. überarbeitete Auflage. München 2001: C. H. Beck, S. 41.

*25: (→ S. 96) Das wichtige Thema *love at first sight* spielt bereits bei Petrarca eine Rolle, aber auch noch in der nachfolgenden europäischen Sonettdichtung sowie in der Liebestheorie der Renaissance, z. B. in Baldassare Castigliones *Il Cortegiano*.

*26: (→ S. 106) Dem Zusammenprall der „Kometen" entspricht in Kleists Erzählung die seltsame Begegnung der Marquise und des Grafen. Auf der literarischen Formebene erinnert diese Konstellation an das *conceit*, eine Metapher, die aus der Verbindung gegensätzlicher Dinge oder Begriffe gespeist wird. Unterschiedliche Vorstellungen stoßen wie zwei Steine zusammen, erzeugen einen Funken, der für ein neues Bild steht. *Conceits* sind konstitutiv für die englische Dichtung des 17. Jahrhunderts *(Metaphysical Poets)*. Vgl. Helen Gardner (ed.), *The Metaphysical Poets*. Harmondsworth 1966: Penguin.

*27: (→ S. 106) Das Begehren ist immer – obwohl anthropologisch basiert – individuell, die Kunstwerke sind einzigartig. Giordano Bruno wurde der Ketzerei angeklagt, weil er die Multiplizität der Welten behauptete, er wurde aber auch notorisch (wie schon Pico della Mirandola) durch seine Hervorhebung der individuellen Einzigartigkeit menschlicher Lebensentwürfe *(De dignitate hominis)*. Bruno spricht von *heroischen Leidenschaften:* „...ich sage, daß es so viele Arten von Dichtern gibt und geben kann, wie es Arten menschlichen Fühlens und Erfindens geben kann und gibt, und für jede von ihnen könnte man Kränze nicht nur aller Arten und Gattungen der Pflanzenwelt, sondern auch aller Arten und Gattungen der Materie bereiten. [...] Diese Leidenschaften, von denen wir sprechen und um deren Auswirkung es sich hier für uns handelt, bedeuten nicht Vergessen, sondern Erinnerung; keine Vernachlässigung seiner selbst, sondern Liebe und Sehnsucht zum Schönen und Guten, deren Bemühen darauf geht, durch Umwandlung und Anähnlichung an jene (höchsten Werte) vollkommen zu werden." (Giordano Bruno, *Heroische Leidenschaften und individuelles Leben*, hrsg. von Ernesto Grassi. Hamburg 1957: Rowohlt, RK, S.65; S.69).

*28: (→ S.109) Luce Irigaray hat festgestellt, dass es niemals zur Annahme der weiblichen Libido in der Sexualpolitik und -ideologie gekommen ist, weil eine solche Affirmation ein Zugeständnis von Macht bedeutet hätte, mit Perspektive auf eine äußere Handlung: eine unerträgliche Konsequenz für das männliche Bewusstsein. Diese plausible Meinung legt nahe, dass psychoanalytische Thesen zur Erklärung der Unterdrückung der Frau immer die Gefahr einschließen, allgemeine Erklärungsmuster sozialer und kultureller Erscheinungen anzubieten, die sich mit den sozialhistorisch relevanten Strukturen und Dynamismen gar nicht abgleichen lassen.

*29: (→ S.110) Die freudsche Psychoanalyse hat Schrecken und Furcht des Mannes mit der Macht weiblicher Sexualität erklärt (Vgl. Karen Horney, *Feminine Psychology*. New York 1967: Norton, Kap. 4; Sigmund Freud, *Vorlesungen zur Einführung in die Psychoanalyse*. Frankfurt/Main 1969: S. Fischer, S.544–563). Metaphern zur Symbolisierung dieser Furcht sind: „Tiefe", „Wasser", „Blut" und „Meerjungfrau" (Siehe: Friedrich de la Motte Fouqué, *Undine. Ein Märchen der Berliner Romantik* [1811]. Mit einem Essay von Ute Schmidt-Berger, Frankfurt/Main 1992: Insel). Männliche Furcht hat man als unbewusst mit einem Kastrationskomplex (Umkehrung der Defloration) verbunden gedacht und mit einer scheinbaren Bedrohung durch die weiblichen Sexualorgane. Die Frau gefährde die sexuelle Energie des Mannes, könne ihn angeblich „aufzehren". Man betonte zudem, die Furcht vor Frauen stünde im Zusammenhang mit ihrer Gebärfähigkeit. Aus dieser These entstand die psychoanalytische Doktrin vom männlichen Gebärmutterneid (Gebärmutter= Raum, der mögliche Prokreation mit dem Zeugungsgeheimnis kombiniert). Schließlich schloss man aus der männlichen Furcht vor Frauen auf männliche „Hyperaktivität", Politik, Wirtschaft, Wissenschaft, Kultur und paradoxerweise auf die Verherrlichung der Frau. „Hyperaktivität" suggeriert einen männlichen Sonderwert, weil die Politik durch die quantifizierte Aktivitätsdynamik einer Mathematik des Begehrens aus der Sichtweise ganz ausgeschaltet bleibt. Gründe des Sonderwerts sind: männliche Kulturbeherrschung, sich absolut setzendes Experten- und Lenkertum, Bürokratie- und Entscheidungszentren; vgl. Max Weber, *Wirtschaft und Gesellschaft*. Tübingen 1972: J. C. B. Mohr, S.126ff und passim).

Frauen-Glorifikation steht für Machtanspruch und Unterdrückung, denn weibliche Sexualität muss reduziert und kontrolliert werden (Vgl. Dürr, *Traumzeit* (1980), S. 40, 60, 207; Claude Lévi-Strauss, *Mythologica IV.2*. Frankfurt/Main 1976: Suhrkamp, S. 506–511). Männliche Begierde führt nach diesen Lehrmeinungen zur Dialektik von Begehren und Kastrationsangst. Männer können sexuelle Vereinigung als Gefahr, als Tödliches antizipieren. Man hat darin sogar einen Impuls für eine Wiedervereinigung mit der Mutter sehen wollen. Natur (Frauen) steht gegen Gott (Patriarchalismus) (vgl. Anne Williams, *Art of Darkness*, Chicago und London 1995: Chicago University Press S. 85–86).

*30: (→ S. 113) Ann Radcliffe, *The Italian or the Confessional of the Black Penitents*, ed. by Frederick Garber. London 1968: OUP, S. 315. [Übersetzung J. K.]. Die Black Penitents oder die Schwarzen Büßer (1488 gegründet) sind eine päpstlich anerkannte Bruderschaft und wie ein Mönchsorden konstituiert. Ihre speziellen Aufgaben bestehen im Beistand und in der Tröstung von zum Tode verurteilten Verbrechern; sie begleiten sie zum Galgen und bereiten für sie Gottesdienste und christliche Begräbnisse. Außerdem leisten sie Begräbnis- und andere Gottesdienste für die Armen und für die in der Romagna tot Aufgefundenen. Siehe: http://www.newadvent.org./cathen/11638a.htm (16.03.2010).

*31: (→ S. 125) Aus *Herders Nachlaß*, Band II, S. 68, zitiert nach: Arnold Federmann, *Johann Heinrich Füssli. Dichter und Maler 1741–1825*. Zürich und Leipzig 1927: Orell Füssli Verlag, S. 43. Federmann, op. cit., S. 43–44 weist auf den Briefwechsel Goethes mit Lavater über Füssli hin (28.10.1779; 6.3.1780). Von seiner Schweizer Reise schreibt Goethe am 30. September 1779 nach Weimar: „Ich habe per fas et nefas einige Füsslische Gemälde und Skizzen erwischt, über die ihr erschröcken werdet." (Federmann, S. 44). Nicholas Boyle bemerkt: „[Goethe] hegte [...] für Füsslis Wert besondere Bewunderung und hat schon früh Kopien davon angefertigt." (Nicholas Boyle, *Goethe. Der Dichter in seiner Zeit. Band I: 1749–1770*. Aus dem Englischen übersetzt von Holger Fliessbach. München 2000: C. H. Beck, S. 181).

*32: (→ S. 129) Vgl. Jürgen Mittelstraß, *Neuzeit und Aufklärung. Studien zur Entstehung der neuzeitlichen Wissenschaft und Philosophie*. Berlin, New York 1970: de Gruyter, S. 440ff. Nach Jürgen Mittelstraß bedeutet die Auffassung Leibniz' von der Integralrechnung ein System zur Herstellung von Figuren aus bestimmten grundlegenden Formen mithilfe von Transformationsregeln. Vgl. auch: Herbert Breger, „Vom Binärsystem zum Kontinuum: Leibniz' Mathematik", in: Thomas A. C. Reydon/Helmut Heit/Paul Hoyningen-Huene (Hrsg.), *Der universale Leibniz. Denker, Forscher, Erfinder.* Stuttgart 2009: Steiner, S. 123–135.

*33: (→ S. 140) Vgl. Johann Heinrich Füssli, *Symplegma: A Man with three Women* (London, Victoria and Albert Museum). Von seinen Fensterbildern und Gravuren vgl.: *The Incubus Leaving Two Sleeping Women* (1810), Bleistift und Wasserfarbe, 31,5 x 40,8 cm (Zürich, Kunsthaus, Inv.-Nr. 1914/26 [Tate-Catalogue, Nr. 168]); *Woman at the Window by Moonlight* (1800–1810), Öl auf Leinwand, 71 x 92,5 cm (Frankfurt am Main, Goethe-Museum [Tate-Catalogue, Nr. 164]); *Girl on Sofa Looking out of the Window* (1803), 21,6 x 31,7 cm, (London, Victoria and Albert Museum). Die griechische Inschrift auf der Zeichnung bedeutet übersetzt: "Du Abend, bringst alles" (Vgl. Tomory (1972), Tafel 195). Vgl. *Girl at a Window Overlooking the Sea* (1821), Bleistift, 11,9 x 11,7 cm, Basel, Öffentliche Kunstsammlung, Inv.-Nr. 1933.224 (Tate-Catalogue, Nr. 204). Diese Tradition der Kombination weiblicher Begierde mit der sitzenden/stehenden Haltung am Fenster hat John Everett Millais in seiner Illustration zu Tennysons Gedicht *Mariana* (1830) verwendet. Es handelt sich um Millais' *Mariana in the Moated Grange*, Feder und Tinte, 22 x 13,7 cm, Victoria and Albert Museum, London (Katalog: *Präraffaeliten.* Staatliche Kunsthalle Baden-Baden, 23. 11. 1973–24. 2. 1974, S. 116, Nr. 60).

*34: (→ S. 145) Im englischen Gesellschaftsroman des 18. und frühen 19. Jahrhunderts ist das Klavierspiel der Tochter des Hauses ein Romansujet – etwa bei Jane Austen. Hier sind junge Männer im Salon auf Gesellschaften zugelassen, wenn sie sich mit dem Notenumblättern „zufrieden geben". Das „Klavierspiel" ermöglicht aber auch Blickkontakte, Berührungen, stumme Dialoge.

*35: (→ S. 145) Hier lässt sich auch verweisen auf den Fall der Marianne Davies, die Anfälle bekam, wenn sie Weingläser mit benetzten Fingern zum Erklingen brachte. Dies scheint nur eine Variation der Trance-Zustände zu sein, in welche die von Füssli verehrte Zürcherin Magdalena Hess geriet, wenn sie ihr langes Haar kämmte.

*36: (→ S. 148) Sigmund Freud, *Studienausgabe*, Band IV (1970), S. 272. Nach William Empson ist die wirksamste Form literarischer *ambiguity* dann gegeben, wenn die Form vom Leser nicht erkannt wird, weil sie unbewusst ist. Vgl. W. Empson, *Seven Types of Ambiguity*. New York 1947, S. 160.

*37: (→ S. 154) Sehen wird als gestaltpsychologischer Akt betrachtet, der zugleich eine semantische Dimension besitzt. John Berger befasst sich mit der Überlieferung von Bildkonzepten und stellt fest, dass die den Bildern einbeschriebenen Sehstrukturen bzw. -anweisungen eine Vorstrukturierung des Sehens überhaupt nach sich ziehen. Die Entsprechung zur Leserlenkung in literarischen Texten ist auffällig.

*38: (→ S. 154) „Der Kapitalismus überlebt, indem er die Mehrheit – die er ausbeutet – zwingt, ihre eigenen Interessen so eng wie möglich zu definieren. Dies wurde einst durch extensive Ausbeutung erreicht. Heute wird dies in den entwickelten Ländern dadurch erreicht, dass ein falscher Standard dessen aufgedrängt wird, was und was nicht begehrenswert ist." (Berger (1989), S. 154).

*39: (→ S. 159) Die „gute", konservative Gesellschaft bewundert Ambrosio als Heiligen. Dieses Motiv hat E. T. A. Hoffmann für seinen Bruder Medardus in *Die Elixiere des Teufels* (1822) übernommen.

*40: (→ S. 167) Nach Johan Galtung ist streng zwischen *direkter* und *struktureller* Gewalt zu unterscheiden: „Etablierte Verhältnisse politischer Repression oder sozio-ökonomische Ausbeutung sind nicht gewalttätig, weil sie direkte Gewalt provozieren, sondern weil sie selbst Gewalt verkörpern. Vergleichbar werden beide Formen der Gewalt über ihre Wirkung als Differenz zwischen dem aktuellen und dem möglichen Entwicklungsstand der Menschen." (Hajo Schmidt, Art. „Johan Vincent Galtung", in: Gisela Riescher (Hrsg.), *Politische Theorie der Gegenwart in Einzeldarstellungen*. Stuttgart 2004: Kröner, S. 188).

Anmerkungen

1 Siehe: John Wilton-Ely, *The Mind and Art of G. B. Piranesi*. London 1978: Thames & Hudson, S. 98–100.

2 Siehe: William Beckford, *Dreams, Waking Thoughts and Incidents* (1783 gedruckt, aber verboten; repr. London 1891), zitiert in Wilton-Ely (1978), S. 148.

3 Thomas De Quincey, *Confessions of an English Opium Eater* [1821]. Ed. by Alethea Hayter. Harmondsworth 1971: Penguin, S. 105.

4 Vgl. Marilyn Butler, *Romantics, Rebels and Reactionaries. English Literature and its Background 1760–1830*. Oxford 1981: Oxford University Press, S. 11–68.

5 Siehe: Friedrich Engels, *Die Lage der arbeitenden Klasse in England* [1845], in: *Marx Engels Werke*, Berlin 1970: Dietz Verlag, Band 2, S. 227–506; Benjamin Disraeli, *Sybil or The Two Nations* [1845], edited by Thom Braun, Harmondsworth 1985: Penguin; Charles Dickens, *Barnaby Rudge and Hard Times*. London 1874: Chapman and Hall, Vol. II.

6 Dorothy Marshall, *Eighteenth Century England*. London 1962, S. 243. Übersetzung J. K.

7 Siehe: Eric Hobsbawm, *Industry and Empire*. Harmondsworth 1977: Penguin.

8 Peter Wende, *Geschichte Englands*. Stuttgart, Berlin, Köln, Mainz 1985: Kohlhammer, S. 179.

9 Vgl. George Rudé, *Paris and London in the 18th Century. Studies in Popular Protest*. London 1974: Collins/Fontana, S. 268–292.

10 Vgl. ebenda, S. 268.

11 Martin Myrone, „Von Füssli bis Frankenstein. Bildende Kunst im Kontext des ‚Gothic'", in: Franziska Lentzsch (Hrsg.), *Füssli. The Wild Swiss*. Zürich 2005: Kunsthaus Zürich und Scheidegger & Spiess, S. 246.

12 Vgl. George Rudé, „Wilkes and Liberty, 1768–9", in: Rudé, *Paris and London in the 18th Century. Studies* (1974), S. 222–267.

13 Iring Fetscher, *Politikwissenschaft*, Frankfurt/Main 1968: Fischer Taschenbuch Verlag, S. 64 f.

14 Vgl. Kurt Kluxen, *Geschichte Englands*. Stuttgart 1968: Alfred Kröner, S. 493.

15 Vgl. noch im 19. Jahrhundert die Geschichte des Schneiders Alton Locke. Siehe: Charles Kingsley, *Alton Locke. Tailor and Poet. An Autobiography*. Edited by Elizabeth A. Cripps. Oxford 1983: Oxford University Press.

16 Vgl. Karl Löwenstein, *Der britische Parlamentarismus. Entstehung und Gestalt*. Reinbek bei Hamburg 1964: Rowohlt, rde 208, S. 77.

17 Siehe: Michael Maurer (Hrsg.), *O Britannien, von deiner Freiheit einen Hut voll. Deutsche Reiseberichte des 18. Jahrhunderts.* Frankfurt/Main, Wien 1992: Büchergilde Gutenberg.

18 Vgl. Ronald Paulson, *Representations of Revolution (1789-1820).* New Haven/London 1983: Yale University Press, S. 216.

19 Marilyn Butler, *Romantics, Rebels and Reactionaries* (1981), S. 21. Übers. J. K.

20 Siehe: Horst Kurnitzki, *Triebstruktur des Geldes. Ein Beitrag zur Theorie der Weiblichkeit.* Berlin 1974: Wagenbach); Gilles Deleuze/Félix Guattari, *Anti-Ödipus. Kapitalismus und Schizophrenie I.* Frankfurt/Main 1974: Suhrkamp.

21 Dem entspricht auch die berühmte Max Weber-These. Vgl. Max Weber, *Die protestantische Ethik und der Geist des Kapitalismus,* in: Max Weber, *Gesammelte Aufsätze zur Religionssoziologie I.* Tübingen 1988: J. C. B. Mohr (Paul Siebeck), S. 17–236.

22 Vgl. Manfred Frank, *Was ist Neostrukturalismus?* Frankfurt/Main 1984: Suhrkamp, S. 406 ff.

23 Johann Gottfried Herder, *Abhandlung über den Ursprung der Sprache* (1772), in: *Herders Werke in Fünf Bänden.* Ausgewählt und eingeleitet von Wilhelm Dobbek. Berlin und Weimar 1964: Aufbau-Verlag (Bibliothek Deutscher Klassiker), Band 2, S. 98.

24 Vgl. Arnold Gehlen, *Anthropologische Forschung. Zur Selbstbegegnung und Selbstentdeckung des Menschen.* Reinbek b. Hamburg 1965: Rowohlt, rde 138, S. 18 f, 46 ff, S. 93 ff.

25 Siehe: Hans Ulrich Gumbrecht, *Diesseits der Hermeneutik. Die Produktion von Präsenz.* Frankfurt/Main 2004: Suhrkamp.

26 Siehe hierzu das exzellente Buch von Joachim Radkau, *Max Weber. Die Leidenschaft des Denkens.* München, Wien 2005: Carl Hanser Verlag.

27 Vgl. R. T. Kendall, *Calvin and English Calvinism to 1649.* Oxford 1979: Oxford University Press, S. 199 ff. (zur Sünde); Max Weber, *Die protestantische Ethik und der Geist des Kapitalismus,* in: M. Weber, *Die protestantische Ethik I,* hrsg. von Johannes Winkelmann. München/Hamburg 1969: Siebenstern, S. 27–317; zur puritanischen Sexualethik vgl. Levin L. Schücking, *Die puritanische Familie.* Bern/München 1964: Francke, S. 32 ff.

28 Vgl. Klaus Theweleit, *Männerphantasien.* Reinbek 1977: Rowohlt, Bd. 1, S. 326 ff.

28a Vgl. Ioan P. Culianu, *Eros und Magie in der Renaissance.* Aus dem Französischen von Ferdinand Leopold. Frankfurt am Main 2001: Insel, S. 227.

29 Vgl. Silvia Bovenschen, *Die imaginierte Weiblichkeit. Exemplarische Untersuchungen zu kulturgeschichtlichen und literarischen Präsentationsformen des Weib-*

lichen. Frankfurt/Main 1980: Suhrkamp, S.97ff. Siehe auch Becker/Bovenschen/Brackert, *Aus der Zeit der Verzweiflung*. Frankfurt/M. 1977: Suhrkamp,

30 Vgl. Ilham Dilman, „Conflicting Aspects of Sexual Love: Can They Be Reconciled?", in: I. Dilman, *Love and Human Separateness*. Oxford 1987: Blackwell, S.74–91.

31 Hans Blumenberg, „Ich bin und Ur-Gleichzeitigkeit", in: H. Blumenberg, *Ein mögliches Selbstverständnis. Aus dem Nachlaß*. Dietzingen 1997: Reclam, S.215.

32 Siehe: Karen Horney, *Feminine Psychology*. New York 1967: Norton, Kap.9.

33 Vgl. Michael Baxandall, *Shadows and Enlightenment*. New Haven and London 1997: Yale University Press. S.76ff und S.106ff.

34 Siehe etwa: Jürgen Klein, *Der Gotische Roman und die Ästhetik des Bösen*. Darmstadt 1975: Wissenschaftliche Buchgesellschaft, Impulse der Forschung 20; Ingeborg Weber, *Der englische Schauerroman*. München/Zürich 1983: Artemis; Hans-Ulrich Mohr, „Skizze einer Sozialgeschichte des englischen Schauerromans", *Englisch-Amerikanische Studien 1* (1984): S.112–140. Vgl. den hervorragenden Essay von Marshall Brown, „A Philosophical View of the Gothic Novel", *Studies in Romanticism* 26 (1987): S.275–301.

35 Vgl. Albert Giesecke, *Giovanni Battista Piranesi*. Leipzig 1911: Klinkhardt & Biermann, Meister der Graphik, Bd. VI; Nobert Miller, *Archäologie des Traums. Versuch über Giovanni Battista Piranesi*. Frankfurt/Main, Berlin, Wien 1981: Ullstein; Jürgen Klein, „Terror and Historicity in Giovanni Battista Piranesi as Forms of Romantic Subjectivity", in: Norman F. Cantor and Nathalia King (eds.), *Notebooks in Cultural Analysis*. Durham, N.C. 1985: Duke UP, Bd.2: S.90–111. Zu Füssli vgl. Gert Schiff, *Johann Heinrich Füssli 1741–1825. Text und Oeuvrekatalog*. Zürich/München 1973: Prestel, 2 Bde.; Peter Tomory, *The Life and Art of Henry Fuseli*. London 1972: Thames & Hudson; Jürgen Klein, *Anfänge der englischen Romantik 1740–1780. Heidelberger Vorlesungen*. Heidelberg 1986: Carl Winter Universitätsverlag, S.245–271. Anglistische Forschungen 191.

36 Vgl. Sigmund Freud, „Das Unheimliche" (1919), in: S. Freud, *Studienausgabe*, Bd. IV: Psychologische Schriften. Frankfurt/Main 1979: Fischer, S.272

37 Dazu gehört vor allem auch die Aufwertung von Miltons Satansgestalt in *Paradise Lost*, wobei der Aspekt der Normverletzung im Blick auf göttliche Gebote eine geringere Rolle zu spielen beginnt im Vergleich zum Rebellentum des gefallenen Erzengels. Eine nähere Betrachtung von Füsslis Milton-Galerie würde sich hier unmittelbar anbieten. In der romantischen Generaltendenz ist aber das leidenschaftliche Bekenntnis zur Phantasie schon eine deutliche Kritik am status quo bürgerlicher Existenz. Füssli sagt in seinem Aphorismus 30: „Die Mittelmäßig-

keit ist dazu geformt, das Talent gibt sich dazu her, Vorschriften hinzunehmen; jene der livrierte Dienstbote, dieses der gelehrige Anbeter der Ansichten oder Grillen eines Gönners. Das Genie dagegen, frei und unbegrenzt seinem *Ursprung* nach, weist es von sich, Befehle anzunehmen, und vernachlässigt auch die erhaltenen, wo es nachgeben muß." (Füssli, *Aphorismen über die Kunst* (1944), S. 50). Die generelle Charakterisierung des Romantischen bezieht sich immer wieder auf die Dimension des Imaginativen sowie dessen, was auf Unbekanntes jenseits der Grenzen hinweist: „*Romantisch* verbindet sich also jetzt mit einer anderen Gruppe von Begriffen wie *magisch, suggestiv, sehnsüchtig*, vor allem aber mit Wörtern, die unaussprechliche Seelenzustände ausdrücken wie das deutsche *Sehnsucht* und das englische *wistful*. Es ist eine merkwürdige Erscheinung, daß diese Wörter in den romanischen Sprachen keine Entsprechung finden: ein deutlicher Beweis für die nordische, anglodeutsche Herkunft und für die Empfindungen, die sie ausdrücken. Diesen Begriffen ist es gemeinsam, daß sie nur eine undeutliche Anschauung vermitteln und der Phantasie die gestaltende Evozierung überlassen. Ein Anhänger Freuds würde sagen, diese Begriffe appellierten an unser Unterbewußtsein." (Mario Praz, *Liebe, Tod und Teufel 1* (1970), S. 40).

38 Siehe: Jacques Derrida, *Die Schrift und die Differenz*. Frankfurt am Main 1976: Suhrkamp.

39 Ebenda, S. 23.

40 Vgl. Sigmund Freud, „Das Unheimliche", in: S. Freud, *Studienausgabe* (1970), Bd. IV, S. 243–274.

41 Sir Joshua Reynolds, *Discourses*, herausgegeben von Helen Zimmern. London 1887: W. Scott, S. 44. Übersetzung J. K.

42 Vgl. Wolfgang Braunfels, *Kleine italienische Kunstgeschichte*. Köln 1984: Du Mont, S. 400–403. Vgl. Michael Levey, *The Seventeenth and Eighteenth Century Italian Schools. National Gallery Catalogues*. London 1971: The National Gallery, S. 62 ff.

43 Vgl. auch die Anspielung auf die zwei Arten der Liebe in Tizians Gemälde *Himmlische und Irdische Liebe (Sacred and Profane Love)* (1514/15), Leinwand, 118 x 279 cm. Rom Galeria Borghese. Siehe: Alessandro Ballarin, *Titian*. London 1968: Thames & Hudson; Vgl. Stefano Zuffi, *Tizian*. Köln 1998: DuMont, S. 24 f. Im Gelben Saal in Goethes Haus am Frauenplan findet sich die 1792 von Friedrich Bury für den Dichter gemalte Teilkopie „Himmlische Liebe" nach Tizian. Vgl. Gert-Dieter Ulferts (Red.), *Dichterhäuser in Weimar*. München, Berlin, London, New York 2005: Prestel, S. 6. In diesem Buch wird die „Himmlische Liebe" leider fälschlich mit der „Irdischen Liebe" identifiziert, weil die Nacktheit missdeutet wurde.

44 Das heißt: „die Lust im Schönen zu zeugen".

45 Vgl. E. J. Haeberle, *Die Sexualität des Menschen.* Berlin/New York 1985: De Gruyter, S. 135–145.

46 Vgl. Julia Kristeva, *Desire in Language. A Semiotic Approach to Literature.* Henley/New York 1980: Columbia UP, S. 115–121.

47 Kristeva (1980), S. 115.

48 Ebenda, S. 116.

49 Ebenda.

50 Vgl. Theweleit, *Männerphantasien* (1987), Bd. 1, S. 376.

51 Ebenda.

52 Ernst Bloch, *Das Prinzip Hoffnung.* Frankfurt 1974: Suhrkamp, Bd. 1, S. 111

53 Vgl. Immanuel Kant, *Kritik der Urteilskraft,* hrsg. von Karl Vorländer. Leipzig 1922: Felix Meiner, S. 192 ff (Original-Paginierung).

54 Luc Ciompi, *Außenwelt – Innenwelt. Die Entstehung von Zeit, Raum und psychischen Strukturen.* Göttingen 1988: Vandenhoeck & Ruprecht, S. 197.

55 „Desire is a form of life which, while originating in lack, wars with lack, seeking thereby to keep despair at bay." William Desmond, *Desire, Dialectic and Otherness. An Essay on Origins.* New Haven 1987: Yale UP, S. 19.

56 Julia Kristeva, *Tales of Love,* übersetzt von Leon S. Roudiez. New York 1987: Columbia UP, S. 5.

57 „ground" muss hier mit „Hintergrund" übersetzt werden.

58 Vgl. Paul Menzer, *Metaphysik.* Berlin 1932: Mittler & Sohn, S. 41 f.; Vgl. Georg Mehlis, „Der Begriff der Mystik", in *LOGOS. Internationale Zeitschrift für Philosophie der Kultur 12* (1923/24): S. 166–182. Zur Interdependenz von Geist und Psyche vgl. Friedrich Nietzsche, *Die Geburt der Tragödie aus dem Geiste der Musik.* Leipzig 1906: C. G. Naumann, S. 51–204.

59 *Meister Eckharts deutsche Predigten und Traktate,* ausgewählt, übertragen und eingeleitet von Friedrich Schulze-Maizier. Leipzig 1938: Insel Verlag, S. 379.

60 Georg Forster, *Ansichten vom Niederrhein, von Brabant, Flandern, Holland, England und Frankreich im April, Mai und Junius 1790,* hrsg. und mit Anmerkungen versehen von Robert Geerds, II. Teil. Leipzig o. J.: Reclam, S. 131.

61 Vgl. Jacques Derrida, *Die Schrift und die Differenz.* Frankfurt/Main 1976: Suhrkamp, S. 29 f.

62 Vgl. etwa Marcel Prousts Beschreibungen von Cambrais in den ersten beiden Büchern von *Auf der Sache nach der verloreren Zeit.*

63 Vgl. Gaston Bachelard, *La poétique de l'espace.* Paris 1957: Presses universitaires de France, Kap. 1, Absatz IV.

64 Vgl. Leonhard Euler, *Vollständige Anleitung zur Algebra*. Leipzig o.J.: Reclam, S.15.

65 Vgl. Georg Klaus, *Wörterbuch der Kybernetik*. Frankfurt/Main 1969: Fischer, Bd.2: S.676 f.

66 Ebenda. S.676f.

67 Ebenda, S.427–430.; Vgl. Hans Joachim Ilgauds, *Norbert Wiener*. Leipzig 1980: B.G.Teubner, S.63ff.

68 Vgl. Humberto Maturana/Francisco J. Varela, *Der Baum der Erkenntnis*. Bern/München 1987: Scherz, S.187ff.

69 Vgl. Stephen Körner, *The Philosophy of Mathematics*. London 1971: Hutchinson University Library, S.29–31.

70 A.G.Kästner, *Ausgewählte Sinngedichte und prosaische Aufsätze*, herausgegeben von E.Leyden. Leipzig o.J.: Reclam, S.42.

71 Vgl. Georg Christoph Lichtenberg, „Von dem Nutzen, den die Mathematik einem Bel Esprit bringen kann", in G.C.Lichtenberg, *Schriften und Briefe*, herausgegeben von Wolfgang Promies. München: 1972: Hanser, Bd.III: S.311–316.

72 Vgl. Isaac Newton, „Methodus fluxionum et serierum infinitarum" (1670/71), Auszüge in Oskar Becker, *Grundlagen der Mathematik in geschichtlicher Entwicklung*. Frankfurt 1975: Suhrkamp, S.148–150; Vgl. Jürgen Mittelstraß, *Neuzeit und Aufklärung*. Berlin/New York 1970: de Gruyter, 1970, S.493ff.

73 Vgl. Isaac Newton, *Philosophiae naturalis principia mathematica* („De motu corporum"), liber primum, sectio prima, § 1, § 12. Scholium.

74 Ebenda, § 12.

75 W.C.Dampier, *A History of Science*. Cambridge 1977: Cambridge University Press, S.159.

76 Vgl. Bertrand Russell, *Introduction to Mathematical Philosophy*. London 1985: Allen & Unwin, S.20–28.

77 Vgl. Friedrich Waismann, *Einführung in das mathematische Denken*. München 1970: dtv, S.114f.; S.116–138; Vgl. Bertrand Russell, *Human Knowledge*. London 1948: Allen & Unwin, S.353ff.

78 Vgl. K.R.Popper, *Objective Knowledge*. Oxford 1974: Clarendon Press, S.85f.

79 Vgl. Max Frisch, *Don Juan oder Die Liebe zur Geometrie*. Frankfurt/Main 1963: Suhrkamp, S.48f.

80 Vgl. Hans von Mangoldt, *Einführung in die höhere Mathematik*. Leipzig 1912: S.Hirzel, Bd.II: S.122–128.

81 „The 'jouissance' of the Other is fostered only through infinitude." Julia Kristeva, *Desire in Language* (1980), S.16.

82 „In Kristeva's vocabulary, sensual, sexual, pleasure is covered by plaisir; 'jouissance' is total joy or ectasy (without any mystical connotation); also, through the working of the signifier, this implies the presence of meaning [...] requiring it by going beyond it." (Kristeva, *Desire* (1980), S. 16.)

83 Vgl. Herodot, *Das Geschichtswerk*. Aus dem Griechischen übersetzt von Theodor Braun. Berlin und Weimar 1985: Aufbau-Verlag, Erster Band, S. 174f. (Buch II, Kapitel 148).

84 Vgl. Robert von Ranke-Graves, *Griechische Mythologie*. Reinbek 1981: Rowohlt, Bd. 1: S. 264–266 und S. 282ff.; Vgl. Sir James G. Frazer, *The Golden Bough. A Study in Magic and Religion*. London 1976: Macmillan, S. 369f.; Vgl. Pauly-Wissowa, *Realencyclopaedie der Klassischen Altertumswissenschaften*. Stuttgart 1924: Metzler, Bd. 23: S. 312–326.

85 Vgl. Ranke-Graves *Griechische Mythologie* (1981), Bd. 1: S. 307f.; Vgl. Karl Kerényi, *Die Mythologie der Griechen*. München 1981: dtv, 5. Auflage, Bd. 2: S. 185f.

86 Vgl. Jürgen Klein, „Gestaltung und Wirklichkeit – menschliche Existenz im Bild des Labyrinths", *Universitas* 39 (1984): S. 489–496; Vgl. Friedrich Dürrenmatt, *Stoffe I–III*. Zürich 1981: Diogenes, S. 74–94.

87 C.-M. Edsman, Art. „Labyrinth", *RGG*, 3. Auflage. Tübingen 1986: J. C. B. Mohr, S. 191.

88 Vgl. Hans Jantzen, *Kunst der Gotik*. Reinbek 1957: rde 48: S. 79f.; Zur Spiritualität der mittelalterlichen Kathedrale vgl. Georges Duby, *Le Temps des cathédrales, l'art et la société, 980–1420*. Paris 1976: Gallimard, Kap. 5–7.

89 Vgl. Jürgen Klein, „Francis Bacon's SCIENTIA OPERATIVA, the Tradition of the Workshops, and the Secrets of Nature", in: Claus Zittel, Gisela Engel, Romano Nanni and Nicole V. Karafyllis (ed.), *Philosophies of Technology. Francis Bacon and his Contemporaries*. Leiden, Boston 2008: Brill (Intersections II/ 1 – 2008), S. 21–49. Dort weitere Literatur, z. B. Leonardo Olschki und Jürgen Mittelstraß.

90 *The Works of Francis Bacon*, edited by J. Spedding, R. L. Ellis, D. D. Heath. Boston 1860: Brown and Taggard, XII: S. 131.

91 Ebenda.

92 Vgl. Hans Albert, „Wertfreiheit als methodisches Prinzip", in: Ernst Topitsch (Hrsg.), *Logik der Sozialwissenschaften*. Köln 1969: Kiepenheuer & Witsch, S. 181–210; Lewis A. Coser, *Masters of Sociological Thought. Ideas in Historical and Social Context*. New York/Chicago 1971: Harcourt Brace Jovanovich, S. 217–260.

93 Siehe hierzu u. a.: Alberto Manguel, *Eine Geschichte des Lesens*. Hamburg 1999: Rowohlt; Ders., *Die Bibliothek bei Nacht*. Aus dem Englischen von Manfred

Allié und Gabriele Kempf-Allié. Frankfurt am Main 2007: S. Fischer; Umberto Eco, *Der Name der Rose*. Aus dem Italienischen von Burkhart Kroeber. München 1982: Carl Hanser; Carlos Ruiz Zafón, *Der Schatten des Windes*. Aus dem Spanischen von Peter Schwaar. Frankfurt am Main 2003: Büchergilde Gutenberg, sowie : Elias Canetti, *Die Blendung* (1935) und Jorge Luis Borges, *Aleph* (1949).

94 Vgl. Hans Blumenberg, „Eine imaginäre Universalbibliothek", *Akzente* 28/1 (1981): S. 27–40; Jean-Paul Sartre, *Les Mots*. Paris 1964: Gallimard, Teil 1: *Lesen*; Umberto Eco, *Der Name der Rose*. Aus dem Italienischen von Burkhart Kroever Münschen 1982: Carl Hanser, S. 215–226. Siehe auch Ulrich Broich/Manfred Pfister (Hrsg.), *Intertextualität*. Tübingen 1985: Niemeyer.

95 Vgl. Kenneth Clark, *Leonardo da Vinci in Selbstzeugnissen und Bilddokumenten*. Reinbek 1969: Rowohlt, rm 153, S. 74. Leonardos Text wird zitiert nach H. Ludwig (Hrsg.), *Lionardo da Vinci. Das Buch von der Malerei*. Wien 1882, 3 Bde, S. 23. Zu Leonardos Leben und Persönlichkeit vgl. Giorgio Vasari, *Lebensbeschreibungen der ausgezeichnetsten Maler* (1568), eine Auswahl in Deutsch, herausgegeben von Ernst Jaffé. Zürich 1980: Diogenes, S. 240–259.

96 Vgl. Kenneth Clark, *Das Nackte in der Kunst*. Aus dem Englischen von Hanna Kiel. Köln 1958: Phaidon, Kap. 1.

97 "The proportions of the human body were praised as a visual realization of musical harmony." Vgl. Erwin Panofsky, *Meaning in the Visual Arts*. Harmondsworth 1979: Penguin, S. 121. Vgl. ebenda, S. 120 f, Anmerkungen 64 und 65. Panofsky erwähnt, dass bereits 1525 Francesco Giorgi aus Venedig aus der Möglichkeit, eine menschliche Figur in einen Kreis einzubeschreiben auf die Korrespondenz zwischen Makrokosmos und Mikrokosmos geschlossen hat.

98 Domenico Laurenza, „*CORPUS MOBILE*. Ansätze einer Pathognomik bei Leonardo", in: Frank Fehrenbach (Hrsg.), *Leonardo da Vinci. Natur im Übergang*. München 2002: Wilhelm Fink, S. 259. Vgl. ebenda, S. 256–301.

99 "[...] der Maler darf nicht nur die äußeren Erscheinungen der Dinge nachschaffen: er muß auswählen und sie mit dem Blick auf ihre harmonische Wirkung anordnen. Die Malerei, sagt er, beruht auf *harmonischen Proportionen der das Ganze bildenden Teile, wodurch die Empfindung befriedigt wird*." (K. Clark, Leonardo (1969), S. 74.)

100 Kenneth Clark, *Das Nackte in der Kunst* (1958), S. 16 ff.

101 Vgl. Vitruvius, *De architectura Libri Decem*, Buch III. Für Vitruv war bei Bauen die ordinatio unverzichtbar, „die nach Maß berechnete angemes-

sene Abmessung der Glieder eines Bauwerks im einzelnen und die He-
rausarbeitung der proportionalen Verhältnisse im ganzen zur Symmetrie".
(Hanno-Walter Kruft, *Geschichte der Architekturtheorie. Von der Antike bis zur
Gegenwart.* München 1991: C. H. Beck, S. 20 ff.

102 Siehe: Erwin Panofsky, "Die Perspektive als symbolische Form (1927)", in:
Erwin Panofsky, *Aufsätze zu Grundfragen der Kunstwissenschaft.* Berlin 1985:
Verlag Volker Spiess, S. 99–167.

103 Siehe vor allem: Pico della Mirandola, *De Dignitate Hominis,* lat. und deutsch,
übersetzt von Hans H. Reich, eingeleitet von Eugenio Garin. Bad Homburg
v. d. H., Berlin, Zürich 1968: Verlag Gehlen.

104 Vgl. K. Clark, *Leonardo* (1969), S. 76.

105 Vgl. Rudolf Wittkower, *Architectural Principles in the Age of Humanism.* London
1949: Academy Editions, S. 15, Anmerkung.

106 E. Panofsky, *Meaning* (1970), S. 84. Übersetzung J. K.

107 Georg Wilhelm Friedrich Hegel, *Ästhetik.* Mit einer Einführung von Georg
Lukács, hrsg. von Friedrich Bassenge. Berlin und Weimar o. J.: Aufbau-Verlag, Band 1, S. 346 f.

108 Galen, *Placita Hippocratis et Platonis,* V, 3. Vgl. Panofsky, *Meaning in the Visual
Arts,* S. 92.

109 Hegel, *Ästhetik,* Band 1, S. 349.
Ders., *Vorlesungen über die Philosophie der Geschichte* (G. W. F. Hegel, *Werke in
zwanzig Bänden,* Band 12. Frankfurt am Main 1970: Suhrkamp), S. 245–274.

110 Walther Wolf, *Kulturgeschichte des Alten Ägypten.* Stuttgart 1962: Kröner,
S. 176.

111 Dietrich Wildung, Günter Grimm, *Götter Pharaonen.* Ausstellungskatalog, Villa Hügel, Essen, 2. Juni–17. September 1978. Mainz 1978: Philipp von Zabern,
Nr. 10.

112 Wolf, *Kulturgeschichte des Alten Ägypten* (1962), S. 180.

113 Ebenda, S. 186.

114 E. Panofsky, *Meaning in the Visual Arts* (1970), S. 93.

115 Ebenda, S. 86, Anm. 19.

116 Vgl. Cyril Aldred, *Egyptian art in the Days of the Pharaohs 3100–320 BC.* London
1996: Thames & Hudson, S. 22–24.

117 Siehe besonders: Max Horkheimer, *Zur Kritik der instrumentellen Vernunft. Aus
den Vorträgen und Aufzeichnungen seit Kriegsende.* Herausgegeben von Alfred
Schmidt. Frankfurt/Main 1986: Fischer; Herbert Marcuse, *Der eindimensionale
Mensch. Studien zur Ideologie der fortgeschrittenen Industriegesellschaft.* Neuwied
1984: Luchterhand; Alain Finkielkraut, *Verlust der Menschlichkeit. Versuch über*

das 20. Jahrhundert. Aus dem Französischen von Susanne Schaper. Stuttgart 1999: Klett-Cotta.

118 Hans Blumenberg, "Alles über Futurologie. Ein Soliloquium", in: Hans Blumenberg, *Ein mögliches Selbstverständnis. Aus dem Nachlaß.* Ditzingen 1997: Reclam, S. 29.

119 Vgl. Elaine Scarry, *The Body in Pain.* Oxford/New York 1985: OUP, S. 5. Zur Schmerzforschung siehe Ronald Melzack, s. v. "pain", in: Richard L. Gregory (ed.), *The Oxford Companion to the Mind.* Oxford/New York 1987: OUP, S. 574 f. Siehe auch D. M. Armstrong & Norman Malcolm, *Consciousness and Causality.* Oxford 1985: Blackwell.

120 E. Scarry, *The Body in Pain* (1985), S. 23.

121 Ebenda, S. 29.

122 Vgl. Alain Finkielkraut. *Verlust der Menschlichkeit. Versuch über das 20. Jahrhundert.* Stuttgart 1999: Klett-Cotta, S. 97 f und passim.

123 Immanuel Kant, *Kritik der Urteilskraft*, hrsg. von Karl Vorländer. Leipzig 1924: Felix Meiner, S. 89.

124 E. Scarry, *The Body in Pain* (1985), S. 37.

125 Vgl. Philip P. Hallie, *Grausamkeit. Der Peiniger und sein Opfer.* Olten/Freiburg i. Br. 1981: Walter, S. 56–80.

126 Vgl. Werner Hofmann, „Traum Wahnsinn und Vernunft. Zehn Einblicke in Goyas Welt. VI. ‚Verhängnisvolle Folgen…‘", in: Werner Hofmann (Hrsg.), *GOYA. Das Zeitalter der Revolutionen 1789–1830.* Katalog: Kunst um 1800, Hamburger Kunsthalle, 17. Oktober 1980 bis 4. Januar 1981. München 1980: Prestel, S. 117–145.

127 Ebenda, S. 119.

128 Ebenda.

129 E. Scarry, *The Body in Pain* (1985), S. 29.

130 Ebenda, S. 30.

131 Vgl. Heinrich Füssli, *Aphorismen über die Kunst*, herausgegeben und übersetzt von E. C. Mason. Basel 1944: Benno Schwabe & Co, S. 77. Vgl. auch: *Henry Fuseli 1741–1825.* Tate Gallery 1975. Katalog; D. H. Weinglass, *Henry Fuseli and the Engraver's Art. Catalogue. An Exhibition Presented by the Friends of the Library of the University of Missouri-Kansas City, October 3rd–October 29th, 1982.*

132 Vgl. Füssli, *Aphorismen* (1944), S. 90.

133 Vgl. ebenda, S. 114.

134 Ebenda.

135 Zum Marquis de Sade siehe Geoffrey Gorer, *The Life and Ideas of the Marquis de Sade* London 1953: P. Owen; Roland Barthes, *Sade. Fourier. Loyola.* Paris 1971: Seuil; „La pensée de Sade", *Tel Quel* 28 (1967).

136 Vgl. Jean-Paul Sartre, *Die Transzendenz des Ego*. Reinbek 1964: Rowohlt, S. 14 ff.

137 Vgl. Marion Luckow, „Einleitung", Marquis de Sade, *Ausgewählte Werke*. Frankfurt/Main 1972: Fischer, Bd. 1: S. 11.

138 Vgl. Hans Giese, Vorwort zu: *Die 120 Tage von Sodom oder die Schule der Libertinage*, in: Marquis de Sade, *Ausgewählte Werke*, hrsg. von Marion Luckow. Frankfurt/Main 1972: Fischer, Bd. 1, S. 34.

139 Vgl. Marquis de Sade, *Die 120 Tage von Sodom* (1972), S. 42.

140 Vgl. Monolog Gloucesters zu Beginn des ersten Aufzuges in Shakespeares *Richard III*.

141 Edmund Burke, *Enquiry*, edited by J. T. Boulton. London 1967: Routledge, S. 39 f.

142 Marquis de Sade, *Juliette* (Paris, 1797), Bd. II, zitiert in: Mario Praz, *Liebe, Tod und Teufel 2* (1970), S. 420.

143 Vgl. Bernard Williams, *Descartes. The Project of Pure Enquiry*. Harmondsworth, 1978: Penguin, S. 188 ff.; 232–239. Rainer Specht, *René Descartes in Selbstzeugnissen und Bilddokumenten*. Reinbek 1966: Rowohlt, rm 117, S. 92 ff.

144 Zur kapitalistischen Gesellschaft im 17. und 18. Jahrhunderts siehe: C. B. Macpherson, *The Political Theory of Possessive Individualism*. Oxford 1972: Oxford University Press; C. B. Macpherson (ed.), *Property. Mainstream and Critical Positions*. Oxford 1978: Basil Blackwell.

145 Sir Leslie Stephen, *History of English Thought in the Eighteenth Century*, ed. by Crane Brinton. New York 1962: Harcourt, Bd. 2, S. 31. Übersetzung J. K.

146 Einschlägig: Stanislaw Lem, *Sade und die Spieltheorie*. Frankfurt/Main 1981: Suhrkamp.

147 Vgl. Humberto Maturana/Francis J. Varela, *Der Baum der Erkenntnis*. Bern, München 1987: Scherz, S. 70 ff.; 85 ff.

148 Vgl. Humberto Maturana, „Kognition", in: Siegfried J. Schmidt (Hrsg.), *Der Diskurs des radikalen Konstruktivismus*. Frankfurt/Main 1987: Suhrkamp, S. 89–118. Siehe im selben Band auch Schmidts Einleitung (11–88). Zu Baumstrukturen in der modalen Logik vgl. G. H. von Wright, „On the Logic and Epistemology of the Causal Relation", in: Ernest Sosa (ed.), *Causation and Conditionals*. Oxford 1975: OUP, S. 95–113.

149 Karl Heinz Bohrer, *Plötzlichkeit. Zum Augenblick des ästhetischen Scheins*. Frankfurt/Main 1981: Suhrkamp, S. 47 f. Die völlig unerwartete Verhaftung morgens um 4.00 Uhr ist ein Beispiel für Plötzlichkeit.

150 Vgl. Martin Heidegger, *Sein und Zeit*. Tübingen 1957: Max Niemeyer, S. 126–130 (§ 27).

151 Vgl. Bohrer, *Plötzlichkeit*. (1981), S. 20 ff.; S. 43–67.

152 Stanislaw Lem, *Sade und die Spieltheorie.* (1981), S. 104.

153 Dieses strukturelle Phänomen erklärt eine Mathematik des Begehrens bei Sade wie in der Postmoderne. Wenn das „Objekt" des Begehrens versagt wird oder unerreichbar ist, kommt die Thematik des Supplements ins Spiel, oft ganz grundsätzlich verbunden mit der Differenz zwischen einem angenommenen menschlichen „Naturzustand" und der Geschichte der „Schrift". Vgl. Uwe Dreisholtkamp, *Jacques Derrida.* München 1999: C. H. Beck, S. 149 ff.

154 Stanislaw Lem, *Sade und die Spieltheorie* (1981), S. 114.

155 Ursula Link-Heer, „Was the „divine Marquis" an Advocate of Virtue? Remarks on the Paradox of the Sadian Theatre", in: Peter Wagner (ed.), *Erotica and the Enlightenment.* Frankfurt/Main, Bern, New York, Paris 1991: Lang, S. 70–89.

156 Siehe ebenda.

157 Vgl. Mario Praz, *Liebe, Tod und Teufel 1* (1970), S. 104 ff.

158 Zum Inzest-Tabu vgl. Claude Lévi-Strauss, *Strukturale Anthropologie.* Frankfurt/Main 1969: Suhrkamp, S. 60 ff; Claude Lévi-Strauss, *Structural Anthropology 2.* Harmondsworth 1978: Penguin, S. 82–112. Zu Walpoles Inzest-Drama *The Mysterious Mother* vgl. Jürgen Klein, „Architectures of the Mind: Horace Walpole's Distortions of medieval Romance", in: Uwe Böker (ed.), *Of Remembraunce the Keye: Medieval Literature and its Impact through the Ages. Festschrift for Karl Heinz Göller on the Occasion of his 80th Birthday.* Frankfurt/Main, Bern, New York 2004: Lang, S. 149–171.

159 Rousseau, *Lettre à d'Alembert,* zitiert nach U. Link-Heer, Manuskript des Habilitationsvortrags, Universität-Gesamthochschule-Siegen (1987), S. 16.

160 Mario Praz, *Liebe, Tod und Teufel* (1970), Bd. 1: S. 107.

161 Siehe etwa: Manfred Naumann (Hrsg.), *Artikel aus Diderots Enzyklopädie.* Aus dem Französischen übersetzt von Theodor Lücke. Frankfurt/Main 1972: Röderberg. Der Aufstieg des Skeptizismus zumindest seit Spinoza und Bayle spielt für die Religionskritik und für die Begründung der Aufklärung bekanntlich eine fundamentale Rolle. Vgl. Pierre Bayle, *Historical and Critical Dictionary. Selections,* translated, with an Introduction and Notes by Richard H. Popkin. Indianapolis, New York, Kansas City 1965: Bobbs-Merrill; Paul Hazard, *Die Krise des europäischen Geistes 1680–1715.* Hamburg 1939: Hoffmann & Campe, S. 128–147; Peter Gay, *The Enlightenment. An Interpretation 1: The Rise of Modern Paganism.* London 1973: Wildwood House, S. 290 ff und passim; Jonathan I. Israel, *Enlightenment Contested. Philosophy, Modernity, and the Emancipation of Man 1670–1752.* Oxford, New York 2006: Oxford University Press.

162 Die katholische Theologie arbeitet mit dem Begriff *Mariologie.* Vgl. die Artikel *Maria* und *Mariologie* in: Karl Rahner/Herbert Vorgrimler, *Kleines Theolo-*

gisches Wörterbuch. Freiburg i. Br. 1962: Herder, S. 232–235. Maria gilt nach katholischem Verständnis als „von der Erbschuld bewahrt (DGL: D 1641)" (Rahner/Vorgrimler, S. 232). Vgl. auch: RGG3 Tübingen 1986: J. C. B. Mohr (Paul Siebeck), Band 4, Sp. 747–48, 752–54, 754–770: Art. *Maria im NT, Mariaviten, Marienbild Mariendichtung, Marienerscheinungen, Marienfeste, Marienverehrung, Mariologie.* Bekannte marianische Symbole, welche die Jungfräulichkeit versinnbildlichen, sind: der brennende Busch, der verschlossene Garten, der blühende Stab Aarons, das Vließ Gideons, der elfenbeinerne Turm.

163 Ann Williams, *Art of Darkness.* Chicago, London 1995, S. 18 ff.

164 Ebenda, S. 19.

165 Vgl. Jacob Burckhardt, *Die Kultur der Renaissance in Italien.* Leipzig 1928: Kröner, S. 371 ff.

166 Hans-Peter Dürr, *Traumzeit. Über die Grenze zwischen Wildnis und Zivilisation.* Frankfurt/Main 1980: Syndikat. Zur europäischen Modernisierung vgl. Max Weber, *Wirtschaft und Gesellschaft,* hrsg. von Johannes Winckelmann. Tübingen 1972: J. C. B. Mohr; Carlo M. Cipolla, *Before the Industrial Revolution. European Society and Economy,* 1000–1700. London 1976: Methuen; Carlo M. Cipolla (ed.), *The Fontana Economic History of Europe. The Sixteenth and Seventeenth Centuries.* Glasgow 1974: Collins; Penry Williams, *The Tudor Regime.* Oxford 1986: OUP; Jürgen Klein, *Radikales Denken in England: Neuzeit.* Frankfurt/Bern/New York 1984: Lang; Jürgen Klein, *Francis Bacon oder die Modernisierung Englands.* Hildesheim/Zürich/New York 1987: Olms.

167 Vgl. H.-P. Dürr, *Traumzeit,* S. 174 f., Anmerkung 30. Vgl. H. R. Trevor-Roper, "The European Witch-Craze", in: H. R. Trevor-Roper, *Religion, the Reformation and Social Change.* London 1972: Macmillan, S. 90–192.

168 H.-P. Dürr, *Traumzeit* (1980), S. 28 f.

169 Zur literarischen Verarbeitung des grundlegenden Konflikts zwischen Wildheit und Ordnung siehe: Hans Jacob Christoph von Grimmelshausen, *Der abenteuerliche Simplicissimus.* Nachwort von Volker Meid. Stuttgart 1996: Reclam; Günter Grass, *Das Treffen in Telgte.* Reinbek bei Hamburg 1981: Rowohlt.

170 Vgl. Dürr, *Traumzeit* (1980), S. 56–61. Vgl. Delumeau, *Angst im Abendland* (1985), Bd. 2, passim. Zum Problem des Wahnsinns innerhalb und außerhalb der Gesellschaft als einem weiteren fundamentalen Aspekt der Modernisierung: Michel Foucault, *Madness and Civilization. A History of Insanity in the Age of Reason.* London 1975: Tavistock; Jacques Derrida, „Cogito et histoire de la Folie", in: *Revue de métaphysique et de morale* (1964), Kap. 2.

171 *Shakespeares Sonette,* übersetzt, eingeleitet und erläutert von Otto Gildemeister. Leipzig 1876: Brockhaus.

172 Dürrs Aussage berührt sich mit Theweleits These, derzufolge die Frau als Teufel der Feuchtigkeit und damit als archaische Macht in Schranken gehalten werden muss. Vgl. Theweleit, *Männerphantasien* (1980), Band 1, S. 311–376.

173 Vgl. Dürr, *Traumzeit* (1980) S. 61.

174 Einschlägig: Elisabeth Badinter, *Ich bin Du*. Aus dem Französischen von Friedrich Griese. München, Zürich 1987: Piper. 1986.

175 Vgl. Virginia Woolfs frühe Bemühungen, eine Theorie der Androgynie zu entwerfen. Schon in ihrem zweiten Roman *Night and Day*. London 1919 (Hogarth Press) versuchte Woolf, ein dialektisches Prinzip der Androgynie jenseits der Männlich-Weiblich-Opposition zu entdecken. Entscheidende Schritte in diese Richtung unternahm sie in *A Room of One's Own*, London 1929 (Hogarth Press) und in *Orlando*, London 1928 (Hogarth Press). Siehe: Jürgen Klein, *Virginia Woolf. Genie – Tragik – Emanzipation*. München 1984: Heyne.

176 Vgl. Karl R. Popper, *Das Elend des Historizismus*. Tübingen 1969: J. C. B. Mohr, S. 14 ff.

177 Siehe: David Bohm, *Wholeness and the Implicate Order*. London 1988: ARK Paperbacks.

178 Siehe: Luigi Ficacci, *Piranesi. The Etchings*. Köln, London, Los Angeles, Madrid, Paris, Tokyo 2006: Taschen, S. 56–81; Corinna Höper (Hrsg.), *Giovanni Battista Piranesi. Die poetische Wahrheit*. Stuttgart 1999: Staatsgalerie Stuttgart. Graphische Sammlung; Alexander Kupfer, *Piranesis Carceri. Enge und Unendlichkeit in den Gefängnissen der Phantasie*. Stuttgart, Zürich 1992: Belser Verlag.

179 Corinna Höper, *Giovanni Battista Piranesi* (1999), S. 142.

180 Vgl. Barbara Maria Stafford, *Body Criticism. Imaging the Unseen in Enlightenment Art and Medicine*. Cambridge, Mass., London 1991: The MIT Press, S. 58–70.

181 Ebenda, S. 58.

182 Vgl. John Fleming, *Robert Adam and His Circle in Edinburgh & Rome*. London 1962: John Murray, S. 165 ff und passim.

183 Siehe: Heinfried Wischermann, *Fonthill Abbey. Studien zur profanen Neugotik Englands im 18. Jahrhundert*. Freiburg i. B. 1979: Berichte und Forschungen zur Kunstgeschichte 3.

184 Vgl. Ulya Vogt-Göknil, *Giovanni Battista Piranesi*. Zürich 1958: Origo, S. 28 ff.

185 Vgl. Gaston Bachelard, *La poétique de l'espace* (1957), Kap. II.

186 Giesecke, *Piranesi* (1911), S. 79.

187 Siehe: Luc Ciompi, *Außenwelt – Innenwelt. Die Erfahrung von Zeit, Raum und psychischen Strukturen*. Göttingen 1988: Vandenhoeck & Ruprecht.

188 Philip Hofer, Einleitung zu: *Giovanni Battista Piranesi, The Prisons [Le Carceri], The Complete First and Second Status.* New York 1973: Dover, S. xii–xiii. [Übersetzung J. K.] Vgl. Norbert Miller, *Archäologie des Traums* (1981), S. 76–100, 193–220.

189 Corinna Höper, Giovanni Battista Piranesi. *Die poetische Wahrheit* (1999), S. 131.

190 Vgl. Miller, *Archäologie des Traums* (1981), S. 194f.; John Harris, „Le Guy, Piranesi, and International Neo-Classicism in Rome, 1740–1750", in: *Essays in the History of Architecture Presented to Rudolf Wittkower*, herausgegeben von Douglas Fraser/Howard Hibbert/Milton J. Levine. London 1967: Phaidon; John Fleming, *Robert Adam* (1962), S. 144–192 (Kap. 5: *Bob the Roman*). Siehe auch Albert Giesecke, *Giovanni Battista Piranesi.* Leipzig 1911; Kenneth Clark, *The Romantic Rebellion. Romantic Versus Classic Art.* London 1973: John Murray, S. 45–68. Zur Beziehung zwischen William Beckford und Piranesi vgl. J. Wilton-Ely, *The Mind and Art of Giovanni Battista Piranesi.* London/New York 1978: Thames & Hudson; Norbert Miller, *Archäologie des Traums*, S. 381ff. und Guy Chapman (ed.), *The Travel-Diaries of William Beckford of Fonthill.* London 1928: Constable, Bd. 1, S. 98.

191 Vgl. Norbert Miller, *Archäologie des Traums* (1981), S. 436, Anmerkung 26.

192 Ebenda, S. 80.

193 Ebenda, S. 84.

194 Martin Meyer, "Ein Baumeister träumte. Giovanni Battista Piranesi in Venedig", in: *Neue Zürcher Zeitung*, 9. Oktober 2010, Nr. 235, S. 23.

195 Siehe: G. B. Piranesi, *Antichità Romane.* Rome, 1756, 4 Bde.

196 Corinna Höper, *Piranesi* (1999), S. 142.

197 Vgl. Norbert Miller, *Archäologie des Traums* (1981), S. 212f. Vgl. K. R. Popper/ J. C. Eccles, *The Self and Its Brain.* London/New York 1977: Springer.

198 Vgl. Gebhard Rusch, *Erkenntnis, Wissenschaft, Geschichte. Von einem konstruktivistischen Gesichtspunkt.* Frankfurt/Main 1987: Suhrkamp, S. 218ff.

199 Vgl. Humberto R. Maturana/Francisco J. Varela, *Der Baum der Erkenntnis. Die biologischen Wurzeln des menschlichen Erkennens.* Bern/München/Wien 1987: Scherz, S. 31ff.; sowie Gebhard Rusch, *Erkenntnis, Wissenschaft, Geschichte* (1987), S. 218–236.

200 Vgl. Wolfgang Iser, „Akte des Fingierens. Oder: Was ist das Fiktive im fiktionalen Text?", in: Dieter Henrich/Wolfgang Iser (Hrsg.), *Funktionen des Fiktiven.* München 1983: Fink, S. 121–151.

201 Vgl. Gebhard Rusch, *Erkenntnis, Wissenschaft, Geschichte* (1987), S. 222ff.

202 Vgl. Keith S. Donnellan, "Speaking of Nothing", in: Steven Davis (ed.), *Causal Theories of the Mind. Action, Knowledge, Memory, Perception, and Reference.* Berlin/New York 1983: de Gruyter, S. 337–360.

203 Siehe: Saul A. Kripke, *Naming and Necessity*. Oxford: 1980: Blackwell und Nelson Goodman, *Ways of World Making*. Indianapolis/Cambridge 1978: Hackett.

204 Vgl. Norbert Miller, *Archäologie des Traums* (1981), S. 170.

205 Siehe: G. Rusch, *Erkenntnis, Wissenschaft, Geschichte* (1987), S. 224f.

206 Corinna Höper, *Piranesi* (1999), S. 133.

207 Norbert Miller, *Archäologie des Traums* (1981), S. 98.

208 Siehe auch: Jürgen Klein, "Terror and Historicity in G.B. Piranesi as Forms of Romantic Subjectivity", in: Norman F. Cantor/Nathalia King (eds.), *Notebooks in Cultural Analysis 2*. Durham, N.C. 1985: Duke University Press, S. 102.

209 Franz Josef Wetz, *Hans Blumenberg zur Einführung*. Hamburg 1993: Junius, S. 192.

210 Das Serapiontische Prinzip führt E. T. A. Hoffmann an Hand der Geschichte eines Grafen P. ein, der sich einbildet, der Märtyrer Serapion zu sein, der nach Jahren des Einsiedlerlebens aus unerfindlichen Gründen am Tag seines Heiligen stirbt. Der „höchste Serapionismus" bei Hoffmann hat stets mit Durchgängen in Welten zu tun, die mit der Welt des „gesunden Menschenverstands" wenig gemein haben. Hoffmann lässt seinen Serapionsbruder Cyprian sagen: „immer glaubt' ich, daß die Natur gerade beim Abnormen Blicke vergönne in ihre schauerliche Tiefe und in der That, selbst in dem Grauen, das mich oft bei jenem seltsamen Verkehr [mit dem wahnsinnigen Graf, J.K.] befing, gingen mir Ahnungen und Bilder auf, die meinen Geist zum besonderen Aufschwung stärkten und belebten." (E. T. A. Hoffmann, *Die Serapionsbrüder I*, in: *E. T. A. Hoffmanns ausgewählte Werke*. Leipzig o. J.: Max Hesses Verlag, 5. Band, S. 28f.).

211 Vgl. Norbert Miller, *Strawberry Hill. Horace Walpole und die Ästhetik der schönen Unregelmäßigkeit*. München 1986: Carl Hanser, S. 291.

212 Ebenda, S. 168.

213 Ebenda, S. 173.

214 Ebenda, S. 179.

215 Ebenda, S. 243.

216 Vgl. Ruth Mack, "The Castle of Otranto", in: Michael Snodin (ed.), *Horace Walpole's Strawberry Hill*. New Haven, London 2009: Yale University Press, S. 8–13.

217 Horace Walpole, *The Castle of Otranto*, in: Peter Fairclough (ed.), *Three Gothic Novels*. Harmondsworth 1968: Penguin.

218 Horace Walpole, *Die Burg von Otranto*. Aus dem Englischen von Joachim Uhlmann. Frankfurt/Main 1988: Insel, S. 169–170.

219 M. Zimmermann, *Solitude Considered, With Respect To Its Influence Upon the Mind and the Heart.* London 1825: T. Griffiths, S. 7. [Übersetzung J. K.] Diese Ausgabe hat keine einleitenden Bemerkungen und gibt keine Auskunft zum Übersetzer. Der Vorname des Autors wird mit einer falschen Abkürzung wiedergegeben (J. K.).

220 Vgl. Marshall Brown, "A Philosophical View of the Gothic Novel", in: *Studies in Romanticism* 26 (1987): S. 286.

221 Immanuel Kant, *Kritik der reinen Vernunft*, hrsg. von Raymund Schmidt. Hamburg 1956: Meiner, B 49.

222 Marshall Brown, "A Philosophical View of the Gothic Novel" (1987), S. 287. [Übersetzung J. K.].

223 Johann Wolfgang Goethe, *Werke*, Propyläen-Ausgabe, Bd. 4: S. 26, zitiert nach: Gert Mattenklott, *Der übersinnliche Leib. Beiträge zur Metaphysik des Körpers.* Reinbek 1983: Rowohlt, S. 23.

224 Vgl. Immanuel Kant, „Was heißt: sich im Denken orientieren?" (1786), in: *Ausgewählte Kleine Schriften*. Leipzig 1949: Meiner, S. 10ff.

225 Siehe: Kevin L. Cope, „GOTHIC NOVEL AS SOCIAL CONTRACT. Locke, Shaftesbury, and Walpole and the Casual Annexation of the Supernatural". Department of English, Louisiana State University, Baton Rouge, o. J., Typoskript.

226 Ebenda (Typoskript), S. 10.

227 Siehe: Max Horkheimer/Theodor W. Adorno, *Dialektik der Aufklärung.* Amsterdam 1947: Querido.

228 *Byrons sämtliche Werke*, übersetzt von Ad. Böttger. Herausgegeben und aus anderen Übersetzungen ergänzt von Wilhelm Wetz. Leipzig o. J.: Max Hesse, Band 1, S. 16 (*Childe Harold*, I, 22–23).

229 John Butt/Geoffrey Carnall, *The Age of Johnson 1740–1789.* Oxford 1990: Oxford University Press, S. 491. Übers. J. K.

230 Vgl. ebenda, S. 492 f.

231 Dieter Schulz, *Suche und Abenteuer. Die „Quest" in der englischen und amerikanischen Erzählkunst der Romantik.* Heidelberg 1981: Carl Winter Universitätsverlag (Reihe Siegen 25), S. 75. Vgl. Beckford, *Vathek* (1964), S. 334.

232 Vgl. Kenneth Clark, *The Gothic Revival. An Essay in the History of Taste.* London 1974: John Murray, S. 66–91.

233 Heinfried Wischermann, *Fonthill Abbey.* (1979), S. 253.

234 Vgl. Beckford, *Vathek* (1964), S. 338.

235 Vgl. Thomas Carlyle, "Signs of the Times" (1829), in: Thomas Carlyle, *Critical and Miscellaneous Essays.* London o. J.: Chapman & Hall, vol. II, S. 98–118

236 Carlyle, *Critical and Miscellaneous Essays*, vol. II, S. 100–101. Übers. J. K.

237 George Sherburn, in: A. C. Baugh (ed.), *A Literary History of England*. New York 1948, S. 1031.

238 Vgl. Francis Bacon, *Neu-Atlantis*, hrsg. von Jürgen Klein. Ditzingen 2003: Reclam, S. 43–58.

239 Vgl. Beckford, *Vathek* (1964), S. 30; Francis Bacon, *Neu-Atlantis*, (2003); Jürgen Klein, „Renaissance Sensualism Methodized: Francis Bacon, *Wunderkammern*, Natural History and the Beginnings of Systematic Empiricism", in: Christoph Houswitschka, Gabriele Knappe, Anja Müller (ed.), *Anglistentag Bamberg 2005. Proceedings*. Trier 2006: WVT, S. 183–205.

240 Siehe: Jürgen Klein, "Vathek and Decadence", in: Kenneth W. Graham (ed.), *'Vathek' and The Escape From Time. Bicentenary Revaluations*. New York 1989: AMS Press.

241 Beckford, *Vathek* (1964), S. 32.

242 William Shakespeare, *Hamlet*, hrsg., übersetzt und kommentiert von Holger Klein. Stuttgart 1984: Reclam, Band 1, S. 135.

243 Jonathan Swift, *Gullivers Reisen*, neu übersetzt, kommentiert und mit einem Nachwort versehen von Hermann J. Real und Heinz J. Vienken. Stuttgart 1987: Reclam, S. 116.

244 Vgl. ebenda, S. 25 ff.

245 Beckford, *Vathek* (1964), S. 122.

246 William Beckford, *Dreams, Watching Thoughts, and Incidents* (1783), zitiert nach: Butt/Carnall, *The Age of Johnson* (1990), S. 261. Übers. J. K.

247 William Beckford, *Vathek*. Mit einem Vorwort von Jorge Luis Borges. Frankfurt/Main 2007 (Die Bibliothek von Babel, hrsg. von Jorge Luis Borges, Band 3), S. 10.

248 Vgl. W. L. Renwick, *English Literature 1789–1815*. Oxford 1963: Clarendon Press (Oxford History of English Literature , vol. X), S. 80 ff.; Robert Miles, "Ann Radcliffe and Matthew Lewis", in: David Punter (ed.), *A Companion to the Gothic*. Oxford 2001: Blackwell, S. 44.

249 Ann Radcliffe, *The Italian or the Confessional of the Black Penitents. A Romance*, edited by Frederick Garber. London 1968: Oxford University Press.
Eine neue Ausgabe von Ann Radcliffes Roman ist vor einigen Jahren von der Folio Society veröffentlicht worden: *Ann Radcliffe, [Novels]*, ed. by Devendra P. Varma. London 1987: The Folio Society, 6 Bde.

250 Vgl. Albert C. Baugh (ed.), *A Literary History of England*. New York/London 1948: Appleton-Century-Crofts, S. 1195.

251 Vgl. Edith Birkhead, *The Tale of Terror. London 1921*, Reprint New York: Russell & Russell, 1963, zitiert nach: Virginia Woolf, "Gothic Romance", in: dies.,

Collected Essays, edited by Leonard Woolf. London 1968: Chatto &Windus, S.132. Übersetzung J.K.

252 Sir Walter Scott, *Die Romandichter*, übersetzt von Wilhelm von Lüdemann. Zwickau 1826: Verlag der Gebrüder Schumann, Zweyter Theil, S.43.

253 Ebenda, S.52–53.

254 Vgl. ebenda, S.43–112.

255 Vgl. Ann Radcliffe, *The Italian* (1968): S.1–4.

256 Vgl. Doris Sauermann-Westwood, *Das Frauenbild im englischen Schauerroman*. Diss. Phil. Marburg/Lahn 1978, S.18ff. Zur Visionalisierung vgl. das Gemälde "Der Ehekontrakt" aus Hogarths Serie *Marriage á la mode*.

257 Zum sozialen Elend und zur politischen Situation im 18. Jahrhundert siehe: J.H.Plumb, *England in the Eighteenth Century (1714–1815)*. Harmondsworth 1964: Penguin, S.133–162; E.P.Thompson, *The Making of the English Working Class*. Harmondsworth 1972: Penguin; E.J.Hobsbawm, *Industry and Empire*. Harmondsworth 1977: Penguin.

258 Vgl. Ann Radcliffe, "On the Supernatural in Poetry", in: *New Monthly Magazine and Literary Journal* 16 (1826): S.145–152.

259 Vgl. Ingeborg Weber, *Der englische Schauerroman* (1983), S.39–60.

260 Fred Botting, *Gothic*. London/New York 2009: Routledge, S.65. Übersetzung J.K.

261 Immanuel Kant, *Kritik der Urteilskraft*, hrsg. von Karl Vorländer. Leipzig 1922: Felix Meiner, S.99–100.

262 Heinrich von Kleist, „Die Marquise von O...", in: Heinrich von Kleist, *Sämtliche Werke*. Stuttgart o.J.: J.G.Cotta'sche Buchhandlung, Vierter Band, S.88.

263 Vgl. ebenda, S.87–121.

264 Mathieu Carrière, *Für eine Literatur des Krieges. Kleist*. Basel/Frankfurt/Main 1984: Stroemfeld/Roter Stern, S.57f.

265 Vgl. Jürgen Klein, *Virginia Woolf. Genie – Tragik –Emanzipation*, München 1994: Heyne, S.305–329.

266 Heinrich v. Kleist, *Sämtliche Werke* (Cotta-Ausgabe), Bd.4, S.109.

267 M. Carrière, *Für eine Literatur des Krieges. Kleist* (1984), S.51f.

268 Vgl. Jean Starobinski, *Trois fureurs. Essais*. Paris 1974: Gallimard, S.134ff.

269 Siehe: Silvia Bovenschen, *Die imaginierte Weiblichkeit* (1980), S.32.

270 Thomas Gisborne, *An Enquiry into the Duties of the Female Sex*. London ⁴1799, S.211. Übersetzung J.K.

271 Vgl. Lawrence Stone, *The Family, Sex and Marriage in England 1500–1800*. Harmondsworth 1979: Penguin, S.149–428. Siehe: E.P.Thompson, *The Making of the English Working Class*. (1972).

272 Vgl. Luce Irigaray, *Speculum. Spiegel des anderen Geschlechts*. Frankfurt/Main 1980: Suhrkamp, S. 51 f.

273 Vgl. ebenda, S. 355 ff.

274 Siehe: Simone de Beauvoir, *Das andere Geschlecht. Sitte und Sexus der Frau*. Reinbek 1983: Rowohlt, S. 377.

275 Vgl. ebenda, S. 362 f.

276 Vgl. Wilhelm Reich, *Die Funktion des Orgasmus. Zur Psychopathologie und zur Soziologie des Geschlechtslebens* [1926]. Amsterdam 1965: de Munter, S. 68 ff.; 152 ff.

277 Als Renaissancebeispiel siehe vor allem William Shakespeares episches Gedicht *The Rape of Lucrece*.

278 Vgl. Shakespeares *Dark Lady-Sonette* (Sonette 127–154), in: *Shakespeare's Sonnets*, edited with analytic commentary by Stephen Booth. New Haven and London 2000: Yale University Press, S. 108–131.

279 Zum evolutionären Aspekt der Sexualität vgl. Hans Blumenberg, *Höhlenausgänge*. Frankfurt/Main 1989: Suhrkamp, S. 64–75.

280 Friedrich de la Motte Fouqué, *Undine* (1992), S. 49–50. Vgl. H. A. Korff, *Geist der Goethezeit. IV. Teil: Hochromantik*. Leipzig 1956: Koehler & Amelung, S. 340–347.

281 Siehe: Anne Williams, *Art Of Darkness* (1995).

282 Georg Simmel, „Philosophische Kultur", in: Georg Simmel, *Hauptprobleme der Philosophie/Philosophische Kultur*, hrsg. von Rüdiger Kramme und Otthein Rammstedt. Frankfurt/Main 1996: Suhrkamp, S. 219–220.

283 Virginia Woolf, *A Room of One's Own*. London 1929: Hogarth Press, S. 52 f. Übers. J. K.

284 Radcliffe, *The Italian* (1968), S. 84–85. Vgl. dazu: Sauermann (1978), S. 135 f.

285 Ann Radcliffe, *The Italian* (1968), S. 119.

286 Ebenda, S. 312–313.

287 Gerd Schwerhoff, *Die Inquisition*. München 2004: C. H. Beck, S. 8 und S. 96–109; Henry Charles Lea, *Die Inquisition*. Deutsch von Heinz Wieck und Max Rachel. Revidiert und herausgegeben von Joseph Hansen. Nördlingen 1985: Franz Greno (*Die Andere Bibliothek*, herausgegeben von Hans Magnus Enzensberger), bes. S. 177–208; S. 209–242.

288 Miles, in: *Punter* (2001), S. 46.

289 Radcliffe, *The Italian* (1968), S. 90. Übers. J. K.

290 Ebenda, S. 300 ff.

291 Ebenda, S. 83.

292 Ebenda, S. 178.

293 Doris, Sauermann, *Das Frauenbild* (1978), S. 139.

294 Ann Radcliffe, *The Romance of the Forest*. Introduction Devendra P. Varma. London 1987: Folio Society, S. 81.

295 Doris Sauermann, *Das Frauenbild* (1978), S. 132.

296 Vgl. Fred Botting, *Gothic*. London, New York 2009: Routledge, S. 67.

297 Radcliffe, *The Italian* (1968), S. 308 ff.

298 Vgl. Corinna Höper, *Piranesi* (1999), S. 144; vgl. Giesecke, *Piranesi* (1911), S. 82.

299 Vgl. W. L. Renwick, *English Literature 1789–1815*. Oxford 1963: Oxford University Press, OHEL IX, S. 87.

300 Sir Walter Scott, *Die Romandichter*, Zweyter Theil. Zwickau (1826), S. 62.

301 Renwick, *English Literature 1789–1815* (1963), S. 85.

302 Ann Radcliffe, *The Italian* (1968), S. 325–326. [Übersetzung J. K.].

303 Vgl. ebenda, S. 315 ff.

304 Walter Scott, *Die Romandichter*, Zweyter Theil (1826), S. 73.

305 Botting, *Gothic* (2009), S. 65.

306 Walter Scott, *Die Romandichter*, Zweyter Theil (1826), S. 84.

307 Vgl. Friedrich Schlegel, „Über die Unverständlichkeit", in: Friedrich Schlegel, *Kritische Schriften*, hrsg. von Wolfdietrich Rasch. Darmstadt 1971: Wissenschaftliche Buchgesellschaft, S. 530–542.

308 Vgl. Botting, *Gothic* (2009), S. 64–65.

309 Siehe: Johann Joachim Winckelmann, *Geschichte der Kunst des Altertums* [1764]. Darmstadt 1972: Wissenschaftliche Buchgesellschaft; Carl Justi, *Winckelmann und seine Zeitgenossen*. Köln 1956: Phaidon, 3 Bde.

310 In der 3. Auflage von Mengs *Gedanken*, herausgegeben von J. Caspar Fueßlin, Zürich, bey Orel, Geßner, Fueßlin und Compagnie 1775, nimmt J. C. Füssli in der Einleitung als Herausgeber (S. V.) auf Winckelmann Bezug. Zu Beginn seines Traktats entwickelt Mengs seinen Schönheitsbegriff, den er definiert als „sichtliche[n] Begriff der Vollkommenheit" (S. 1). Er konstatiert, dass wir dann, wenn unsere Sinne ihre Unvollkommenheit nicht mehr begreifen können, zu einem Gleichnis der Vollkommenheit übergehen, das den Namen ‚Schönheit' trägt. Schönheit ist in der Weise sichtliche Vollkommenheit wie „im sichtlichen Punkt der unsichtliche wirklich ist" (S. 3). D. h. die Schönheit in der Kunst ist nach A. R. Mengs die Repräsentation der Idee des Schönen. – Mengs nimmt hier selbst Bezug auf Platon (Phaidros, 429 c): „Plato nennet die Regung der Schönheit eine Erinnerung der obern Vollkommenheit, und giebet dieses zur Ursache ihrer entzükenden Kraft; vielleicht könnte ich eben so glüklich träumen wenn ich sagete, daß unsere Seele von der Schönheit

gerühret wird, weil sie gleichsam durch diese in eine augenblikliche Seligkeit geführet wird, wlche sie bey Gott ewig hoffet, bey allen Materien aber bald wieder verlieret." (S. 4).

311 Vgl. Hugh Honour, *Neo-Classicism*. Harmonsworth 1973: Pelican, S. 101 ff, besonders S. 105.

312 Zu Sergel vgl. Arnold Federmann, *Füssli* (1927), S. 39 ff.

313 Kenneth Garlick, *British and North American Art to 1900*. New York 1971: Grolier, S. 36–37; Christoph Becker, *Johann Heinrich Füssli. Das verlorene Paradies.* Ostfildern 1997: Gerd Hatje, S. 2–9.

314 Vgl. Peter Tomory, *The Life and Art of Henry Fuseli*. London 1972: Thames & Hudson, S. 165 ff.

315 Johann Heinrich Füssli, *Aphorismen über die Kunst*, herausgegeben von Eudo C. Mason. Basel 1944: Benno Schwabe & Co (Sammlung Klosterberg), S. 77 (Aph. 96).

316 Vgl. *Henry Fuseli 1741–1825*. London 1975: Tate Gallery. Catalogue, S. 84.

317 Martin Myrone, "Von Füssli bis Frankenstein. Bildende Kunst im Kontext des „Gothic", in: Franziska Lentzsch, *Füssli. The Wild Swiss*. Zürich 2005: Kunsthaus Zürich und Scheidegger & Spiess, S. 261.

318 Vgl. Werner Hofmann, „A Captive", in: *Henry Fuseli 1741–1825*. (Katalog der Tate Gallery, 1975): S. 32. Übersetzung J. K.

319 Henry Fuseli, *Brunhild Watching Gunther Suspended from the Ceiling*, 1807, Pencil, ink and wash, 48,3 x 31,7 cm. Nottingham Castle Museum and Art Gallery (Schiff 1381).

320 G.W.F. Hegel, *Sämmtliche Werke*, hrsg. von Hermann Glockner. Stuttgart 1964: Fromann-Holzboog, Bd. II, S. 168.

321 Vgl. Eudo C. Mason (Hrsg.), *The Mind of Henry Fuseli*. London 1951, S. 216.

322 Ebenda.

323 Friedrich Schlegel, *Gespräch über die Poesie*. Nachwort von Hans Eichner. Stuttgart 1968: J. B. Metzler, S. 312.

324 Friedrich Schiller, „Ueber naive und sentimentalische Dichtung" [1795/96], in: Friedrich Schiller, *Sämmtliche Werke*, mit Einleitungen von Karl Goedeke. Stuttgart 1881: J. G. Cottasche Buchhandlung, Zwölfter Band, S. 155–156.

325 Gemeint ist hier: Johann Heinrich Füssli, *Brunhild betrachtet den von ihr gefesselt an der Decke aufgehängten Gunther*, 1807. Bleistift, laviert, 48,3 x 31,7 cm. Nottingham City Museums and Galleries, in: Lentzsch, *Füssli. The Wild Swiss* (2005), S. 171 (KAT. 144).

326 Vgl. Peter Tomory, *Füßli* (1974), S. 175.

327 Siehe die gleichnamige Schrift über Kant von Gernot und Hartmut Böhme. Suhrkamp 1985.

328 Vgl. Silvia Bovenschen, *Die imaginäre Weiblichkeit*. Frankfurt 1980: Suhrkamp, S. 75. Siehe auch Friedrich Schiller, *Ueber die nothwendigen Grenzen beim Gebrauch schöner Formen* (1795) und Friedrich Schiller, *Ueber naive und sentimentalische Dichtung* (1795–96), in: Friedrich Schiller, *Sämmtliche Werke*, eingeleitet von Karl Goedeke. Stuttgart 1881: J. G. Gotta, Bd. 12: S. 106–130 und S. 131–219.

329 Vgl. Silvia Bovenschen, *Die imaginäre Weiblichkeit* (1980), S. 81.

330 G. E. Lessing, *Emilia Galotti*, IV, 3, in: *Lessings Werke*. Stuttgart 1874: G. J. Göschen, Bd. 2, S. 161.

331 Karl Jaspers, *Philosophie*, 2. Auflage. Berlin/Göttingen/Heidelberg 1948: Springer-Verlag, S. 469.

332 Sören Kierkegaard, *Furcht und Zittern/Die Wiederholung*. Übersetzt von H. C. Ketels, H. Gottsched und Chr. Schrempf. 3. Auflage, Jena 1923: Eugen Diederichs, S. 120.

333 Vgl. Simone de Beauvoir, *Das andere Geschlecht. Sitte und Sexus der Frau* (1983), S. 174 ff.; S. 456 ff.

334 Vgl. Johann Heinrich Füssli, *Aphorismen über die Kunst*, übersetzt und herausgegeben von Eudo C. Mason. Basel 1944: Verlag Benno Schwabe & Co (Sammlung Klosterberg), S. 77 (Aph. 96).

335 Siehe: Nicolas Powell, *Fuseli: The Nightmare*. London 1973: Allan Lane/The Penguin Press, sowie: Christoph Perels (Hrsg.), *Das Frankfurter Goethe-Museum zu Gast im Städel*. Mainz 1994: Verlag Hermann Schmitz (Freies Deutsches Hochstift/Frankfurt Goethe-Museum).

336 Vgl. Nicolas Powell, *Fuseli: The Nightmare* (1973), S. 67 ff.; David H. Weinglass (ed.), *Henry Fuseli and the engraver's art.* (1982), S. 15–16. "The image rapidly struck root in the public consciousness and imagination, as it is attested by the numerous personal and poetical caricatures, starting with Rowlandson's in 1784 and on into the next century. Copies of the original likewise remained in steady demand, displayed "in every print-seller's window between Bond-street and Cornhill." As the print and the artist's name werde diffused throughout Europe, it gave Fuseli an international reputation as a painter." (Weinglass, S. 15). Vgl. Ernst Beutler, *Führer durch das Frankfurter Goethemuseum*. Frankfurt/Main 1961, S. 25 f.

338 Siehe: *Percy's Reliques of Ancient English Poetry*, 2nd edition. London, New York 1910: J M. Dent / E. P. Dutton, 2 vols.

339 Vgl. *Bürgers sämtliche Werke*, hrsg. und eingeleitet von Wolfgang von Wurzbach. Leipzig 1902: Max Hesse, Band 1, S. 118–124. In diesen Kontext

gehört die englische Nacht- und Grabesdichtung sowie die Lehre vom Originalgenie. Goethe hat im 10. Buch von *Dichtung und Wahrheit* über diese Zusammenhänge berichtet, die ihm Herder in Straßburg nahebrachte, etwa auch *Ossian*.

340 Petra Maisack, "Der Nachtmahr 1790/91" (Katalog), in: Christoph Perels (Hrsg.), *Das Frankfurter Goethe-Museum* (1994), S. 36.

341 Johann Heinrich Füssli, zitiert nach: Peter Tomory, *The Life and Art of Henry Fuseli*. London 1972: Thames & Hudson, S. 161.

342 Vgl. Tomory, *Fuseli* (1972), S. 166.

343 Ebenda, S. 168. Übersetzung J. K.

344 Vgl. *Fuseli 1741–1825* (1975), No. 187; Schiff: 1083.

345 J. H. Füssli, zitiert nach: Tomory, *Fuseli* (1972), S. 169.

346 Vgl. Tomory, *Fuseli* (1972), S. 181; Schiff: 1584.

347 Vgl. Odo Marquard, „Beitrag zur Philosophie der Geschichte des Abschieds von der Philosophie der Geschichte", in: Reinhart Koselleck/Wolf-Dieter Stempel (Hrsg.), *Geschichte – Ereignis und Erzählung*. München 1973: Fink, S. 241–250.

348 A serving maid was she, and fell in love
With one who left her, went to sea, and died.
Her fancy follow'd him through foaming waves
To distant shores; and she would sit and weep
At what a sailor suffers; fancy too,
Delusive most where warmest wishes are,
Would oft anticipate his glad return,
And dream of transports she was not to know.
She heard the doleful tidings of his death-
And never smiled again! And now she roams
The dreary waste; there spends the livelong day,
And there, unless when charity forbids,
The livelong night. A tatter'd apron hides,
Worn as a cloak, and hardly hides, a gown
More tatter'd still; and both but ill conceal
A bosom heaved with never-ending sighs.
She begs an idle pin of all she meets,
And hoards them in her sleeve; but needful food,
Though press'd with hunger oft, or comelier clothes,
Though pinch'd with cold, asks never. – Kate is crazed!
(William Cowper, *The Task, I. The Sofa*, in: *The Poetical Works of William Cowper*, Edinburgh, London, n.d.: Gall & Inglis, S. 127).

349 Tomory, *Fuseli* (1982), No. 195; *Fuseli 1741–1825* (1975), No. 164.

350 *Fuseli 1741–1825* (1975), No. 168 und 160; Schiff: 1445.

351 Erasmus Darwin, zitiert nach: Tomory, *Fuseli* (1972), S. 182.

352 Ebenda, S. 183.

353 Jean Starobinski, *Besessenheit und Exorzismus. Drei Figuren der Umnachtung.* Percha 1976, S. 144f.

354 Zitiert nach Sigmund Freud, Band IV (1979), S. 264.

355 Ebenda, S. 263–265.

356 Ebenda, S. 267.

357 Ebenda, S. 270

358 Ebenda, S. 271.

359 Starobinski, *Besessenheit* (1976), S. 147.

360 Vgl. Martin Myrone (ed.), *Gothic Nightmares* (2006), S. 48. Füsslis Blatt wurde offenbar angeregt von Hendrick Goltzius, *Mars und Venus von Vulkan überrascht*, 1585. Vgl. Nicolas Powell, *Fuseli: The Nightmare* (1973), S. 85. Füssli hat seinem Blatt in Griechisch die Bildunterschrift hinzugefügt: „aber die in schweren Träumen versunkenen Mädchen werden durch schlechte Nachtträume verfolgt". Besonders interessant erscheint, dass bei Goltzius der Ehebruch von Venus mit Mars „innersystemisch" betrachtet wird, zumal der Stich nach Ovid, Met. IV, 171–189 auf Mars und Venus zeigt, aber auch ihren Verräter Apoll sowie den Rächer Vulkan, den der Betrachter beim Blick aus dem Fenster gewahr wird, wie er ein feines Netz schmiedet, um die Ehebrecher darin zu fangen. Die dramatische und schwungvolle Lagerung von Mars und Venus findet sich auch auf Füsslis Blatt mit den in Trance befindlichen Frauen, die durch das Fenster vom Alp verlassen wurden. Entscheidend ist hier offenbar, dass bei Füssli kein allgemein verbindliches Sinnsystem – wie die antike Götterwelt mit ihren Geschichten – vorausgesetzt wird, sondern der Einbruch des Unsagbaren, Unheimlichen, in eine vorgeblich „normale" Welt. Zu Goltzius: vgl. Jürgen Müller, Petra Roettig und Andreas Stolzenburg (Hrsg.), *Die Masken der Schönheit. Hendrick Goltzius und das Kunstideal um 1600.* Katalog zur Austellung, Hamburger Kunsthalle 19. Juli bis 29. September 2002, Hamburg 2002, bes. S. 52/53 (Bildkommentar von Petra Roettig zu Goltzius' *Mars und Venus*).

361 Starobinski, *Besessenheit* (1976), S. 150.

362 Vergleiche Gemälde von Detroit /Gemälde Frankfurt in Bezug auf Fülligkeit/ Alpabhängigkeit

363 Starobinski, *Besessenheit* (1976), S. 153f.

364 Heinrich von Kleist, *Sämtliche Werke*, Band IV, S. 121. (Vgl. Anm. 262)

365 Sigmund Freud, *Traumdeutung*, Kap. VI, viii, zitiert nach: Starobinski, *Besessenheit*. (1976), S. 155.

366 Vgl. Jürgen Klein, *Der Gotische Roman und die Ästhetik des Bösen*. (1975), S. 22 f.

367 Starobinski, *Besessenheit* (1976), S. 160.

368 William Shakespeare, *Romeo und Julia*. Englisch und Deutsch. In der Übersetzung von Schlegel und Tieck herausgegeben von L. L. Schücking. Mit einem Essay <Zum Verständnis des Werkes> und einer Bibliographie von Wolfgang Clemen. Hamburg 1977: Rowohlts Klassiker, S. 39.

369 Dô sâzen in den venstern diu schœnen mägedin;
     Si sâhen vor in liuhten vil maneges schildes schîn.
     Dô het sich gescheiden der künec von sînen man.
     Swes iemen ander pflaege, man sach in tr_rénde gân.

     Im unt Sîfrîde ungelîche stuont der muot.
     wol wesse waz im waere der edel ritter guot.
     Dô gienc er zuo dem künege, vrâgen er began:
     »wie ist iu hînt gelungen? Daz sult ir mich nu wizzen lân. «

     Dô sprach der wirt zem gaste: »ich hân láster und schaden,
     want ich hân den übeln tiuvel heim ze hûse geladen.
     Do ich si wânde minnen vil sêre si mich bant.
     Si truoc mich zeinem nagele unt hie mich hôhe an die want.

     (*Das Nibelungenlied*, 1. Teil, Mittelhochdeutscher Text und Übertragung, herausgegeben, übersetzt und mit einem Angang versehen von Helmut Brackert. Frankfurt/Main 1981: Fischer Taschenbuch Verlag, S. 144 (10. Aventiure, 647–649).

370 Vgl. Simone de Beauvoir, *Soll man de Sade verbrennen?* Reinbek 1988: Rowohlt, S. 7–76; Hartmut Böhme, „Umgekehrte Vernunft. Dezentierung des Subjekts bei Marquis de Sade", in: H. Böhme, *Natur und Subjekt*. Frankfurt/Main 1988: Suhrkamp, edition suhrkamp 1470, S. 274–307.

371 Lothar Fietz, *Fragmentarisches Existieren. Wandlungen des Mythos von der verlorenen Ganzheit in der Geschichte philosophischer, theologischer und literarischer Menschenbilder*. Tübingen 1994: Max Niemeyer, S. 276.

372 Marquis de Sade, Die Philosphie im Boudoir übersetzt von Rolf Busch. Gifkendorf 1989, S. 100.

373 Roland Barthes, "Der Baum des Verbrechens", in: Tel Quel (Hrsg.), *Das Denken von Sade* (1969), S. 40.

374 Vgl. John Berger, *Ways of Seeing*. Harmondsworth 1989: Penguin, passim.

375 In seinem berühmten Gedicht *Kubla Khan* (1798) schreibt S. T. Coleridge: „In Xanadu did Kubla Khan/A mighty pleasure-dome decree: ... " (vgl. S. T. Coleridge, *The Poetical Works*, ed. by James Dykes Campbell. London 1907: Macmillan & Co., S. 94.).

376 Vgl. Simone de Beauvoir, *Soll man de Sade verbrennen?*, S. 23.

377 Ebenda, S. 30.

378 Ebenda, S. 41.

379 Siehe H. Böhme, „Umgekehrte Vernunft. Dezentrierung des Subjekts bei Marquis de Sade", in: Hartmut Böhme, *Natur und Subjekt*. (1988) S. 298.

380 Vgl. Howard Anderson, *Introduction*, in: Matthew Lewis, *The Monk*, ed. by Howard Anderson. Oxford, New York 1980: Oxford Classics, S. V–VI.

381 Norbert Kohl, "Der Schurke als Opfer. Verteufelte Sinnlichkeit in Lewis' Roman „Der Mönch"", in: M. G. Lewis, *Der Mönch*. Aus dem Englischen von Friedrich Polakovics. Mit einem Essay und einer Bibliographie von Norbert Kohl. Frankfurt/Main 1986: Insel, S. 528.

382 Mario Praz, „Der >gotische Roman< von Matthew Gregory Lewis", in: Matthew Gregory Lewis, *Der Mönch*. Aus dem Englischen von Friedrich Polakovics. Nachwort von Mario Praz. München 1972: Carl Hanser, S. 575 f.

383 Vgl. ebenda, S. 22–23.

384 Vgl. ebenda, S. 27–28; S. 36–37.

385 Siehe: ebenda, passim.

386 Diesen Ausdruck habe ich von Angela Carter übernommen. Siehe: Angela Carter, *The Infernal Desire Machines of Doctor Hoffman*. Harmondsworth 1982: Penguin.

387 David Punter, *The Literature of Terror. A history of Gothic Fiction from 1765 to the present day*. London/New York: Longman, 1980, S. 91. Übersetzung J. K.

388 Coral Ann Howels, *Love, Mystery, and Misery. Feeling in Gothic Fiction*. London 1978: The Athlone Press, S. 62. Übersetzung J. K.

389 Vgl. Doris Sauermann, *Das Frauenbild im englischen Schauerroman* (1978), S. 22.

390 Siehe: Samuel Richardson, *Clarissa Or, The History of a Young Lady*. Introduced by John Butt. London, New York 1967: Dent/Dutton, 4 volumes; Theodor Wolpers, "Richardson. Clarissa", in: Franz K. Stanzel (Hrsg.), *Der englische Roman*. Düsseldorf 1961: August Bagel, Band 1, S. 144 – 197; Dorothy Van Ghent, *The English Novel. Form and Function*. New York 1961: Harper & Row, S. 45–63; Mark Kinkead-Weekes, *Samuel Richardson: Dramatic Novelist*. London 1973: Methuen, S. 123–276; John Butt and Geoffrey Carnall, *The Age of Johnson 1740–1789*. Oxford 1990: Clarendon Press, S. 386–402.

391 Vgl. Norbert Kohl, „Der Schurke als Opfer", in M. G. Lewis, *Der Mönch*, hrsg. von Norbert Kohl. Frankfurt/Main 1986: Insel.

392 Ebenda, S. 535. Die Drohungen vor dem Höllenfeuer finden sich gerade im Blick auf die Verdammung der Sexualitäät in der Höllenpredigt des Father Arnall in James Joyce, *A Portrait of the Artist as a Young Man*. London, Toronto, Sydney, New York 1982: Granada, S. 99–116.

393 Vgl. Peter Gay, *The Enlightenment. An Interpretation*. London 1973: Wildwood House, I, S. 336–357; Pierre Bayle, Art. „Pyrrho", in Richard H. Popkin (ed.), *Historical and Critical Dictionary. Selections*. Indianapolis 1967: Bobbs-Merrill, S. 194–209; Voltaire, Artikel über „fanatisme, miracles, superstition", in seinem *Philosophical Dictionary*, übersetzt, eingeleitet und herausgegeben von Peter Gay. New York 1962: Harcourt, passim; Diderot, Artikel über „superstition", in *Encyclopédie*, Bd. 15.

394 Karl Heinz Göller, *Romance and Novel. Die Anfänge des englischen Romans*. Regensburg 1972: Hans Carl, S. 227.

395 Matthew Gregory Lewis, *Der Mönch*. (1972) S. 51.

396 Vgl. Howard Anderson, in: Lewis, *The Monk* (1980), S. XI–XII.

397 Ingeborg Weber, *Der englische Schauerroman* (1983), S. 77.

398 M. G. Lewis, *Der Mönch* (1972), S. 61–62.

399 Norbert Kohl, „Der Schurke als Opfer", in: Lewis, *Der Mönch* (1986), S. 536.

400 M. G. Lewis, *Der Mönch* (1972), S. 100–101.

401 Vgl. Howard Anderson, in: Lewis, *The Monk* (1980), S. VII.

402 Vgl. Lewis, *Der Mönch* (1972), S. 12; S. 15.

403 Die unheimliche Wandlungsfähigkeit des Teufels und der Seinen ist in der Literatur immer wieder thematisiert weorden. Sie findet sich etwa in Chaucers *Canterbury Tales*, in Goethes *Faust*, aber auch in James Hogg's *Confessions of a Justified Sinner* sowie in Thomas Manns *Doktor Faustus*.

404 Ebenda, S. 336; 337.

405 Vgl. Anderson, in: Lewis, *The Monk* (1980), S. XV.

406 Lewis, *Der Mönch* (1972), S. 341.

407 Ebenda, S. 342.

408 Ebenda, S. 345–347.

409 Ebenda, S. 349.

410 Ingeborg Weber, *Der englische Schauerroman* (1983), S. 72.

411 Vgl. Howard Anderson, in: Lewis, *The Monk* (1980), S. XIV.

412 Vgl. Kurt Otten, „Der englische Schauerroman", in Klaus Heitmann (ed.), *Europäische Romantik II*. Wiesbaden 1982: Athenaion, S. 215–242.

413 Vgl. Niklas Luhmann, *Funktion der Religion*. Frankfurt/Main 1977: Suhrkamp, S. 79f.

414 Howells, *Love, Mystery, and Misery* (1978), S. 67. Übersetzung J. K.

415 Zur Sexualität im England des 18. Jahrhunderts vgl. Lawrence Stone, *The Family, Sex and Marriage in England 1500–1800*. Harmondsworth 1988: Penguin, Kap. 10–11.

416 Howells, *Love, Mystery, and Misery* (1978), S. 62. Übersetzung J. K.

417 Ronald Paulson, *Representations of Revolution (1789–1820)*. New Haven/London 1983: Yale University Press, S. 224. Übersetzung J. K.

418 Die unbegrenzte Steigerung menschlicher Wünsche kommt auch im Märchen vor, sinnfällig etwa in „Vom Fischer und seiner Frau" (Hausmärchen der Gebrüder Grimm).

419 Lewis, *Der Mönch* (1972), S. 280.

420 John Rawls, *A Theory of Justice*. London 1973: Oxford University Press, S. 484. Übersetzung J. K.

421 Howells, *Love, Mystery, and Misery* (1978), S. 69.

422 David Punter, *The Literature of Terror* (1980), S. 91.

423 Ebenda.

424 Siehe: Roland Barthes, *Am Nullpunkt der Literatur*. Aus dem Französischen von Helmut Scheffel. Frankfurt/Main 1982: Suhrkamp.

425 Vgl. Norbert Kohl, „Der Schurke als Opfer", in: M. G. Lewis, *Der Mönch* (1986) S. 543.

426 Lewis, *Der Mönch* (1972), S. 546–547.

427 Vgl. Sauermann, *Das Frauenbild im englischen Schauerroman.* (1978), S. 164f.

428 Denis Diderot, *Nachtrag zu ‚Bougainvilles Reise'*. Nachwort von Herbert Dieckmann. Frankfurt/Main 1965: Insel, S. 18–S. 21.

429 Vgl. Punter, *The Literature of Terror* (1980), S. 85.

430 Siehe: Hiltrud Gnüg, *Der Kult der Kälte. Der klassische Dandy im Spiegel der Weltliteratur*. Stuttgart 1988: Metzler; Jürgen Klein, „Dandyism als Ästhetik der Kälte", in: *Festschrift für Reinhard Krüger*. Tübingen 2011: Stauffenburg.

431 Bleistift, Wasserfarbe, Tinte, 28 x 20 cm, Zürich, Kunsthaus, Inv. No. 1934/1.

432 Vgl. meine beiden Aufsätze zur Ästhetik der Kälte (Literaturverzeichnis).

433 Vgl. Lewis, *The Monk* (1887): S. 420–442.

434 Siehe: Iris Murdoch, *The Sacred and the Profane Love Machine*. Harmondsworth 1981: Penguin.

435 Vgl. Derek Parfit, *Reasons and Persons*. Oxford 1987: Oxford University Press, S. 153ff.

Literaturverzeichnis

Das Literaturverzeichnis nimmt nicht jede in den Anmerkungen verwendete bibliographische Angabe auf.

Ariès, Philippe/Béjin, André/Foucault, Michel et al.:
  Die Masken des Begehrens und die Metamorphosen der Sinnlichkeit. Zur Geschichte der Sexualität im Abendland. Frankfurt/Main 1984: S. Fischer.
Armstrong. D. M./ Malcolm, Norman:
  Consciousness and Causality. Oxford 1985: Blackwell.
Bachelard, Gaston:
  Die Poetik des Raumes. Aus dem Französischen von Kurt Leonhard. Frankfurt/Main 1987: S. Fischer.
Bacon, Francis:
  The Works of Francis Bacon, ed. J. Spedding, R. L. Ellis, D. D. Heath. Boston 1860: Brown and Taggard, 15 Bände.
Barthes, Roland:
  Sade. Fourier. Loyola. Frankfurt/Main 1974: Suhrkamp.
~ *Am Nullpunkt der Literatur.* Aus dem Französischen von Helmut Scheffel. Frankfurt/Main 1982: Suhrkamp.
~ *A Lover's Discourse.* Fragments. Harmondsworth 1990: Penguin.
Baugh, Albert C. (ed.):
  A Literary History of England. New York, London 1948: Appleton-Century Crofts.
Baxandall, Michael:
  Shadows and Enlightenment. New Haven/London 1997: Yale University Press.
Bayle, Pierre:
  Historical and Critical Dictionary, ed. Richard H. Popkin. Indianapolis 1967: Bobbs-Merrill.
Beauvoir, Simone de:
  Das andere Geschlecht. Sitte und Sexus der Frau. Reinbek 1983: Rowohlt.
~ *Soll man de Sade verbrennen? Drei Essays zur Moral des Existentialismus.* Deutsch von Alfred Zeller. Hamburg 1988: Rowohlt.
Becker, Christoph (Hrsg.),
  Johann Heinrich Füssli. Das verlorene Paradies. Ostfildern-Ruit 1997: Verlag Gerd Hatje/Staatsgalerie Stuttgart.
Becker, Oskar:
  Grundlagen der Mathematik in geschichtlicher Entwicklung. Frankfurt/Main 1975: Suhrkamp.

Becker/Bovenschen/Brackert:

Aus der Zeit der Verzweiflung. Frankfurt/Main 1977: Suhrkamp.

Berger, John:

Ways of Seeing. Harmondsworth 1989: Penguin.

Birkhead, Edith:

The Tale of Terror. A Study of the Gothic Romance. London 1921. Reprint: New York 1963: Russell & Russell.

Bloch, Ernst:

Das Prinzip Hoffnung. Frankfurt/Main 1974: Suhrkamp, 3 Bde.

Blumenberg, Hans:

„Eine imaginäre Universalbibliothek", in: *Akzente* 28/1 (1981): 27–40.

~ *Höhlenausgänge.* Frankfurt/Main 1989: Suhrkamp.

~ *Ein mögliches Selbstverständnis. Aus dem Nachlaß.* Ditzingen 1997: Reclam.

Böhme, Hartmut:

Natur und Subjekt. Frankfurt/Main 1988: Suhrkamp.

Bohrer, Karl Heinz:

Plötzlichkeit. Zum Augenblick des ästhetischen Scheins. Frankfurt/Main 1981: Suhrkamp.

Bohm, David:

Wholeness and the Implicate Order. London 1988: ARK Paperbacks.

Botting, Fred:

Gothic. London, New York 2009: Routledge.

Bovenschen, Silvia:

Die imaginierte Weiblichkeit. Exemplarische Untersuchungen zu kulturgeschichtlichen und literarischen Präsentationsformen des Weiblichen. Frankfurt/Main 1980: Suhrkamp.

Braunfels, Wolfgang:

Kleine italienische Kunstgeschichte. Köln 1984: Du Mont.

Brockdorf, Cay von:

Die englische Aufklärungsphilosophie. München 1924: E. Reinhardt.

Broich,Ulrich/Pfister, Manfred (Hrsg.):

Intertextualität. Tübingen 1985: Niemeyer.

Brown, Marshall:

„A Philosophical View of the Gothic Novel", in: *Studies in Romanticism 26* (1987): 275–301.

Burckhardt, Jacob:

Die Kultur der Renaissance in Italien. Leipzig 1928: Alfred Kröner.

Burke, Edmund:

A Philosophical Enquiry into the Origin of our Ideas of the Sublime and Beautiful, ed. by J. T. Boulton. London 1967: Routledge & Kegan Paul.

Buschor, Ernst:

   Von griechischer Kunst. Ausgewählte Schriften. München 1956: R. Piper & Co.

Carrière, Mathieu:

   Für eine Literatur des Krieges. Kleist. Basel, Frankfurt 1984: Stroemfeld/Roter Stern.

Carter, Angela:

   The Infernal Love Machines of Doctor Hoffman. Harmondsworth 1972: Penguin.

Casanova, Giacomo:

   Erinnerungen, übers. von Franz Hessel und Ignaz Jezower. Berlin 1924/25, 10 Bde.

Cassirer, Ernst:

   Das Erkenntnisproblem in der Philosophie und Wissenschaft der neueren Zeit. [Reprint der 3. A. 1922] Darmstadt 1994: Wissenschaftliche Buchgesellschaft, 3 Bde.

~ *Individuum und Kosmos in der Philosophie der Renaissance.* [Nachdruck der 1. Auflage 1927] Darmstadt 1994: Wissenschaftliche Buchgesellschaft.

Chapman, Guy (ed.):

   The Travel-Diaries of William Beckford of Fonthill. London 1928: Constable, vol. 1.

Ciompi, Luc:

   Außenwelt – Innenwelt. Die Entstehung von Zeit, Raum und psychischen Strukturen. Göttingen 1988: Vandenhoeck & Ruprecht.

Cipolla, Carlo M. (ed.):

   The Fontana Economic History of Europe. The Sixteenth and Seventeenth Centuries. Glasgow 1974: Collins.

~ *Before the Industrial Revolution. European Society and Economy,* 1000–1700. London 1976: Methuen.

Clark, Kenneth:

   Das Nackte in der Kunst, aus dem Engl. übers von Hanna Kiel. Köln 1958: Phaidon.

~ *Leonardo da Vinci in Selbstzeugnissen und Bilddokumenten.* Reinbek 1969: Rowohlt.

~ *The Romantic Rebellion. Romantic Versus Classic Art.* London 1973: J. Murray.

Coser, Lewis A.:

   Masters of Sociological Thought. Ideas in Historical and Social Context. New York, Chicago 1971: Harcourt Brace Jovanowich.

Curtius, Ludwig:

   Humanistisches und Humanes. Fünf Essays und Vorträge. Basel 1954: Benno Schwabe & Co.

Dampier, W. C.:

   A History of Science. Cambridge 1977: Cambridge University Press.

Davis, Steven (ed.):

   Causal Theories of the Mind. Action, Knowledge, Memory, Perception, and Reference. Berlin, New York 1983: Walter der Gruyter.

Deleuze, Gilles/Guattari, Félix:
  Anti-Ödipus. Kapitalismus und Schizophrenie 1. Frankfurt/Main 1974: Suhrkamp.
Derrida, Jacques:
  Die Schrift und die Differenz. Frankfurt/Main 1976: Suhrkamp.
Delumeau, Jean:
  Angst im Abendland. Die Geschichte kollektiver Ängste im Europa des 14. bis 18. Jahrhunderts. Reinbek 1985: Rowohlt, 2 Bde.
Descartes, René:
  Meditationes de prima philosophia, hrsg. von Lüder Gäbe. Hamburg 1959: Felix Meiner.
Desmond,William:
  Desire, Dialectic and Otherness. An Essay on Origins. New Haven 1987: Yale University Press.
Diderot, Denis:
  Nachtrag zu Bougainvilles Reise. Nachwort von Herbert Dieckmann. Frankfurt/Main 1965: Insel.
Dilham, Ilham:
  Love and Human Separateness. Oxford 1987: Blackwell.
Drost, Wolfgang:
  Strukturen des Manierismus in Literatur und Bildender Kunst. Eine Studie zu den Trauerspielen Vicenzo Giustis (1532-1619). Heidelberg 1977: Carl Winter Universitätsverlag (= Reihe Siegen 2).
Duby, Georges:
  Die Zeit der Kathedralen. Kunst und Gesellschaft 980–1420. Aus dem Französ. übers. von Grete Osterwald. Frankfurt/Main 1985: Suhrkamp.
Dürr, Hans-Peter:
  Traumzeit. Über die Grenze zwischen Wildnis und Zivilisation. Frankfurt/Main 1980: Syndikat.
Dürrenmatt, Friedrich:
  Stoffe I–III. Zürich 1981: Diogenes.
Eco, Umberto:
  Der Name der Rose, aus dem Italienischen von Burkhart Kroeber. München 1982: Carl Hanser.
Euler, Leonhard:
  Vollständige Anleitung zur Algebra [1766]. Leipzig o.J.: Reclam.
Fairclough, Peter (ed.):
  Three Gothic Novels. Harmondsworth 1968: Penguin.

Federmann, Arnold:

Johann Heinrich Füssli. Dichter und Maler 1741–1825. Zürich 1927: Orell Füssli Verlag.

Fetscher, Iring:

Politikwissenschaft. Frankfurt/Main 1968: Fischer Taschenbuch Verlag.

Finkielkraut, Alain:

Verlust der Menschlichkeit. Versuch über das 20. Jahrhundert. Stuttgart 1999: Klett-Cotta.

Fleming, John:

Robert Adam, and his Circle in Edinburgh and Rome. London 1962: J. Murray.

Forster, Georg:

Ansichten vom Niederrhein, von Brabant, Flandern, Holland, England und Frankreich im April, Mai und Junius 1790, hrsg. und mit Anmerkungen versehen von Robert Geerds. Leipzig o.J.: Reclam, 3 Bde.

Foucault, Michel:

Madness and Civilization. A History of Insanity in the Age of Reason. London 1975: Tavistock.

Frank, Manfred:

Was ist Neostrukturalismus? Frankfurt/Main 1984: Suhrkamp.

Fraser, Douglas/Hibbert, Howard/Levine, Milton J. (ed.):

Essays in the History of Architecture Presented to Rudolf Wittkower. London 1967: Phaidon.

Frazer, Sir James G.:

The Golden Bough. A Study in Magic and Religion. London 1976: Macmillan.

Freud, Sigmund:

Vorlesungen zur Einführung in die Psychoanalyse. Frankfurt/Main 1969: S. Fischer.

~ *Psychologische Schriften.* Frankfurt/Main 1979: Fischer (=Studienausgabe, Band IV).

Frisch, Max:

Don Juan oder die Liebe zur Geometrie. Frankfurt/Main 1963: Suhrkamp.

Fumagalli, Vito:

Wenn der Himmel sich verdunkelt. Lebensgefühl im Mittelalter, aus dem Italienischen von Renate Heimbucher-Bengs. Berlin 1988: Wagenbach.

Füssli, Johann Heinrich:

Aphorismen über die Kunst, hrsg. und übers. von E. C. Mason. Basel 1944: Schwabe.

Fuseli, Henry:

Henry Fuseli 1741–1825. Tate Gallery 1975.

Gay, Peter:

The Enlightenment. An Interpretation. London 1973: Wildwood House, 2 vols.

Giesecke, Albert:

Giovanni Battista Piranesi. Leipzig 1911: Klinkhardt & Biermann (=Meister der Graphik, Band VI).

Gnüg, Hiltrud:
: *Kult der Kälte. Der klassische Dandy im Spiegel der Weltliteratur.* Stuttgart 1988: Metzler.

Goethe, J. W.:
: *Werke* (Propyläen-Ausgabe), Bd. 4.

Göller, Karl Heinz:
: *Romance und Novel. Die Anfänge des englischen Romans.* Regensburg 1972: Hans Carl.

Godwin, William:
: *The Adventures of Caleb Williams or Things as They Are, with an introduction by George Sherburn.* New York 1965: Holt, Rinehart & Winston.
~ *Enquiry Concerning Political Justice.* Edited by Isaac Kramnick. Harmondsworth 1976: Penguin.

Gombrich, E. H.:
: *Die Geschichte der Kunst.* Köln, Berlin 1959: Phaidon.

Goodman, Nelson:
: *Ways of Worldmaking.* Indianapolis, Cambridge 1978: Hackett.

Gorer, Geoffrey:
: *The Life and Ideas of the Marquis de Sade.* London 1953: Peter Owen.

Graham, Kenneth W. (ed.):
: *"Vathek" and the Escape from Time. Bicentenary Revaluations.* New York 1989: AMS Press.

Gregory, Richard R. (ed.):
: *The Oxford Companion of the Mind.* Oxford, New York 1987: Oxford University Press.

Grünbein, Durs:
: *Vom Schnee oder Descartes in Deutschland.* Frankfurt/Main 2003: Suhrkamp.

Gumbrecht, Hans Ulrich:
: *Diesseits der Hermeneutik. Die Produktion von Präsenz.* Frankfurt/Main 2004: Suhrkamp.

Gutwald, Cathrin/Zons, Raimar (Hrsg.):
: *Die Macht der Schönheit.* München 2007: Wilhelm Fink.

Habermas, Jürgen:
: *Strukturwandel der Öffentlichkeit.* 4. Auflage, Neuwied, Berlin 1969: Luchterhand (Hab. Schr. Marburg 1961).

Haeberle, E. J.:
: *Die Sexualität des Menschen.* Berlin, New York 1985: Walter de Gruyter.

Hallie, Philip P.:
: *Grausamkeit. Der Peiniger und sein Opfer.* Olten, Freiburg 1981: Walter.

Hamann, Richard:

Geschichte der Kunst. Berlin 1933: Theodor Knaur Nachf.

Henrich, Dieter/Iser, Wolfgang (Hrsg.):

Funktionen des Fiktiven. München 1983: Wilhelm Fink.

Höper, Corinna:

Giovanni Battista Piranesi. Die poetische Wahrheit. Stuttgart 1999: Staatsgalerie Stuttgart. Graphische Sammlung.

Hofmann, Werner:

Die gespaltene Moderne. Aufsätze zur Kunst. München 2004: C. H. Beck.

Hans Holländer:

„Das Bild in der Theorie des Phantastischen", in: Christian W. Thomsen/ Jens Malte Fischer (Hrsg.), *Phantastik in Literatur und Kunst*. Darmstadt 1980: Wissenschaftliche Buchgesellschaft, S. 52–78.

~ „Zur phantastischen Architektur", in: Thomsen/Fischer (1980), S. 404–438.

Horkheimer, Max/ Adorno, Theodor W.:

Dialektik der Aufklärung. Philosophische Fragmente. Amsterdam 1947: Querido.

Horney, Karen:

Feminine Psychology. New York 1967: Norton

Howells, Coral Ann:

Love, Mystery, and Misery. Feeling in Gothic Fiction. London 1978: The Athlone Press.

Hume, David:

Dialogues Concerning Natural Religion, edited by Norman Kemp Smith. Indianapolis, New York, Kansas City 1947: Bobbs-Merrill.

~ *An Inquiry Concerning Human Understanding*, edited by Charles W. Hendel. Indianapolis, New York 1955: Bobbs-Merrill.

~ *Of the Standard of Taste and Other Essays*, edited by John W. Lenz, Indianapolis, New York 1965: Bobbs-Merrill.

Ilgauds, Hans Joachim:

Norbert Wiener. Leipzig 1980: B. G. Teubner.

Irigaray, Luce:

Speculum. Spiegel des anderen Geschlechts. Frankfurt/Main 1980: Suhrkamp.

Jaeger, Werner:

Paideia. Die Formung des griechischen Menschen. 2. ungekürzter photomechanischer Nachdruck. Berlin, New York 1989: de Gruyter.

Jantzen, Hans:

Kunst der Gotik. Reinbek 1957: Rowohlt (rde 48).

Kästner, A. G.:

   Ausgewählte Sinngedichte und prosaische Aufsätze, hrsg. von E. Leyden. Leipzig
   o. J.: Reclam.

Kant, Immanuel:

   Kritik der reinen Vernunft, hrsg. von Raymund Schmidt, Hamburg 1956: Felix Meiner.

~ *Kritik der Urteilskraft*, hrsg. von Karl Vorländer. Leipzig 1924: Felix Meiner.

~ *Ausgewählte Kleine Schriften*. Leipzig 1949: Felix Meiner.

Kendall, R. T.:

   Calvin and English Calvinism to 1649. Oxford 1979: Oxford University Press.

Kerényi, Karl:

   Die Mythologie der Griechen. München 1981: dtv, 2 Bde.

Klaus, Georg:

   Wörterbuch der Kybernetik. Frankfurt/Main 1969: Fischer, 2 Bde.

Klein, Jürgen:

   Der Gotische Roman und die Ästhetik des Bösen. Darmstadt 1975: Wissenschaftliche
   Buchgesellschaft, Impulse der Forschung 20.

~ *Radikales Denken in England*: Neuzeit. Frankfurt, Bern, New York 1984: Peter Lang.

~ *Denkstrukturen der Renaissance*. Essen 1984: Die Blaue Eule.

~ „Gestaltung und Wirklichkeit – menschliche Existenz im Bild des Labyrinths",
   in: *Universitas* 39 (1984): 489–496.

~ *Virginia Woolf. Genie – Tragik – Emanzipation*. München 1984: Heyne.

~ „Terror and Historicity in Giovanni Battista Piranesi as Forms of Romantic
   Subjectivity", in: Norman F. Cantor and Nathalia King (eds.), *Notebooks in Cultural
   Analysis*. Vol. 2. Durham, N. C. 1985: Duke University Press, S. 90–111.

~ *Anfänge der englischen Romantik 1740–1780*. Heidelberger Vorlesungen. Heidelberg
   1986: Carl Winter Universitätsverlag (=Anglistische Forschungen 191).

~ *Francis Bacon oder die Modernisierung Englands*. Hildesheim, Zürich, New York
   1987: Olms.

~ *My love is as a fever. Eine Lektüre von Shakespeares Sonetten*. München 2002:
   Wilhelm Fink.

~ „Aesthetics of Coldness: The Case of Oscar Wilde", in: Uwe Böker, Richard Cor-
   ballis and Julie A. Hibbard (eds.), *The Importance of Reinventing Oscar: Versions of
   Wilde during the Last 100 Years*. Amsterdam, New York 2002: Rodopi, S. 67–79.
   (russ. Übers. in: *Dialogue with Time: Intellectual History Review*, vol. 12. Moscow
   2004: Russian Academy of Science, S. 226–242).

~ "Aesthetics of Coldness: The Romantic Scene and a Glimpse at Baudelaire" ,in:
   1650–1850. Ideas, Aesthetics, and Inquiries in the Early Modern Era, ed. by Kevin
   L. Cope, vol. IX. New York 2003: AMS Press, S. 79–105.

~ „Architectures of the Mind: Horace Walpole's Distortions of Medieval Romance", in: Uwe Böker (ed.), *Of Remembraunce the Keye: Medieval Literature and its Impact through the Ages. Festschrift for Karl Heinz Göller on the Occasion of his 80th Birthday.* Franfurt,Bern, New York 2004: Peter Lang, S.149–171.

~ "Francis Bacon's Scientia Operativa, the Tradition of the Workshops, and the Secrets of Nature", in: Claus Zittel, Gisela Engel, Romano Nanni and Nicole C. Karafyllis (ed.), *Philosophies of Technology. Francis Bacon and his Contemporaries.* Leiden, Boston 2008: Brill (Intersections II/1–2008), S. 21–49.

Kleist, Heinrich von:
Sämtliche Werke. Stuttgart o.J.: J. G. Cotta, 2 Bde.

Körner, Stephen:
The Philosophy of Mathematics. London 1971: Hutchinson.

Kripke, Saul A.:
Naming and Necessity. Oxford 1980: Blackwell.

Kristeva, Julia:
Desire in Language. A Semiotic Approach to Literature. Henley, New York 1980: Columbia University Press.

~ *Tales of Love*, transl. by Leon S. Roudiez. New York 1987: Columbia University Press.

Kupfer, Alexander:
Piranesis 'Carceri'. Enge und Unendlichkeit in den Gefängnissen der Phantasie. Stuttgart, Zürich 1992: Belser.

Kurnitzki, Horst:
Triebstruktur des Geldes. Ein Beitrag zur Theorie der Weiblichkeit. Berlin 1974: Wagenbach.

Lange, Friedrich Albert:
Geschichte des Materialismus. Berlin 1898: Verlag von J. Baedeker, 2 Bde.

Lem, Stanislaw:
Sade und die Spieltheorie. Frankfurt/Main 1981: Suhrkamp.

Lentzsch, Franziska et al. (Hrsg.):
Füssli. The Wild Swiss. Zürich 2005: Scheidegger & Spiess/ Kunsthaus Zürich.

[Lessing]:
Lessings Werke. Stuttgart 1874: G. J. Göschen, 9 Bde.

Levey, Michael:
The Seventeenth and Eighteenth Century Italian Schools. National Gallery Catalogues. London 1971: The National Gallery.

Lévi-Strauss, Claude:
Mythologica I–IV. Frankfurt/Main 1976: Suhrkamp.

Lewis, Matthew Gregory:

The Monk, ed. by Howard Anderson. Oxford 1987: Oxford University Press.

Lewis, M. G.:

Der Mönch, hrsg. von Norbert Kohl. Frankfurt/Main 1986: Insel.

Lichtenberg, Georg Christoph:

Schriften und Briefe, hrsg. von Wolfgang Promies. München 1972: Carl Hanser, Band. III.

Luhmann, Niklas:

Funktion der Religion. Frankfurt/Main 1977: Suhrkamp.

Machiavelli, Niccoló:

Il Principe/Der Fürst, Ital.-Deutsch, übersetzt und herausgegeben von Philipp Rippel. Ditzingen 2009: Reclam.

Macpherson, C. B.:

The Political Theory of Possessive Individualism. Hobbes to Locke. London, Oxford, New York 1972: Oxford University Press. (Deutsche Ausgabe: Suhrkamp 1973).

Mandeville, Bernard:

Die Bienenfabel. Aus dem Englischen übersetzt von Otto Bobertag, Dorothea Bassenge und Friedrich Bassenge. Berlin 1957: Aufbau-Verlag.

Mangoldt, Hans von:

Einführung in die höhere Mathematik. Leipzig 1912: S. Hirzel, Band II.

Manguel, Alberto:

Eine Geschichte des Lesens. Reinbek 1999: Rowohlt.

Mason, Eudo C. (ed.):

The Mind of Henry Fuseli. Selections from his Writings with an Introductory Study. London 1959: Routledge.

Mattenklott, Gert:

Der übersinnliche Leib. Beiträge zur Metaphysik des Körpers. Reinbek 1983: Rowohlt.

Maturana, Humberto/ Varela, Francisco J.:

Der Baum der Erkenntnis. Bern, München 1987: Scherz.

Mehlis, Georg:

„Der Begriff der Mystik", in: *LOGOS 12* (1923/24): 166–182.

[Meister Eckhart]:

Meister Eckharts deutsche Predigten und Traktate. Ausgewählt, übertragen und eingeleitet von Friedrich Schulze-Maizier. Leipzig 1938: Insel Verlag.

Menzer, Paul:

Metaphysik. Berlin 1932: Mittler & Sohn.

Miller, Norbert:
Archäologie des Traums. Versuch über Giovanni Battista Piranesi. Frankfurt, Berlin, Wien 1981: Ullstein.

Mittelstrass, Jürgen:
Neuzeit und Aufklärung. Berlin, New York 1970: Walter de Gruyter.

Mohr, Hans-Ulrich:
"Skizze einer Sozialgeschichte des englischen Schauerromans", *Englisch-Amerikanische Studien* 1 (1984): 112–140.

Murdoch, Iris:
The Black Prince. London 1974: Chatto & Windus.

Myrone, Martin (ed.):
Gothic Nightmares. Fuseli, Blake and the Romantic Imagination. London 2006: Tate Publishing.

Newton, Sir Isaac/Huygens, Christiaan:
Mathematical Principles of Natural Philosophy, Optics/Treatise on Light. Chicago, London, Toronto 1978: Encyclopedia Britannica (=Great Books of the Western World 34).

Nietzsche, Friedrich:
Die Geburt der Tragödie aus dem Geist der Musik. Leipzig 1906: C. G. Naumann.

Paine, Thomas:
Rights of Man. Edited by Henry Collins. Harmondworth 1971: Penguin.

Panofsky, Erwin:
Meaning in the Visual Arts. Harmondsworth 1970: Penguin.
~ *Aufsätze zu Grundfragen der Kunstwissenschaft.* Berlin 1985: Volker Spiess.

Parfit, Derek:
Reasons and Persons. Oxford 1987: Oxford University Press.

Paulson, Ronald:
Representations of Revolution 1789–1820. New Haven, London 1983: Yale University Press.

Pauly-Wissowa:
Realencyclopädie der Klassischen Altertumswissenschaften. Stuttgart 1924: Metzler, Bd. 23.

Perels, Christoph (Hrsg.):
Das Frankfurter Goethe-Museum zu Gast im Städel. Mainz 1994: Verlag Hermann Schmitz (© Freies Deutsches Hochstift, Frankfurter Goethe-Museum).

Pico della Mirandola:
De dignitate hominis, lateinisch-deutsch, übersetzt von Hans H. Reich, eingeleitet von Eugenio Garin. Bad Homburg v. d. H., Berlin, Zürich 1968: Gehlen.

Piranesi, G. B.:

Antichità Romane. Rom 1756, 4 Bde.

[Piranesi, G. B.]:

Giovanni Battista Piranesi, The Prisons, The Complete First and Second Status. New York 1973: Dover.

Plumb, J. H.:

England in the Eighteenth Century (1714–1815). Harmondsworth 1964: Penguin.

Popper, Karl R.:

Das Elend des Historizismus. Tübingen 1969: J. C. B. Mohr.

~ *Objective Knowledge*. Oxford 1974: Clarendon Press.

~ Ders./Eccles, Sir John C.:

The Self and Its Brain. London, New York 1977: Springer.

[Präraffaeliten]:

Präraffaeliten. Staatliche Kunsthalle Baden-Baden, 23. 11. 1973–24. 2. 1974. Katalog.

Powell, Nicolas:

Fuseli: The Nightmare. London 1973: Allan Lane/ The Penguin Press.

Praz, Mario:

Liebe, Tod und Teufel. Die schwarze Romantik: München 1970: dtv, 2 Bde.

Proust, Marcel:

Auf der Suche nach der verlorenen Zeit. Deutsch von Eva Rechel-Mertens. Frankfurt/Main 1976: Büchergilde Gutenberg, 3 Bde.

Punter, David:

The Literature of Terror. A History of Gothic Fiction from 1765 to the Present Day. London, New York 1980: Longman.

~ Ders. (Hrsg.):

A Companion to the Gothic. Oxford 2001: Blackwell.

Radcliffe, Ann:

The Italian or the Confessional of the Black Penitents. A Romance, ed. by Frederick Garber. London 1968: Oxford University Press.

Radkau, Joachim:

Max Weber. Die Leidenschaft des Denkens. München, Wien 2005: Carl Hanser.

Ranke-Graves, Robert v.:

Griechische Mythologie. Reinbek 1981: Rowohlt, 2 Bde.

Rawls, John:

A Theory of Justice. London 1973: Oxford University Press.

Reich, Wilhelm:

Die Funktion des Orgasmus. Zur Psychopathologie und zur Soziologie des Geschlechtslebens (1926). Amsterdam 1965: de Munter.

Reynolds, Sir Joshua:
Discourses, ed. by Helen Zimmern. London 1887: W. Scott.

Rudé, George:
Paris and London in the 18th Century. Studies in Popular Protest. London 1974: Collins/Fontana.

Rusch, Gebhard:
Erkenntnis, Wisenschaft, Geschichte. Von einem konstruktivistischen Standpunkt. Frankfurt/Main 1987: Suhrkamp.

Russell, Bertrand:
Human Knowledge. London 1948: Allen & Unwin.

~ *Introduction to Methematical Philosophy*. London 1985: Allen & Unwin.

Sade, Marquis de:
Die 120 Tage von Sodom oder die Schule der Libertinage. München 1968: Jürgen Willing Verlag.

~ *Ausgewählte Werke*, hrsg. von Marion Luckow. Frankfurt/Main 1972: Fischer, Bd. 1.

~ *Die Philosophie im Boudoir*. Aus dem Französ. übers. von Rolf Busch. Gifkendorf 1989: Merlin Verlag.

Sartre, Jean-Paul:
Das Sein und das Nichts. Versuch einer phänomenologischen Ontologie. Aus dem Französ. übers. von Justus Streller. Reinbek 1962: Rowohlt.

~ *Die Transzendenz des Ego*. Reinbek 1964: Rowohlt.

~ *Die Wörter*. Aus dem Französ. von Hans Mayer. Reinbek 1965: Rowohlt.

Sauermann, Doris:
Das Frauenbild im englischen Schauerroman. Diss.phil. Marburg 1978.

Scarry, Elaine:
The Body in Pain. Oxford, New York 1985: Oxford University Press.

Schiff, Gert: *Johann Heinrich Füssli 1741–1825. Text und Oeuvrekatalog*. Zürich, München 1973: Prestel, 2 Bde.

Schiller, Friedrich:
Sämmtliche Werke, hrsg. von Karl Goedeke. Stuttgart 1881: J. G. Cotta, 12 Bde.

Schlegel, Friedrich:
Gespräch über die Poesie. Nachwort von Hans Eichner. Stuttgart 1968: J. B. Metzler.

Schmidt, S. J. (Hrsg.):
Der Diskurs des radikalen Konstruktivismus. Frankfurt/Main 1987: Suhrkamp.

Schücking, Levin L.:
Die puritanische Familie. Bern, München 1964: Francke.

Scott, Walter:
Die Romandichter, übers. Von Wilhelm v. Lüdemann. Zwickau 1826: Schumann.

Shearman, John:
Mannerism. Harmondsworth 1973: Penguin.

Simmel, Georg:
Hauptprobleme der Philosophie. Philosophische Kultur. Herausgegeben von Rüdiger Kramme und Otthein Rammstedt. Gesamtausgabe Band 14. Frankfurt/Main 1996: Suhrkamp.

Sittauer, Hans L.:
James Watt. Leipzig 1981: BSB B.G. Teubner Verlagsgesellschaft.

Snodin, Michael (ed.):
Horace Walpole's Strawberry Hill. New Haven, London 2009: Yale University Press.

Sosa, Ernest (ed.):
Causation and Conditionals. Oxford 1975: Oxford University Press.

Specht, Rainer:
René Descartes in Selbstzeugnissen und Bilddokumenten. Reinbek 1966: Rowohlt.

Starobinski, Jean:
Besessenheit und Exorzismus. Drei Figuren der Umnachtung. Percha 1976.

Stephen, Sir Leslie:
History of English Thought in the Eighteenth Century, ed. by Crane Brinton. New York 1962: Harcourt, 2 Bde.

Stone, Lawrence:
The Family, Sex and Marriage in England 1500–1800. Harmondsworth 1988: Penguin.

Tel Quel (Hrsg.):
Das Denken von Sade. Aus dem Französischen übers. von Marion Luckow, Sigrid v. Massenbach, Hans Naumann und Helmut Scheffel. München 1969: Carl Hanser.

Theweleit, Klaus:
Männerphantasien. Reinbek 1987: Rowohlt, 2 Bde.

Thomsen, Christian W.:
Das Groteske im englischen Roman des 18. Jahrhunderts. Erscheinungsformen und Funktionen. Darmstadt 1974: Wissenschaftliche Buchgesellschaft (Impulse der Forschung 17).

Tomory, Peter:
The Life and Art of Henry Fuseli. London 1972: Thames & Hudson.

Topitsch, Ernst (Hrsg.):
Logik der Sozialwissenschaften. Köln 1969: Kiepenheuer & Witsch.

Trevor-Roper, H.R.:
Religion, the Reformation and Social Change. London 1972: Macmillan.

Vasari, Giorgio:

Lebensbeschreibungen der ausgezeichnetsten Maler, Bildhauer und Architekten der Renaissance, hrsg. von Ernst Jaffé. Zürich 1980: Diogenes.

Vogt-Göknil, Ulya:

Giovanni Battista Piranesi. Zürich 1958: Origo.

Voltaire:

Philosophical Dictionary, transl., introd. and ed. by Peter Gay. New York 1962: Harcourt.

Waismann, Friedrich:

Einführung in das mathematische Denken. München 1970: dtv.

Walpole, Horace:

The Castle of Otranto. A Gothic Story, edited by W. S. Lewis. With a new introduction and notes by E. J. Clery. Oxford, New York 2008: Oxford University Press.

~ *Die Burg von Otranto*. Aus dem Englischen von Joachim Uhlmann. Mit einem Essay und einer Bibliographie von Norbert Kohl. Frankfurt/Main 1988: Insel.

Weber, Ingeborg:

Der englische Schauerroman. München, Zürich 1983: Artemis.

Weber, Max:

Die protestantische Ethik I, hrsg. v. Johannes Winckelmann. München, Hamburg 1969: Siebenstern.

~ *Wirtschaft und Gesellschaft*, hrsg. von Johannes Winckelmann. Tübingen 1972: J. C. B. Mohr.

Weinglass, David H. (ed.):

Henry Fuseli and the Engraver's Art. An Exhibition Presented by the Friends of the Library of the University of Missouri-Kansas City, October 3rd–October 29th, 1982.

Widmer, Peter:

Jacques Lacan oder Die zweite Revolution der Psychoanalyse. Frankfurt/Main 1990: S. Fischer.

Williams, Bernard:

Descartes. The Project of Pure Enquiry. Harmondsworth 1978: Penguin.

Williams, Penry:

The Tudor Regime. Oxford 1986: Oxford University Press.

Wilton-Ely, J.:

The Mind and Art of Giovanni Battista Piranesi. London, New York 1978: Thames & Hudson.

Wischermann, Heinfried:

Fonthill Abbey. Studien zur profanen Neugotik Englands im 18. Jahrhundert. Freiburg i. Br. 1979 (Berichte und Forschungen zur Kunstgeschichte 3).

Wittkower, Rudolf:

Architectural Principles in the Age of Humanism. London 1949: Academy Editions.

Woolf, Virginia:

Night and Day. London 1919: Hogarth Press.

~ *Orlando*. London 1928: Hogarth Press.

~ *A Room of One's Own*. London 1929: Hogarth Press.

~ *Collected Essays*, ed. by Leonard Woolf. London 1968: Chatto & Windus.

Zimmermann, M.:

Solitude Considered, With Respect To Its Influence Upon the Mind and the Heart. London 1825: T. Griffiths.

Verzeichnis der Abbildungen im Text

1. Leonardo da Vinci, Proportionsskizze, Anatomische Zeichnung, um 1490. Venedig, Accademia, Inv.-Nr. 228. ullstein bild Nr. 60013943. Die Bildunterschrift der Leonardo-Zeichnung lautet: „Vetruvio architetto mette nella sua opera d'architettura che le misure dell'omo sono dalla natura distribuite in questo modo [...]".

2. Familiengruppe von Ka-em-heset, Sakkara, Fünfte Dynastie, ca. 2300 v.Chr.

3. Apollo von Belvedere, Antikenmuseum Basel und Sammlung Ludwig, Skulpturhalle, Inv.-Nr. o. Nr. / SH 205
   Herkunft: vermutlich aus dem römischen Nachlass der Gipsabguss – Sammlung des klassizistischen Malers Anton Raphael Mengs (1728–1779);
   Material: Gips, patiniert. Römische Kopie hadrianischer Zeit nach einem griechischen Bronzeoriginal aus der Zeit um 320 v. Chr.
   Fundort: Poro d'Anzio. Standort: Vatikanische Museen, Belvedere-Hof, Höhe: 224 cm.

4. Giovanni Battista Piranesi (1720 – 1778), "Die Löwenreliefs", aus: CARCERI D'INVENZIONE, Blatt V. 1761 (Stuttgart: vierter Zustand, nach 1778). Radierung, Platte: 55,8 x 40,7 cm; Blatt: 76,2 x 53,2 cm.
   © Staatsgalerie Stuttgart, Inv. Nr. A 61/2378 (5). Kat 7.5 .

5. Giovanni Battista Piranesi, Kerkergewölbe mit Zugbrücke und Wendeltreppe, 2. Zustand 1761, aus: CARCERI D'INVENZIONE, Blatt VII, Radierung mit Grabstichel. © Staatsgalerie Stuttgart, Inv. Nr. A 61/2378 (7).

6. Giovanni Battista Piranesi, "Der gotische Bogen", aus: CARCERI D'IN-VENZIONE , 1761 (nach 1778), Blatt XIV, Radierung, Platte: 41,1 x 54,5 cm; Blatt: 53,2 x 75,9 cm. © Staatsgalerie Stuttgart. Inv. Nr. A 1961/2378, 14 (KK).

7. Giovanni Battista Piranesi, "Der Pfeiler mit den Ketten", aus: CARCERI D'INVENZIONE , Blatt XVI (Stuttgart: vierter Zustand, nach 1778). Radierung. Platte: 40,9 x 54,8 cm; Blatt: 53,2 x 76 cm. © Staatsgalerie Stuttgart, Inv. Nr. A 61/2378 (16). Kat. 7.16.

8. Johann Heinrich Füssli, Bacchanal Szene, 1812 (Livius, XXXIX,8), Bleistift und Aquarell auf weißem Papier, 40,6 x 31,9 cm. Zürich Kunsthaus, Schiff: 1530, Inv.-Nr. 1940/195.

9. Johann Heinrich Füssli, Akt eines Gefesselten (1770–71), Männerakt auf fünf gegebenen Punkten. Bleistift, grau laviert mit Feder in Braun, Randlinien mit Feder in Schwarz, auf Papier. 14 x 20,7 cm. Schiff 618. Zürich Kunsthaus, Graphische Sammlung, Inv.-Nr. AB 1241.

10. Johann Heinrich Füssli, Prometheus (ca. 1770–71), Feder, Tinte und Pinsel, 15 x 22,6 cm. Schiff 629. Basel, Öffentliche Kunstsammlungen, Inv.-Nr. 1917.186.

11. Johann Heinrich Füssli, Männerakt am Andreaskreuz (1770–78), schwarze Kreide, 21,3 x 15,5 cm, Stockholm Nationalmuseum.

12. Johann Heinrich Füssli, Junger Mann, eine am Spinett sitzende Frau leidenschaftlich zurückziehend und küssend (Amore pianoforte), 1819, schwarze Kreide, 24,7 x 20,0 cm. Zürich, Kunsthaus, Inv.-Nr. 1914/10, Schiff 1584.

13. Johann Heinrich Füssli, Szene (1770 – 78), Feder und Sepia über Bleistift, laviert, 32,8 x 45,0 cm. Römisches Album, Bl.71v, Nr.92. Schiff 535. London, British Museum, Department of Prints and Drawings, Inv. Nr. 1885–3–14–284.

14. Johann Heinrich Füssli, Drei Frauen mit Körben eine Treppe herabsteigend, 1798–1800, Feder und Sepia mit Aquarell, 37,5×23,2 cm. Schiff 1083. Nottingham Castle Museum, Inv.Nr. 1890/172,

15. Johann Heinrich Füssli, Symplegma eines Mannes mit drei Frauen, 1809–1810, Bleistift, stellenweise Feder in Schwarz und Pinsel in Grau, hellrot und blau aquarelliert, grau laviert, auf Papier. 19 × 24,8 cm. Schiff 1620. London, The Trustees of the Victoria & Albert Museum, Inv.-Nr. E 08–1952.

16. Johann Heinrich Füssli, Erotische Szene mit einem Mann und zwei Frauen am Fuß eines Priapusaltars, ca. 1770–8, grau aquarelliert, Feder und Spuren schwarzer Tinte auf Papier, 26,8×33,3 cm. Museo Horne, Florenz, Inv. Nr.: n° 6067.

17. Johann Heinrich Füssli, Der Nachtmahr, 1790–91, Öl auf Leinwand, 76,5×63,5cm. Freies Deutsches Hochstift, Frankfurter Goethe-Museum, Inv.-Nr. IV-1953-33, Schiff 928.

18. Johann Heinrich Füssli, Der Alp verlässt das Lager zweier schlafender Frauen, 1810. Bleistift, laviert und aquarelliert, 31,8×40,8 cm. Schiff 1445. Zürich, Kunsthaus. Graphische Sammlung, Inv.-Nr. 1914/26.

19. Johann Heinrich Füssli, Halbfigur einer Kurtisane mit Federbusch, Schleife und Schleier im Haar, 1800–1810. Bleistift, laviert und aquarelliert, 28,3×20,0 cm. Schiff 1440. Zürich, Kunsthaus, Graphische Sammlung, Inv.-Nr. 1934/1.

20. Johann Heinrich Füssli, Junge Frau auf einem Diwan, ihren Kopf nach rechts gewandt um aus dem offenen Fenster zu blicken, 1802, Lithographie, 22,3×31,5cm; griechische Inschrift (Abend, Du bringst alles), London, British Museum, Erwerbungsdatum 1867 Nr. 1214.419AN336177.